CAD/CAM/CAE 工程应用丛书·UG 系列

UG NX 8.5 有限元分析
入门与实例精讲

第 2 版

沈春根　聂文武　裴宏杰　等编著

机 械 工 业 出 版 社

本书以 UG NX 8.5 高级仿真模块为平台，详细介绍了在典型工程实例中采用有限元进行分析的解题思路、操作步骤和经验技巧，内容包括零件和组件的有限元分析、轴对称和对称约束分析、多载荷条件静力学分析、结构静力学和优化分析、结构静力学和疲劳分析、接触应力分析、屈曲响应分析、固有频率计算和分析、装配体结构模态分析、频率响应分析、非线性分析、结构热传递分析、结构热应力分析和复合材料结构分析等实例。

本书注重解题思路、操作流程和分析方法，操作步骤详细，随书光盘包含所有实例的操作演示视频、素材模型和对应的有限元计算结果文件，方便读者快速入门和掌握实际工程应用中的有限元分析的工作流程和常用方法。

本书适合理工科院校相关专业的高年级本科生、硕士研究生、博士研究生及教师使用，可以作为高等院校学生及科研院所研究人员学习 UG NX 8.5 高级仿真和有限元分析的教材，也可以作为从事相关领域科学技术研究的工程技术人员的参考用书。

图书在版编目（CIP）数据

UG NX 8.5 有限元分析入门与实例精讲/沈春根等编著. —2 版. —北京：机械工业出版社，2015.2（2024.8重印）

（CAD/CAM/CAE 工程应用丛书）

ISBN 978-7-111-49638-0

I.①U…　Ⅱ.①沈…　Ⅲ.①有限元分析-应用软件　Ⅳ.①O241.82-39

中国版本图书馆 CIP 数据核字（2015）第 050488 号

机械工业出版社（北京市百万庄大街 22 号　邮政编码 100037）
策划编辑：张淑谦　　责任校对：张艳霞
责任编辑：张淑谦　　责任印制：单爱军
北京虎彩文化传播有限公司印刷
2024 年 8 月第 2 版·第 5 次印刷
184mm×260mm·18.25 印张·448 千字
标准书号：ISBN 978-7-111-49638-0
　　　　　　978-7-89405-703-7（光盘）
定价：59.00 元（含 2DVD）

电话服务　　　　　　　　　　　网络服务
客服电话：010-88361066　　　机　工　官　网：www.cmpbook.com
　　　　　010-88379833　　　机　工　官　博：weibo.com/cmp1952
　　　　　010-68326294　　　金　书　网：www.golden-book.com
封底无防伪标均为盗版　　机工教育服务网：www.cmpedu.com

出 版 说 明

　　随着信息技术在各领域的迅速渗透，CAD/CAM/CAE 技术已经得到了广泛的应用，从根本上改变了传统的设计、生产与组织模式，对推动现有企业的技术改造、带动整个产业结构的变革、发展新兴技术、促进经济增长都具有十分重要的意义。

　　CAD 在机械制造行业的应用最早，使用也最为广泛。目前其最主要的应用涉及机械、电子、建筑等工程领域。世界各大航空、航天及汽车等制造业巨头不但广泛采用 CAD/CAM/CAE 技术进行产品设计，而且投入大量的人力、物力及资金进行 CAD/CAM/CAE 软件的开发，以保持自己在技术上的领先地位和在国际市场上的优势。CAD 在工程中的应用，不但可以提高设计质量，缩短工程周期，还可以节约大量建设投资。

　　各行各业的工程技术人员也逐步认识到 CAD/CAM/CAE 技术在现代工程中的重要性，掌握其中的一种或几种软件的使用方法和技巧，已成为他们在竞争日益激烈的市场经济形势下生存和发展的必备技能之一。然而，仅仅掌握简单的软件操作方法还是远远不够的，只有将计算机技术和工程实际结合起来，才能真正达到通过现代的技术手段提高工程效益的目的。

　　基于这一考虑，机械工业出版社特别推出了这套主要面向相关行业工程技术人员的"CAD/CAM/CAE 工程应用丛书"。本丛书涉及 AutoCAD、Pro/ENGINEER、UG、SolidWorks、Mastercam、ANSYS 等软件在机械设计、性能分析、制造技术方面的应用和 AutoCAD、天正建筑 CAD 软件在建筑及室内配景图、建筑施工图、室内装潢图、水暖施工图、空调布线图、电路布线图以及建筑总图绘制等方面的应用。

　　本套丛书立足于基本概念和操作，配以大量具有代表性的实例，并融入了作者丰富的实践经验。本套丛书具有专业性强、操作性强、指导性强的特点，是一套真正具有实用价值的书籍。

机械工业出版社

前　言

　　UG NX 是面向企业的 CAD/CAE/CAM 一体化软件，其中，高级仿真模块（有限元分析）在多年的发展过程中逐渐吸收和集成了世界优秀有限元软件（如 MSC. Nastran、I - deals、Adina 和 LS - DYNA 等）的众多功能和优点，特别是它的结构分析功能具有计算精度高、运行速度快、操作界面友好的优势，得到了国防、航空航天、车辆、船舶、机械和电子等众多行业的接受和认可，其分析结果已成为航太等级工业 CAE 标准，获得了美国联邦航空管理局（FAA）认证。

　　自 2010 年推出《UG NX 7.0 有限元分析入门与实例精讲》一书后，我们收到了众多读者的来信，他们对于该书的讲解实例和编排风格给予了较高的评价，也提出了不少中肯的建议和期望。在众多读者的鼓励和帮助下，我们又推出了《UG NX 8.5 有限元分析入门与实例精讲》第2版，对第1版中所有的实例模型全部进行了替换和升级，确保本书的新颖性和实用性。

本书主要内容

　　第 1 章：零件和组件的有限元分析基础实例，涉及 UG NX 高级仿真工作流程、前处理、求解参数设置、后处理、位移和应力解算结果评价等知识点。

　　第 2 章：有限元分析专题实例，涉及轴对称分析和对称约束分析两个实例，包括工作流程、参数设置方法和运用场合等知识点。

　　第 3 章：多载荷条件静力学实例精讲——发动机连杆分析，涉及线性静力学基础知识、工作流程、材料属性自定义和多载荷组合工况的求解等知识点。

　　第 4 章：结构静力学和优化分析实例精讲——三角托架分析，涉及优化设计基础、优化设计操作流程和运用背景等知识点。

　　第 5 章：结构静力学和疲劳分析实例精讲——叶轮叶片分析，涉及单个和多个载荷变量疲劳分析主要参数设置、操作流程和疲劳结果分析方法等知识点。

　　第 6 章：接触应力分析实例精讲——行星轮过盈连接分析，涉及面接触主要参数、过盈量对接触结果的影响、接触结果的显示方式和扭矩载荷对接触结果的影响等知识点。

　　第 7 章：屈曲响应分析实例精讲——二力杆失稳分析，涉及线性屈曲分析基础、工作流程、线性屈曲响应仿真方法和理论计算比较等知识点。

　　第 8 章：固有频率计算和分析实例精讲——压缩机曲轴模态分析，涉及结构模态分析的基础知识、模态分析工作流程及参数设置方法、创建自由模态和约束模态的主要区别等知识点。

　　第 9 章：装配体结构模态分析实例精讲——副车架分析，涉及装配体自由模态和约束模态分析各自的工作流程、参数设置和解算结果的比较等知识点。

　　第 10 章：频率响应分析实例精讲——机器人部件振动分析，涉及频率响应分析（扫频分析）的工作流程和参数设置方法、创建频率响应事件方法、评估频率响应的方法等知识点。

第 11 章：非线性分析实例精讲——静压轴承装配分析，涉及非线性基础、非线性分析工作流程和参数设置方法、非线性分析结果查看的方式等知识点。

第 12 章：结构热传递分析实例精讲——LED 灯具热分析，涉及结构热分析基本概念、工作流程和参数设置方法、热分布云图的查看方式等知识点。

第 13 章：结构热应力分析实例精讲——电路板热应力分析，涉及结构热应力分析的工作流程和参数设置方法、热应力云图的查看方式等知识点。

第 14 章：复合材料结构分析实例精讲——风电叶片分析，涉及层合板复合材料基础知识、工作流程和参数设置方法、复合材料变形位移和应力结果的查看方式，以及复合材料结构模态分析的方法等知识点。

本书编写特色

- 解题思路清晰，操作步骤详细，可让读者在较短的时间内掌握 UG NX 高级仿真的基本操作步骤和方法，为后续的学习和实战打下坚实的基础。
- 实例类型齐全、难度适宜、循序渐进，可让读者通过实例的跟随操作，逐步掌握分析工程实际问题中的解题要点。
- 大量 UG NX 高级仿真的重要概念、工程经验和操作技巧，在"问题描述""实例小结""提示"等形式中得到了提炼，让 UG CAE 初学者少走弯路。
- 随书光盘中提供完整的源文件（带参 part 模型）和分析解算后的结果文件、所有实例操作视频文件，有助于 UG CAE 初学者快速入门。

本书适合读者

- 理工科院校相关专业的高年级本科生、硕士研究生、博士研究生及教师。
- 具备三维建模基础的 UG CAE 初学者。
- 企业的工程技术人员和科研院所的研究人员。

本书编著人员

本书主要由沈春根、聂文武、裴宏杰编写，参与编写的还有曾欠欢、薛宏丽、范燕萍、戴永前、吴玉华、林有余、王汉川、王浩宇、徐雪、李超、王秋、袁飚、史建军、叶振弘、卢小波、郑维明、陈建、汪健、周丽萍、刘达平和许玉方。

本书编著得到了"高档数控机床与基础制造装备"科技重大专项子课题（课题号 2013ZX04009031 -9）和 2013 年度"江苏省博士后科研资助计划"第二批项目课题的资助。

由于作者水平有限，书中不足或错误之处在所难免，恳请广大读者批评指正，欢迎业内人士和 UG CAE 爱好者一起进行交流和探讨（本书作者电子邮箱：chungens@163.com）。

作　者

目　　录

第1章　UG NX有限元分析入门——基础实例

本章内容简介

　　本章在简要介绍 UG NX 有限元分析仿真文件和数据结构组成、工作流程、仿真导航器及其作用和解算结果评价方法等内容的基础上，通过介绍零件和装配件结构静力学有限元分析的具体工作流程和操作步骤，为后续学习和掌握较为复杂零件、装配件的静力学结构分析以及其他有限元分析类型打下基础。

1.1　UG NX有限元入门实例1——零件受力分析

1.1.1　基础知识

　　有限元分析的实质是通过网格划分的方式，将一个连续的几何体离散成由有限个单元组成的集合体，各个单元之间通过节点方式连接成为一个整体。其操作流程可分为前处理、后台解算和后处理三大过程。

　　UG NX 有限元分析（也称为高级仿真，NX Advanced Simulation）具有工程需要的线性静力学、屈曲响应、非线性、动力学、热分析、疲劳分析和优化分析等众多功能。作为成熟的 CAD/CAE 一体化软件，其主要特点如下。

　　（1）仿真文件组成和数据结构

　　在创建一个有限元分析流程中，会使用到四个独立的而又关联的文件来存储相关信息，不同的数据存储在不同类型的文件中，如图 1-1 所示。这四个模型文件的名称及内容如下。

　　1）主模型部件（命名为：***.prt）：可以是零件 prt 模型或者装配 prt 模型，也可以是参数化 prt 模型或者非参数化 prt 模型。

　　2）理想化部件（命名为：***_i.prt）：是待分析部件的一个相关复制文件，可以对其进行编辑和简化，便于提高分析质量和计算效率。

　　3）有限元模型（命名为：***_fem#.fem）：包含对分析模型材料属性的定义、网格类型的定义和单元类型及大小的定义。

　　4）仿真模型（命名为：***_sim#.sim）：包含对仿真对象类型的定义、约束条件和载荷的定义，也包括对解算方案和求解步数等的定义。

　　对于仿真文件和数据结构，需要说明以下几点：

　　1）对于给定的部件模型（.prt）或者理想化模型（i.prt），可以创建多个有限元分析模型（.fem），一个有限元分析模型可以创建多个仿真分析模型（.sim），满足多个解算方案、不同边界条件分析和结果比较的实际需要。

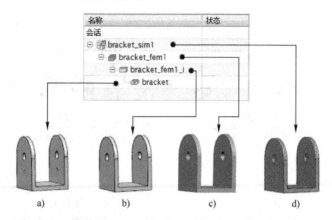

图 1-1　仿真文件和数据结构示意图

a) 主模型　b) 理想化模型　c) 有限元模型　d) 仿真模型

2) 上述四个数据文件之间具有从属和关联的关系, 实际操作过程中, 可以分别对其进行激活和编辑, 完成后相应数据自动更新。

(2) 仿真分析的工作流程

UG NX 提供了自动式和显式两种工作流程方式, 如表 1-1 所示。

表 1-1　自动式和显式两种工作流程的比较

自动式工作流程	显式工作流程
创建一个新的有限元模型、仿真文件和解算方案	创建一个新的有限元模型
理想化部件几何体（可选）	理想化部件几何体（可选）
几何体划分网格	定义分析模型的材料
	创建物理属性表
	创建网格收集器
编辑收集器的指定材料和物理属性	对几何体划分网格, 并指定网格属性到一个定义的收集器
检查网格质量、按需要细化网格	检查网格质量、按需要细化网格
施加边界条件	创建新的仿真文件和解算方案
	施加边界条件
	定义和编辑输出请求
求解模型	求解模型
后处理结果	后处理结果

对于高级仿真的工作流程, 需要说明以下两点:

1) 推荐使用显式工作流程, 在网格划分之前, 依次进行几何体材料定义、网格物理属性定义和创建网格收集器; 在创建边界条件和求解之前, 指定网格单元参数到网格收集器的数据中, 将使得整个操作过程显得完整和清晰。

2) 在一般的工程实际应用中, 有限元分析的目标是使分析对象能够满足性能要求（包括刚度、强度、屈曲稳定性、固有频率和振型等性能指标), 所以要对解算后的结果进行进一步的评估和反馈，进而对设计 CAD 模型进行改进和完善，再次进行计算，直到计算的最终结果得到保证，最后输出分析报告。

（3）有限元分析导航器及其作用

UG NX 高级仿真的导航器是一个图形化、交互式的分级树状形式，用来显示仿真文件和解算结果的结构关系、节点内容及其是否处于激活状态，以便查看结果和评估操作。UG 有限元分析导航器包括【仿真导航器】窗口（前处理）和【后处理导航器】窗口，其中【仿真导航器】窗口分级树及其主要节点如图 1-2 所示。

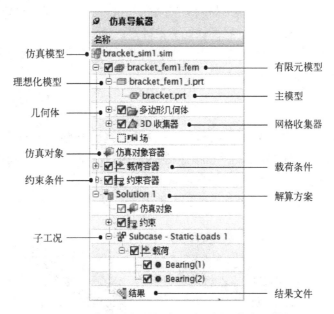

图 1-2　【仿真导航器】窗口分级树及其主要节点

（4）有限元分析结果评价的常见方法

以线性静力学分析为例，其解算后的结果包括变形位移、应力、应变和反作用力等项目及其相应的数值，而最为常用、需要评价的是变形位移和应力两个指标。

1）变形位移

分析模型在工况条件下，其受到边界约束和施加载荷后引起的最大变形位移，不能超过设计要求的允许值，判断式简化为：

$$\delta_{max} < \delta_0 \tag{1-1}$$

其中：

δ_{max} 为有限元解算后的变形位移最大值，它可以是某个矢量方向上的最大位移，也可以是综合的幅值大小；

δ_0 为产品根据刚度的基本需求和精度要求，参考经验、试验和等同对比等方法确定的一个数值，一般来说，该数值是经得起工程实际考验的。

2）应力

分析模型在工况条件下，其受到边界约束和施加载荷后的最大应力响应值，不能超过材料自身的许用应力值，判断式简化为：

$$\sigma_{max} < \sigma_0 \tag{1-2}$$

其中：

σ_{max} 为有限元解算后的最大应力值，一般采用最大主应力或者最大冯氏（Von Mises）应力作为评判指标；

σ_0 为材料的许用应力值。

根据产品强度的基本需求，再考虑一个安全系数 n，σ_0 的值确定如下：

$$\sigma_0 = \sigma_s / n \qquad (1-3)$$

其中：

σ_s 为零件材料的屈服强度（塑形材料）或者抗拉极限强度（脆性材料），通过查询软件自带的材料库或者设计手册提供的物理性能参数确定；

n 为产品（产品的零件或者部件）设计时兼顾可靠性和经济性而制定的一个数值，一般为 $1.5 \sim 2$。不同的产品类型和行业背景，n 取值有所区别。

1.1.2 问题描述

图1-3为冲床上使用的冲头零件，材料为模具钢高合金钢（牌号为 Cr12MoV），工作时，其顶部为固定面（连接面），工作面的内侧四周刃口承受 10 kN 的动态冲裁力，需要分析变形区域的位移分布，以及最大位移变形量、变形区域上的 Von Mises 应力，并估算该零件设计的安全工作系数，其中材料的性能参数如表1-2所示。

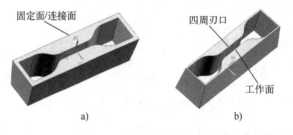

图1-3 冲头结构示意图

a）冲头正面 b）冲头反面

表1-2 Cr12MoV 性能参数

牌　号	弹性模量/GPa	泊松比	密度/(kg/mm³)	抗剪切模量/MPa	屈服强度/MPa
Cr12MoV	218	0.28	7.85e-06	853	750

1.1.3 问题分析

1）本实例应为一个动态载荷冲击响应的问题，但为了简化而将动态冲击问题转换为静态问题，所以模具工作时其四周刃口承受的载荷可以为动态冲裁力乘以一个修正系数，本实例施加在刃口的静力载荷为 15 kN，并且视为沿着刃口边界线均匀分布。

2）模具刃口是关键部位，为了提高其刃口变形和应力的分析精度，需要对冲头四周刃口部位进行细化网格的操作。

3）由于 UG NX 自带的材料库中没有牌号为 Cr12MoV 的材料，所以在本实例分析时需要进行自定义材料的操作。

1.1.4　操作步骤

打开随书光盘 part 源文件 Book_CD \ Part \ Part_CAE_Unfinish \ Ch01_Stamping parts \ Stamping parts. part，调出图 1-3 所示的冲头三维实体主模型。本实例通过线弹性静力学【SOL 101 Linear Statics – Global Constraints】解算器计算出模型的最大位移、最大应力值。在此基础上结合设计规范，校核其实际的安全系数是否足够。

（1）创建有限元模型的解算方案

1）依次单击主菜单中的【开始】和【高级仿真】按钮，在【仿真导航器】窗口分级树中，右击【Stamping parts. prt】节点，如图 1-4 所示弹出的菜单中选择【新建 FEM】命令，弹出【新建部件文件】对话框，如图 1-5 所示，按默认名称路径保存，单击【确定】按钮。

图 1-4　仿真导航器节点

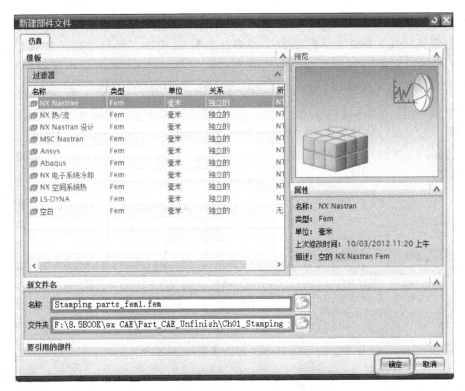

图 1-5　【新建部件文件】对话框

2）弹出【新建 FEM】对话框，保留所有选项默认设置，如图 1-6 所示，单击【确定】按钮。注意在【仿真导航器】窗口的分级树中，新增了相关节点数据，注意各个节点的名称、内容和相互之间的从属关系，如图 1-7 所示。

图1-6　【新建FEM】对话框

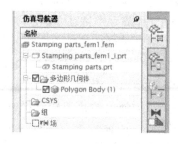

图1-7　【仿真导航器】窗口节点

（2）创建有限元模型

1）自定义材料：单击工具栏中的【指派材料】 按钮，弹出【指派材料】对话框，如图1-8所示。在图形窗口中选中冲头模型作为【选择体】，单击【指派材料】对话框【新建材料】选项下【创建】右侧的 按钮，弹出图1-9所示的【各向同性材料】对话框，在【名称-描述】中输入【Cr12MoV】，在【质量密度（RHO）】中输入【7.85e-6】，【单位】选择【kg/mm^3】，在【力学】选项卡的【杨氏模量（E）】中输入【218000】，【单位】选择【N/mm^2（MPa）】，在【泊松比（NU）】中输入【0.28】，单击两次【确定】按钮，完成自定义冲头材料的操作。

图1-8　【指派材料】对话框

图1-9　【各向同性材料】对话框

提示

UG NX 高级仿真提供了以下 3 种定义材料的方法：一是直接从库材料调用现有的材料。二是临时保存自定义材料：当库材料中没有需要的材料时，可以新建材料，自动存储在本地材料库中，但是，当重新启动 UG NX 时将自动消失（本实例采用该方法）。三是永久保存自定义材料：当材料库中没有需要的材料时，可以自定义一种新材料，保存在 UG NX 的源文件中，在下一次启动时，将保留在材料库中。

2）单击工具栏中的【物理属性】 按钮，弹出【物理属性表管理器】对话框，如图 1-10 所示【类型】默认为【PSOLID】，【名称】默认为【PSOLID1】，【标签】默认为【1】，单击【创建】按钮，弹出【PSOLID】对话框，如图 1-11 所示。在【材料】选项中选取上述操作设置的【Cr12MoV】子项，单击【确定】按钮，返回到图 1-10 所示的【物理属性表管理器】对话框，单击【关闭】按钮。

3）单击工具栏中的【网格收集器】 按钮（俗称为网格属性定义），弹出【网格收集器】对话框，如图 1-12 所示。保留【单元拓扑结构】各个选项的默认设置，【物理属性】下的类型默认为【PSOLID】，在【实体属性】下拉列表框中选取设置的【PSOLID1】，网格【名称】默认为【Solid（1）】，单击【确定】按钮，创建好冲头模型的网格收集器。

图 1-10 【物理属性表管理器】对话框

图 1-11 【PSOLID】对话框

为了提高冲头刃口受载后变形和应力的计算精度，采用细化网格的方式，对冲头刃口进行网格细化的操作，详细步骤如下。

4）单击菜单栏中的【插入】按钮，在弹出下拉菜单中选择【网格】命令，将光标移动到左侧的小三角形符号上，单击【网格控件】 按钮，弹出图 1-13 所示的【网格控件】对话框，【密度类型】选择【边上的大小】，在【选择】中选取冲头反面四周刃口 16 条边界线作为【选择目标】。在进行选取对象操作时，宜借助过滤器进行选择图形窗口中的几何对象。

5）在【类型过滤器】中切换为【多边形边】，【方法过滤器】中选择【切向连续边】，如图 1-14 所示。选取冲头刀刃的任意一条圆角边，即可选取相切的 7 条边。同样，选取相对应的另一条圆角边界线及 2 条宽边共 16 条边界线。在【边上的大小】选项下的【单元大小】文本框中，手动输入【1】，单位为【mm】，单击【确定】按钮，即完成对冲头模型刀刃边的网格控制（俗称布种子）。仿真导航器新增相关节点如图1–15所示。

图1–12 【网格收集器】对话框

图1–13 【网格控件】对话框

图1–14 【类型过滤器】及【方法过滤器】示意图

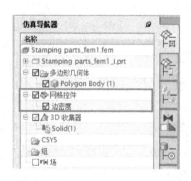

图1–15 仿真导航器新增节点

提示

对象选择过滤器分为【类型过滤器】及【方法过滤器】，这是为方便选择不同的对象而设置的，十分人性化。

6）单击工具栏中的【3D四面体网格】 按钮，弹出【3D四面体网格】对话框，在图形窗口中单击冲头模型，单元类型默认为【CTETRA（10）】，单击【单元大小】右侧的【自动单元大小】 按钮，在【单元大小】的文本框内已自动显示【4.3】，考虑到冲头模型形状比较复杂，将该数值修改为【4】。取消勾选【目标收集器】下面的【自动创建】复选框，使得【网格收集器】右侧选项默认为上述操作生成的【Solid（1）】，勾选【网格设置】中的【自动修复有故障的单元】复选框，其他参数均为默认设置，如图1–16所示，单击【应用】按钮，完成冲头模型划分网格的操作。冲头模型网格划分后的效果如图1–17所示，同时出现了黄色的边密度符号。划分后的网格大小明显不一样，靠近冲头刀刃周边的网格相对较密，其他网格相对较疏，说明局部细化网格成功。

图1-16 【3D四面体网格】对话框

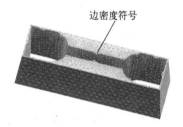

图1-17 网格划分后示意图

提示：

细化网格的操作方法有两种：第一种（上文介绍的方法）是先局部布好种子大小，再进行3D四面体网格划分，第二种是先进行3D四面体网格划分，再进行局部网格细化。

（3）分析单元质量

1）单击工具栏中的【单元质量】 按钮，弹出【单元质量】对话框，选定冲头模型网格作为【要检查的单元】，在【常规几何检查】选项卡和【系统检查】中保留默认的检查项目和参数值，在【输出设置】选项中依次打开其两个子项【输出组单元】与【报告】中的选项，选择【失败】，将划分失败的网格以显示和报告的形式输出，如图1-18所示，单击【检查单元】按钮。

图1-18 定义单元质量检查选项

2）弹出【信息】对话框，提示【0个失败单元，0个警告单元】，在图形窗口的模型中也没有出现警示符号，说明该冲头模型的网格划分质量很好，无须再细化，关闭【信息】

对话框。注意：也可以设置在提示栏中出现【0个失败单元，0个警告单元】的简单信息。

3）单击工具栏中的【保存】■按钮，将上述成功的数据文件和操作结果保存下来。

（4）创建仿真模型

1）在【仿真导航器】窗口的分级树，右击【Stamping parts_fem1.fem】节点，从弹出的快捷菜单中选择【新建仿真】命令，弹出【新建部件文件】对话框，将【名称】修改为【Stamping parts_sim1.sim】，选择本实例高级仿真相关数据存放的文件夹，单击【确定】按钮，弹出【新建仿真】对话框，如图1-19所示，保留所有选项的默认设置，单击【确定】按钮。

2）弹出【解算方案】对话框，如图1-20所示，【名称】默认为【Solution 1】，【解算方案类型】默认为【SOL 101 Linear Statics – Global Constraints】，单击【确定】按钮，完成冲头模型的结构线性静力学解算方案的建立。

图1-19 【新建仿真】对话框　　　　　图1-20 【解算方案】对话框

3）施加边界约束。冲头模型只在刀刃边界线的法向方向运动，故将冲头模型刀刃运动到某一位置的状态作为考察对象，将冲头模型连接安装面设为固定约束。在工具栏中选择【约束类型】■→【固定约束】■命令，弹出【固定约束】对话框，如图1-21所示，【名称】默认为【Fixed（1）】，选择冲头模型连接面作为约束对象，单击【确定】按钮，即可添加固定约束。

4）在【仿真导航器】窗口分级树中，【约束容器】节点上新增【Fixed（1）】子节点，如图1-22所示。右击，从弹出的快捷菜单中选择【编辑显示】命令，弹出【边界条件显示】对话框，【显示模式】选择【折叠】，【比例】调大，单击【显示参数】下的【颜色】选项并选择红色，如图1-23所示。单击【确定】按钮，即可观察到仿真模型上约束符号变得简洁并变为红色，便于在约束复杂的情况下观察与操作。

图1-21　【固定约束】对话框

图1-22　新增约束载荷节点

5）施加载荷。单击工具栏中的【载荷类型】☁按钮右侧的小三角形，选择其中的【力】☁命令，【类型】默认为【幅值和方向】，【名称】默认为【Force（1）】，在【模型对象】中选择16条刀刃边（参考【局部细化网格】中选择方法选择16条边），在【幅值】中选择【表达式】输入方式，输入【15000】，单位选择【N】，在【方向】中单击【自动判断的矢量】按钮右侧的下拉按钮，选择【－ZC】，单击【应用】按钮，完成对冲头四周刀刃施加力载荷的操作，如图1-24所示。

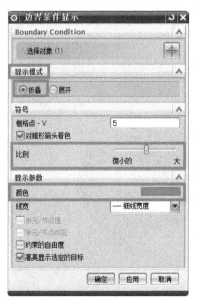

图1-23　【边界条件显示】对话框

图1-24　【力】对话框

（5）求解仿真模型

1）在仿真窗口中右击【Solution 1】节点，从弹出的快捷菜单中【求解】命令，弹出【求解】对话框，单击【确定】按钮，出现多个信息窗口，待图1-25所示的【分析作业监视器】对话框的列表框中出现【……solution_1完成】提示信息，即可关闭信息窗口。

2）双击【仿真导航器】窗口分级树中出现的【结果】节点，即可进入【后处理导航器】窗口的分级树，在分析环境中进行各个解算结果的查看和判断，如图1-26所示。

图 1-25 【分析作业监视器】对话框

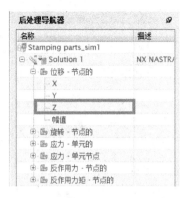

图 1-26 后处理结果节点

（6）后处理，结果查看

1）切换到【后处理导航器】窗口，在分级树中展开【Solution 1】→【位移 – 节点的】→【Z】节点，双击【Z】节点，可以查看冲头零件在 Z 矢量方向发生变形的位移大小，得到零件各个区域的位移变形云图，如图 1-27 所示。从云图可以看出，其最大位移值为 (6.526E–003) mm（此为科学记数法，相当于 0.006 526 mm，注意：数值为正代表受拉状态，数值为负代表受压状态）。

Stamping parts_sim1 : Solution 1 结果
位移 - 节点的, Z
最小: -6.526E-003, 最大: 6.856E-004, 单位 = mm

6.856E-004
8.462E-005
-5.164E-004
-1.117E-003
-1.718E-003
-2.319E-003
-2.920E-003
-3.521E-003
-4.122E-003
-4.723E-003
-5.324E-003
-5.925E-003
-6.526E-003

单位 = mm

图 1-27 Z 向位移云图

2）双击【幅值】节点，可以查看冲头整体模型的位移变形大小，其最大位移值为 0.0175 mm，如图 1-28 所示；展开【应力 – 单元节点的】，选择【Von Mises】可以查看冲头 Von Mises 应力的分布情况，如图 1-29 所示；其最大 Von Mises 应力值为 690.44MPa，可以通过动画功能观看其变形过程，在窗口菜单上单击【播放】 ▶ 按钮，来查看模型应力的动态变化。

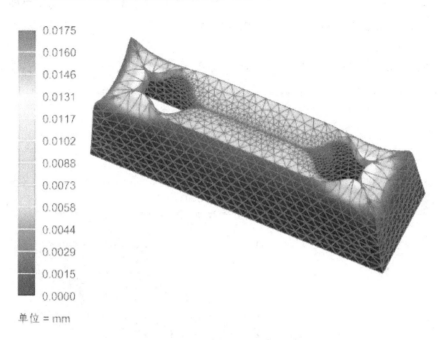

图 1-28　幅值位移云图

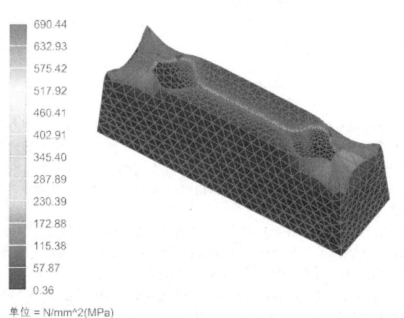

图 1-29　Von Mises 云图

提示：

对弹塑性金属材料结构进行强度分析时，常采用 Von Mises 屈服准则来判定结构是否处于屈服失效状态。Von Mises Stress 是一种等效应力，用应力等值线来表示模型内部的应力分布情况，可以清晰地描述一种结果在整个模型中的变化和分布，从而使分析人员可以快速确定模型中的最危险区域。

3）双击【后处理导航器】下【应力－单元节点的】的【最大主应力】子节点，展开【云图绘图】下的【Post View 1】，打开【注释】并勾选下面的【Minimum】及【Maximum】复选框，即可显示出模型上最大主应力及最小主应力的大小及所在的部位。单击工具栏上的【拖动注释】⚠按钮，即可拖动最大值及最小值方框，如图1-30所示。

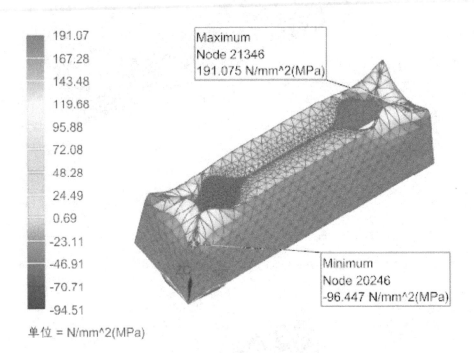

图1-30　最大/最小主应力云图

提示

后处理中，应力计算结果有两种显示方式，包括图1-26所示的【应力－单元的】（评判对象是单元）和【应力－单元节点的】（评判对象是单元上的节点，但各个节点的数值有细微的差距）。一般来说，单元尺寸比较小时，这两种方式的精度相差不大；单元尺寸比较大时，更适合采用【应力－单元节点的】，同时，若进一步对各个节点的数值进行平均化，显示的数值会更加接近实际情况。

4）在工具栏上单击【新建注释】⚠图标，弹出图1-31所示的【注释】对话框，保留其【方法】的默认设置，单击对话框下【显示】的【注释类型】，选择【带指引线的方框】，即可在图形窗口显示任意一个单元上节点的应力值大小。

5）在窗口上选择【后处理视图】📊命令，可以对后处理中的【显示】、【图例】、【文本】等选项进行相关参数的编辑。单击【后处理视图】对话框中【显示】选项卡中的【结果】按钮，弹出图1-32所示的【变形】对话框，修改【比例】数值，单击【应用】按钮，可观看模型变形状态被放大或者缩小的情况。

6）勾选图 1-33 中所示的【显示未变形的模型】复选框，在图形窗口中同时出现了变形模型和未变形模型，可以单击【播放】 ▶ 按钮，更加清晰地查看模型发生变形的动态情况。

7）在窗口菜单上选择【标识】 ❓ 命令，或者右击【Post View 1】并从弹出的快捷菜单中选择此命令，弹出【标识】对话框，如图 1-34 所示。单击【拾取】选项的【特征边】，在窗口中选中图形的某条边缘曲线，在【标识】对话框的【选择】文本框中即可显示【最小】（Min）、【最大】（Max）、【总和】（Sum）及【平均值】（Avg）等指标值，单击【关闭】按钮，退出标识功能的操作。

图 1-31　【注释】对话框

图 1-32　【变形】对话框

图 1-33　【后处理视图】对话框

图 1-34　【标识】对话框

8）右击【后处理导航器】中的【Post View 1】，从弹出的快捷菜单中选择【新建路径】
🖍命令，弹出图 1-35 所示的【路径】对话框。在【拾取】中选择【边缘上的节点】选项，
选取图 1-36 所示的边缘线，如果想切换边缘的起点，可以单击【反向】按钮，再单击【应
用】按钮；单击【取消】按钮，退出该对话框，在【后处理导航器】窗口分级树中的【So-
lution1】节点下面出现了【Path】及其子节点【path1】。

图 1-35 【路径】对话框

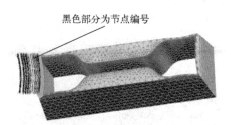

黑色部分为节点编号

图 1-36 拾取特征边缘曲线

9）右击【Post View 1】，从弹出的快捷菜单
中选择【新建图表】△命令，弹出图 1-37 所示
的【图表】对话框。默认所有选项，单击【确
定】按钮，弹出图 1-38 所示的路径与最大主应
力相对应的曲线。如果创建多个特征边缘曲线路
径，这些图表可以叠加在一起。

图 1-37 【图表】对话框

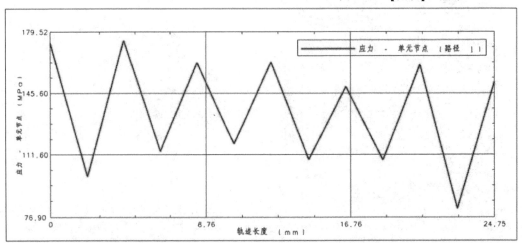

图 1-38 特征边缘的路径图表

10）后处理的其他显示模式。

a）依次展开【后处理导航器】窗口分级树中的【Solution 1】→【位移－节点的】节点，双击【Z】子节点，在工具栏中单击【编辑后处理视图】 按钮，弹出【后处理视图】对话框，如图1-39所示。在【颜色显示】下拉列表框中选择【条纹】选项，单击【确定】按钮后的显示效果如图1-40所示。

b）在【颜色显示】下拉列表框中选取【等值线】选项，显示的效果如图1-41所示；也可以在【颜色显示】下拉列表框中选取【球体】选项，显示相应的效果。

c）在【颜色显示】下拉列表框中切换回【光顺】选项卡，单击【后处理视图】对话框中的【边和面】选项卡，在【主显示】的【边】下拉列表框中选取【特征】选项，单击【确定】按钮，即可在图形窗口显示模型的特征位移云图，其效果如图1-42所示。

图1-39　【后处理视图】对话框

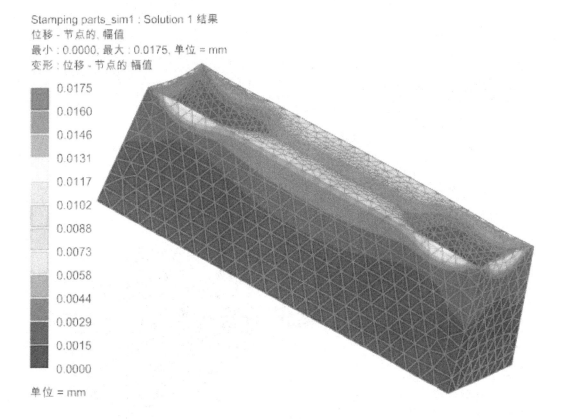

图1-40　【条纹】显示模式

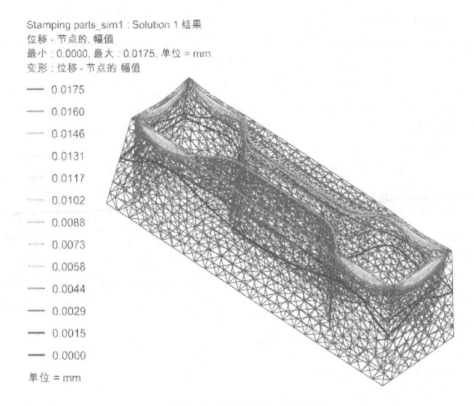

图1-41 【等值线】显示模式

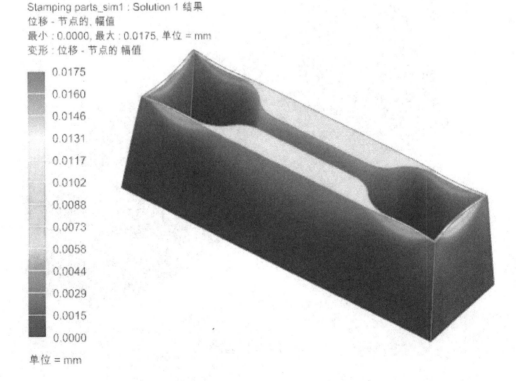

图1-42 【特征】显示模式

d）双击【后处理导航器】窗口分级树中【应力 - 单元节点的】的【Von Mises】子节点，右击【Post View1】节点，从弹出的快捷菜单中选择【编辑】命令，弹出【后处理视图】对话框。单击【显示】选项卡中【颜色显示】右侧的【结果】按钮，弹出【平滑绘图】对话框，保留其他显示参数的默认设置，在【Nodal Combination】右侧的下拉列表框中，将【None】修改为【Average】（平均值），对话框变为图1-43所示。保留【Average】下面的属性参数的默认设置，单击【确定】按钮返回【后处理视图】对话框，此时在图形窗口中显示的应力云图发生了变化，显示值为模型上各个节点的平均值。

图1-43 【平滑绘图】对话框

限于篇幅，其他结果项目和显式方式在此不再赘述。

11）可信度分析。

求解前，激活"应变"输出，操作步骤如下：右击【仿真导航器】下【Solution1】节点，从弹出快捷菜单中选择【解算方案】对话框，选择【工况控制】选项卡下子目录【输出请求】右侧的【编辑】命令，弹出【输出请求】对话框，在【属性】下勾选【应变】前面的【启用STRAIN请求】复选框，连续两次单击【确定】按钮，完成输出【应变】设置。

待求解分析结束后，单击图1-25所示【分析作业监视器】对话框下的【检查分析质量】按钮，软件自动分析求解结果的质量，并弹出【消息】对话框提示相应的检测分析质量，如图1-44所示。显示求解分析质量的可信度为90.724%，即解算结果的错误率控制在10%以内，符合要求，单击【确定】按钮并关闭【分析作业监视器】对话框。

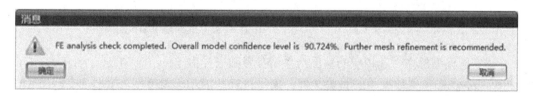

图1-44 可信度分析结果信息提示框

提示

可信度分析只能为2D三角形和四边形单元、3D四面体单元计算可信度。

12）生成分析报告。

在工具栏中选择【创建报告】命令，在【仿真导航器】窗口的分级树中新增了【报告】节点。展开此节点，可观察到图1-45所示的各项子节点，根据需要可以编辑和增加各个节点的文本或者图像等内容。完成报告内容后，右击【报告】节点并从弹出的快捷菜单中选择【导出】命令，即可生成HTML格式的仿真报告。

提示

UG NX高级仿真自带"创建报告"功能，其格式和内容不太符合企业要求，所以，在具体做企业工程项目分析报告时，往往要根据分析要求、分析对象、分析步骤、分析指标及其评价方法、分析总结等内容的具体要求，自制报告模板，并填写相应的内容。

13）返回到建模模块的操作过程。

a）单击工具栏中的【返回到模型】 按钮，退出【后处理导航器】窗口的显示模式，单击资源条上的【仿真导航器】 按钮，切换到【仿真导航器】窗口。

b）在【仿真导航器】窗口的分级树中，双击图1-46所示的【Stamping parts. prt】节点，单击工具栏中的【开始】按钮，切换到【建模】模块环境。

图1-45　报告各个节点

图1-46　返回建模模块的操作

上述实例模型源文件和相应的输出结果请参考随书光盘 Book_CD\Part\Part_CAE_finish\Ch01_Stamping parts 文件夹中的相关文件，操作过程的演示请参考视频文件 Book_CD\AVI\Ch01_Stamping. AVI。

14）计算结果分析和评价。

本实例着重分析冲头模型受到冲击载荷的安全系数是否合理。经过上述的分析可知，该模型受到的最大 Von Mises 应力值为 690.44 MPa，该材料的屈服强度为 750 MPa，可见实际的安全系数为 1.09，小于模具规范设计要求安全系数值（1.5 以上），所以，后续应改进模型结构，提高强度值，或者减少该模型的工作载荷。

1.1.5　本节小结

1）本实例通过一个简单的静力学案例介绍 UG NX 有限元分析的基本工作流程，能够帮助初学者熟悉有限元分析的工作流程，掌握利用有限元分析方法去解决工程实际问题的基本技能，并在此基础上逐步掌握有限元分析的理论知识、主要命令及其参数、其他类型解算功能等。

2）本实例重点介绍了有限元分析工作流程中的自定义新材料性能参数、细化网格单元大小和显式解算结果等的基本操作和参数设置方法。另外，网格划分方法等也是有限元分析的基本技能，只有全面、系统地掌握这些基本技能，才能为后续章节内容的学习和提高有限元分析能力打下坚实的基础。

1.2　UG NX 有限元入门实例 2——组件受力分析

1.2.1　基础知识

在 NX Nastran 中定义装配模型中不同部件几何体之间的网格连接和接触方式有以下几种。

1）非关联 FEM 装配模型方法：在几何建模时就使用 NX 装配模块，定义好各个部件的装配关系。在建立仿真模型时，调入定义好的装配体并建立有限元模型，通过定义各个部件的接触关系来模拟部件间的装配关系。这里主要介绍此种 FEM 装配方法，即预先创建各个组件的 FEM 模型，再在 FEM 环境进行装配，进行有限元分析。本书第 9 章中详细介绍另外一种非关联 FEM 装配模型方法，即预先对组件进行装配，再对装配好的模型创建 FEM 模型，进行有限元分析。

2）关联 FEM 装配模型方法：它的优势是 FEM 装配模型和 CAD 装配模型具有关联性，改变 CAD 模型中组件的相互位置关系，并在 FEM 装配模型自动更新，这样操作的效率很高。使用这种方法，需要预先在三维建模和装配环境中构建好装配几何模型，在高级仿真中依次构建好各个组件的 FEM 模型，并利用关联 FEM 装配模型功能将它们组装成一个 FEM 模型。

3）不管是采用非关联 FEM 装配模型还是关联 FEM 装配模型，不同几何体单元之间的连接方式都主要包括网格配对、面对面粘合（胶合）和面对面接触等网格接触方式，如表 1-3 所示。

表 1-3　装配模型网格接触方式

命令＼区别	命令环境	图标	含义	应用范围
网格配对	FEM 环境		使用网格配对条件可在指定的相交处将单个 2D 或 3D 网格连接在一起	实体到实体；片体到片体；片体到实体；流体到流体
面对面粘合	SIM 环境		创建面对面粘合仿真对象可连接两个曲面，以防止在所有方向产生相对运动	除 SOL 701 解算功能外，面对面粘合适用于所有结构 NX Nastran 求解序列轴对称解算方案中不支持该类型
面对面接触	SIM 环境		使用面对面接触可对两个接触面之间的接触单元进行建模，或进行自接触建模	适用于仿真文件为活动状态的情况

1.2.2 问题描述

图1-47为一对齿轮传动副，零件材料均为20CrMoH钢，其中件1为主动齿轮，件2为从动齿轮。在传递动力时，件1主动齿轮角速度为500 rev/min，件2从动齿轮受到100 N·mm的扭矩，计算齿轮啮合区域（啮合区域有A、B两处，如图1-47所示）最大的位移变形量和最大 Von Mises 应力值，其中20CrMoH钢材料的性能参数如表1-4所示。

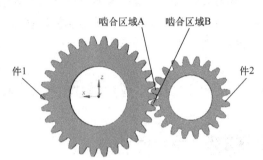

图1-47 齿轮传动副结构及啮合区域示意图

表1-4 20CrMoH 力学性能参数

名　称	弹性模量/GPa	泊　松　比	密度/(kg/mm³)	屈服强度/MPa
20CrMoH	210	0.278	7.48e−06	1079

1.2.3 问题分析

1）本实例将齿轮传动动力过程简化为线性静力学问题，主要分析齿轮啮合区域在承受离心力和扭矩载荷共同作用下的位移及应力情况。

2）严格来说，齿轮接触过程为非线性动态过程，即其接触区域的承载变化、区域接触面积等参数都是非线性的，但本节将非线性模拟呈线性关系来计算，计算结果和实际结果有差距。

3）创建 FEM 装配及设置面面接触的参数是本实例中整个分析过程的重要内容，要充分理解和掌握关联与非关联装配的含义、应用场合和操作基本步骤。

4）本实例中施加边界约束条件的操作十分重要，涉及圆柱坐标系与限制自由度的问题。实例中展示的一些操作技巧，对于创建轴类、圆盘类零件 FEM 模型的圆柱坐标系和施加约束操作都有所帮助。

1.2.4 操作步骤

（1）建立齿轮副组件 FEM 模型

1）在三维建模环境下打开光盘文件夹：Book_CD\Part\Part_CAE_Unfinish\Ch01_Gears，调出主动齿轮模型，其名称为【gear1】。

2）依次单击【开始】和【高级仿真】按钮，在【仿真导航器】窗口中右击【Gear1. prt】节点并从弹出的快捷菜单中选择【新建 FEM】命令，弹出【新建部件文件】对话框，在【新文件名】下面的【名称】选项中将【fem1.fem】修改为【Gear1_fem1.fem】，通过单击按钮，选择本实例高级仿真相关数据存放的文件夹，单击【确定】按钮。

3）弹出【新建 FEM】对话框，保留【求解器】和【分析类型】中选项的默认设置，单击【确定】按钮，即可进入创建有限元模型的环境。

4）单击工具栏中的【材料属性】按钮，弹出【指定材料】对话框，在图形窗口中选中齿轮1模型，单击【新建材料】下的【创建】按钮，弹出图1-48所示的【各向同性材料】对话框，在【名称-描述】中输入【20CrMoH】，在【质量密度（RHO）】中输入【7.48e-6】，【单位】选择【kg/mm^3】，在【力学】选择卡的【杨氏模量（E）】中输入【210000】，【单位】选择【N/mm^2（MPa）】，在【泊松比（NU）】中输入【0.278】，单击两次【确定】按钮，完成齿轮1材料的设置。

5）单击工具栏中的【物理属性】按钮，弹出【物理属性表管理器】对话框，【创建】3个子选项【类型】默认为【PSOLID】，【名称】默认为【PSOLID1】、【标签】默认为【1】，单击【创建】按钮，弹出【PSOLID】对话框，如图1-49所示。在【材料】下拉列表框中选取【20CrMoH】子项，其他参数均为默认值，单击【确定】按钮，返回【物理属性表管理器】对话框。

图1-48　【各向同性材料】对话框

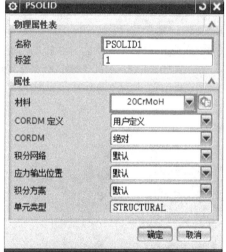

图1-49　【PSOLID】对话框

6）单击工具栏中的【网格收集器】按钮，弹出【网格收集器】对话框，保留【单元拓扑结构】中各个选项的默认设置，【物理属性】下的类型默认为【PSOLID】，在【实体属性】下拉列表框中选取上述设置的【PSOLID1】，网格【名称】默认为【Solid（1）】，如图1-50所示，单击【确定】按钮。

7）单击工具栏中的【3D四面体网格】按钮，弹出【3D四面体网格】对话框，如图1-51所示。在图形窗口中单击齿轮1模型，单元类型默认为【CTETRA（10）】，单击【单元大小】右侧的【自动单元大小】按钮，在【单元大小】的文本框内自动输入【2】，取消勾选【目标收集器】下面的【自动创建】复选框，在【网格收集器】右侧的选项切换为上述操作定义的【Solid（1）】，其他参数保留默认设置，单击【确定】按钮，即可完成齿轮1模型的网格划分操作，网格划分后的效果如图1-52所示。同时，在【仿真导航器】窗口的分级树中，新增了齿轮1有限元模型的网格划分的节点情况，如图1-53所示。

8）双击图1-53所示的【gear1.prt】节点，单击工具栏中的【打开】按钮，弹出【打开】对话框，按路径Book_CD\Part\Part_CAE_Unfinish\Ch01_Gears选取从动齿轮模型

【gear2】，单击【确定】按钮。

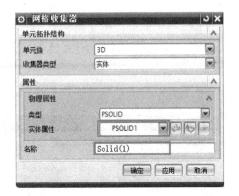

图1-50 【网格收集器】对话框

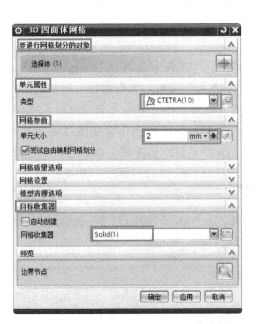

图1-51 【3D四面体网格】对话框

图1-52 齿轮1网格划分后效果图

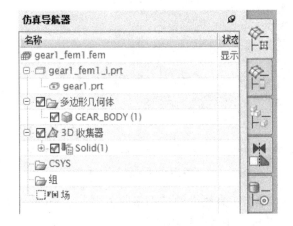

图1-53 齿轮1新增节点示意图

后面的操作方法与主动齿轮1的操作方法一样，限于篇幅，这里不再赘述，请读者自行完成gear2材料定义和网格划分的操作。其中，网格划分后从动齿轮2的效果图及相关新增节点分别如图1-54和图1-55所示。

这样完成了主动齿轮1和从动齿轮2的网格划分操作，为了便于调整两者的相对位置，下面利用FEM装配模型功能来满足仿真分析的具体要求。

（2）建立FEM装配模型

1）双击图1-55中的【gear2. prt】节点，返回至高级仿真的初始界面，单击工具栏中的【新建】按钮，弹出【新建】对话框，将类型切换为【模型】，在【名称】中输入【Gears. prt】，单击【确定】按钮。单击【开始】和【高级仿真】按钮，在【仿真导航器】窗口中右击【Gears. prt】节点，从弹出的快捷菜单中选择【新建装配FEM】命令，弹出

【新建部件文件】对话框，【名称】默认为【Gears_assyfem1.afm】（注意其后缀名和建立单个 FEM 模型有所区别），单击【确定】按钮。

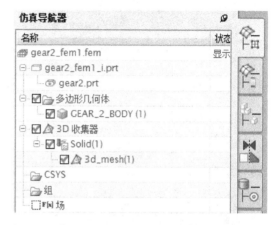

图 1-54　齿轮 2 网格划分后效果图　　　　　图 1-55　齿轮 2 新增节点示意图

2）弹出【新建装配 FEM】对话框，保留所有选项的默认设置，如图 1-56 所示，单击【确定】按钮。

3）在【仿真导航器】窗口中右击【Gears_assyfem1.afm】节点，从弹出的快捷菜单中选择【加入已存的组件】命令，如图 1-57 所示，弹出【添加组件】对话框。在【已加载的部件】列表框中选择【gear1_fem1.fem】，如图 1-58 所示。同时出现有主动齿轮 1 模型的小窗口，默认【定位】选项为【绝对原点】，其他参数均保留默认设置，单击【确定】按钮，即可将主动齿轮 1 的 FEM 模型放置在主窗口。注意在【仿真导航器】窗口分级树中各个节点的变化情况，其中【gear1_fem1.fem】成为【Gears_assyfem1.afm】的子节点，如图 1-59 所示。

图 1-56　【新建装配 FEM】对话框

图 1-57　加入已存的组件示意图

图1-58 【添加组件】对话框

图1-59 仿真导航器新增节点

提示

和prt装配建模一样，装配中的基座、底座等大模型或者主要模型一般放置在固定的位置，后续添加的组件FEM模型以移动（包括旋转）等定位方式进行装配。

4）再次右击【Gears_assyfem1.afm】节点，从弹出的快捷菜单中选择【加入已存的组件】命令，弹出【添加组件】对话框，在【已加载的部件】下拉列表框中选择【gear2_fem1.fem】，同时出现有齿轮2模型的小窗口。在【定位】选项中切换为【移动】选项，单击【确定】按钮，弹出【点】对话框，保留所有参数默认设置，单击【确定】按钮，同时出现【移动组件】对话框，如图1-60所示。通过移动和旋转等动态操作方法，将齿轮组装配成啮合状态，为后续装配提供接触条件，如图1-61所示，单击【确定】按钮，即完成齿轮副FEM模型的装配。

图1-60 【移动组件】对话框

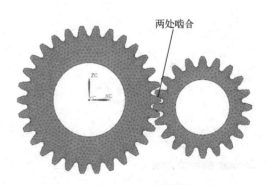

图1-61 移动组件实现FEM装配

5）右击【Gears_assyfem1.afm】节点，从弹出的快捷菜单中选择【装配标签管理器】命令，弹出【装配标签管理器】对话框，如图1-62所示。单击【装配标签管理器】对话框下【自动解析】右侧的按钮，可看到【标签】栏【节点】下【gear1_fem1】及【gear2_fem1】右侧状态列的 ✖ 符号变为 ✔ 符号，单击【确定】按钮，完成装配标签管理的操作。

（3）建立仿真模型

1）在【仿真导航器】窗口右单击【Gears_assyfem1.afm】节点，从弹出的快捷菜单中选择【新建仿真】命令，弹出【新建部件文件】对话框，【新文件名】的【名称】默认为【Gears_assyfem1_sim1.sim】，单击【确定】按钮。

2）弹出【新建仿真】对话框，保留各个选项的默认设置，单击【确定】按钮，弹出【解算方案】对话框，保留所有参数的默认设置，单击【确定】按钮，在【仿真导航器】窗口分级树的相应节点发生了变化，如图1-63所示。

图1-62 【装配标签管理器】对话框

图1-63 仿真导航器新增节点

3）在工具栏中选择【约束类型】→【用户定义的约束】命令，弹出【userDefined (1)】对话框，如图1-64所示。【名称】默认为【UserDefined (1)】，在【类型过滤器】中切换为【多边形面】，在窗口单击主动齿轮1的内圆面，在【方向】选项的【位移CSYS】中切换为【圆柱坐标系】，在【类型过滤器】中切换为【多边形边】，单击主动齿轮1内圆的棱边线，即可建立一个圆柱坐标系，在相应模型上出现了该坐标系符号。【自由度】选项的【DOF6】（代表绕轴旋转的自由度）默认为【自由】，其他自由度均设为【固定】，单击【应用】按钮，完成主动齿轮1模型边界约束条件的定义。

4）再次在【类型过滤器】中切换为【多边形面】，采用默认名称，在窗口中单击从动齿轮2的内圆表面，将【方向】选项的【位移CSYS】切换为【圆柱坐标系】，在【类型过滤器】中切换为【多边形边】，单击从动齿轮2内圆的棱边线，即可建立一个圆柱坐标系，在相应模型上出现了该坐标系符号。将【自由度】选项的【DOF6】默认为【自由】，其他自由度均设为【固定】，单击【应用】按钮，完成主动齿轮2模型边界约束条件的定义，约束效果如图 1-65 所示。

图 1-64 【UserDefind（1）】对话框　　　　　图 1-65　约束效果示意图

5）在工具栏中单击【仿真对象类型】　按钮，选择弹出的【面对面接触】　命令，弹出【面对面接触】对话框，如图 1-66 所示，采用默认名称，将【类型】切换为【自动配对】，单击【创建自动面对】下【面对】右侧的　按钮，弹出【创建自动面对】对话框。保留所有参数的默认设置，在【类型过滤器】中切换为【多边形面】，框选所有面，单击【确定】按钮，返回到【面对面接触】对话框，可以看到【面对】选项变为【面对（2）】。在【接触集属性】下的【静摩擦系数】中输入【0.2】，单击【确定】按钮，完成齿轮啮合面对面接触设置，在图形窗口的模型中出现了相应的面对接触符号。

6）单击工具栏中的【离心力】　按钮，弹出【离心】对话框，采用默认名称、对象及方向，在【属性】下的【角速度】文本框中输入【500】，单位为【rev/min】，单击【确定】按钮，如图 1-67 所示，完成主动齿轮转速载荷条件的施加。

7）单击工具栏中的【扭矩】　按钮，弹出【Torque（1）】对话框，采用默认名称，单击【圆柱或圆形对象】下面的【选择对象（1）】，在图形窗口的模型中选中从动齿轮内圆表面（添加约束的表面）。在【幅值】下的【扭矩】选项中，【表达式】子项采用默认设置，并在下面的文本框中输入【100】，单位为【N·mm】，单击【确定】按钮，如图 1-68 所示，完成从动齿轮 2 扭矩载荷的加载。

8）边界条件设置完成后，在【仿真导航器】窗口分级树中新增了相关的数据节点，依次展开【仿真对象容器】、【约束容器】和【载荷容器】节点，查看图 1-69 所示的相关节点。

提示

可以单击【首选项】和【节点和单元显示】按钮，来显示和标识作用载荷所在单元节点的编号。

（4）求解及其输出请求的设置

图1-66　【面对面接触】对话框

图1-67　【离心】对话框

图1-68　【Torque（1）】对话框

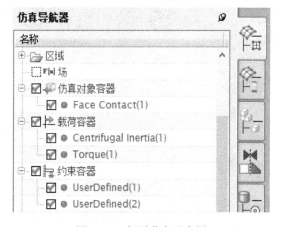

图1-69　新增节点示意图

1）在【仿真导航器】窗口的分级树中，右击【Solution 1】节点，从弹出的快捷菜单中选择【编辑】 命令，弹出【解算方案】对话框，单击【预览】按钮下面的【工况控制】选项卡，如图1-70所示，单击【输出请求】右侧的【创建模型对象】 按钮，弹出【Structral Dutput Requests1】对话框，选择【接触结果】选项卡，勾选【启用 BCRESULTS 请求】复选框，如图1-71所示，单击【确定】按钮，返回至【解算方案】对话框。

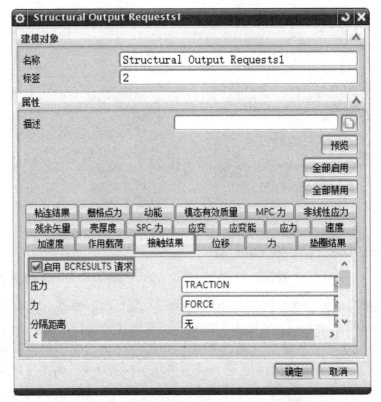

图1-70 【工况控制】选项卡

图1-71 【Structrual Dutput Requests1】对话框

2）右击【仿真导航器】窗口的分级树中的【Solution1 】节点，从弹出的快捷菜单中选择【求解】命令，弹出【求解】对话框，单击【确定】按钮。稍等片刻后，窗口出现【模型检查信息】、【分析作用监视器】和【解算监视器】3 个对话框，其中【解算监视器】对话框包含【解算信息】、【稀疏矩阵求解器】和【接触分析收敛】3 个选项，待出现【作业已完成】的提示后，关闭各个【信息】对话框。双击出现的【结果】节点，即可进入后处理分析环境。

（5）接触结果的查看

1）在【后处理导航器】窗口的分级树中，增加了接触分析结果的类型，包括【接触牵引 - 节点的】、【接触力 - 节点的】和【接触压力 - 节点的】，如图 1-72 所示，可以展开各自的子节点以查看相应的分析结果。

2）右击【云图绘图】中的【Post View1】，从弹出的快捷菜单中选择【编辑】命令，弹出【编辑】对话框，单击【显示】下【变形】右侧的 结果 按钮，弹出【变形】对话框，如图 1-73 所示，【比例】修改为【1.0000】，其他选项值均为默认，单击【确定】按钮。

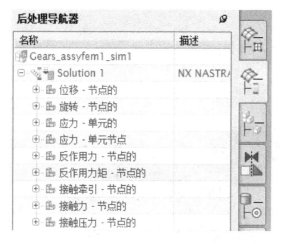

图 1-72　后处理导航器新增节点

图 1-73　【变形】对话框

3）展开【位移 - 节点的】节点，双击【幅值】子节点查看齿轮啮合接触部位的整体变形情况，如图 1-74 所示。可以看出靠近啮合区域的轮齿部位变形较大，远离啮合区域的部位变形较小。

4）展开【应力 - 单元的】节点，双击【Von Mises】子节点查看齿轮啮合整体 Von Mises 应力情况，如图 1-75 所示。可以看出在齿轮啮合区域出现应力最大值 1507.7 MPa，为应力集中所致，该值已超过材料的屈服极限，该接触区域为最容易发生磨损和点蚀损坏的部位。

5）展开【接触力 - 节点的】节点，双击【幅值】子节点，在图形窗口出现整个模型的接触力云图，如图 1-76 所示。可以看出在接触源面的边缘出现最大值，需要查看主要接触区域的接触力情况。单击【Post View 1】下【3D 单元】，勾选【3d_mesh（1）】复选框，并勾选【注释】复选框，查看【最大值】、【最小值】，并通过单击命令栏【拖动注释】按钮移动【最大值】、【最小值】图框。图 1-77 为齿轮 1 的接触力显示图，接触力【最大值】为 501.74 N，出现在齿轮啮合部位，【最小值】为 0。

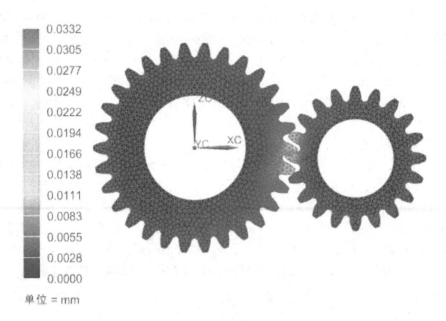

图1-74 【位移－节点的】云图

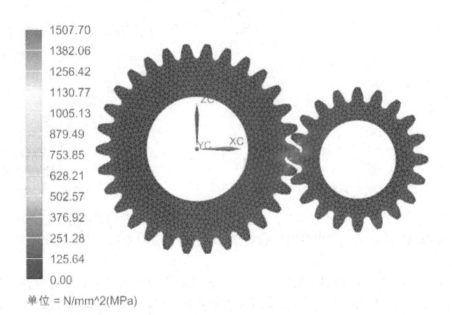

图1-75 【应力－单元的】Von Mises 云图

提示

请读者自行操作并单独查看从动齿轮相关的计算结果，此处不再赘述。

6）展开【接触牵引－节点的】节点，双击【幅值】子节点，在图形窗口出现齿轮啮合的接触牵引力云图，如图1-78所示。最大值为91.1N，出现在啮合区域。

7）展开【接触压力－节点的】节点，双击【标量】子节点，在图形窗口出现齿轮啮合的接触压力云图，如图1-79所示。最大值为1179.86 Mpa，出现在啮合区域，同样为应力集中点。

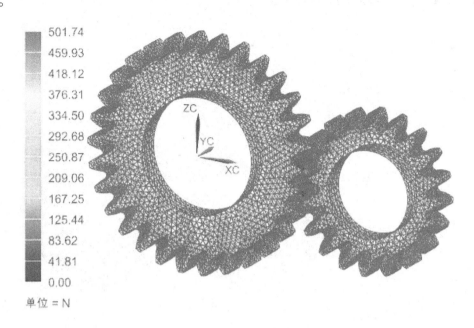

图1-76　【接触力－节点的】云图

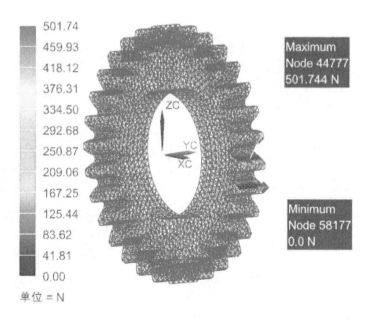

图1-77　齿轮1【接触力－节点的】云图

　　还可以借助窗口中的【动画】功能，查看接触区域变形的过程以及接触力的变化情况。

　　8）单击工具栏中的【返回到模型】按钮，退出【后处理导航器】窗口，单击工具栏中的【保存】按钮，完成此次有限元分析任务的操作。

　　本实例以齿轮传动副为分析对象，其他的操作步骤、显示模式和显示结果请参考随书光盘 Book_CD\Part\ Part_CAE_Finish\Ch01_Gears 文件夹中的相关文件，操作过程的演示请参考视频文件 Book_CD\AVI\ Ch01_Gears. AVI。

单位 = N/mm^2(MPa)

图 1-78 【接触牵引 – 节点的】云图

单位 = N/mm^2(MPa)

图 1-79 【接触压力 – 节点的】云图

1.2.5 本节小结

本实例主要介绍 FEM 环境下的非关联装配方法、网格连接中的【面对面接触】命令和参数的设置方法，以及接触输出结果的设置方法等。工程实例中装配体的有限元分析十分常见，在实践操作中需要掌握装配 FEM 模型以及网格连接的基本方法，为分析大型装配体的结构分析提供基础。

UG NX 高级仿真支持的【面对面接触】命令的求解器解算类型如表 1-5 所示，在解算不同分析类型时可以有选择性地使用该命令。

表 1-5 【面对面接触】命令支持的求解器解算类型

求解器类型	支持的解算方案类型
NX Nastran	SOL 101 线性静态（全局约束和子工况约束） SOL 103 实特征值和 SOL 103-响应仿真 SOL 105 线性屈曲 SOL 107 直接复特征值 SOL 110 模态复特征值 SOL 111 模态频率响应 SOL 112 模态瞬态响应 SOL 200 设计优化 SOL 601，106 高级非线性静态和 SOL 601，129 高级非线性动态 SOL 701 显式高级非线性分析

1.3 本章小结

1）本章通过简单零件和装配组件有限元分析实例，在介绍各自的工作流程和操作步骤的基础上，重点介绍了材料的自定义、网格细化、FEM 模型装配及面对面接触网格连接操作方法、命令中参数设置要点等内容，为后续进一步学习复杂有限元分析类型打下基础。

2）本书编写的宗旨在于帮助读者提高软件运用水平和操作能力，引导 UG NX CAE 初学者使用有限元软件去解决实际问题的思路、基本操作方法。限于篇幅，本实例和后续实例涉及有限元法基础、力学理论和专业知识等方面的内容不再赘述。

3）本实例中所使用的模型及边界条件与实际情况相比，兼顾了求解精度和计算成本，在很多方面采取了简化和假设，读者在做实际项目分析时应以实际的边界约束与载荷为准，可以参照本书中实例所提供的有关分析方法，但是，计算结果不具有对比性和参考性。

4）在实际项目的有限元分析中，查看和摘录解算结果时，必须和设计规范中规定的许用变形位移、许用应力和安全系数等性能评判的具体标准结合起来。

第2章 UG NX 有限元分析入门——专题实例

本章内容简介

实际工程结构中，经常碰到结构几何形状呈对称性、在外载荷作用下变形也呈现对称形式的问题，根据模型是否具备旋转轴，UG NX 高级仿真中分别为这一类工程问题的有限元分析提供了轴对称分析类型、约束对称命令应用及其相应的工作流程和参数设置方法，目的都是为了减小计算模型的规模，提高计算效率。

2.1 UG NX 有限元入门实例1——轴对称分析

2.1.1 基础知识

弹性力学中将回转体对称于旋转轴而发生变形的问题定义为轴对称问题。根据铁摩辛柯《弹性理论》的介绍，在轴对称情况下，只有径向和轴向位移，没有有周向（切向）位移。轴对称分析要求，除了结构是轴对称之外，载荷和约束也必须是轴对称的。由此可见，在轴对称分析中不能有周向变形，因而也不能施加周向载荷。

UG NX 轴对称模型分析的基本要求如下。

1) 分析模型（轴对称）必须位于整体坐标系的 XZ 平面中，Z 轴为旋转轴，被分析模型都必须位于 $L \geqslant 0$ 的范围中，如图 2-1 所示。

2) 所有的载荷、约束都必须是轴对称的，为此说明以下两点：

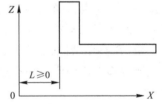

图 2-1 轴对称条件示意图

a) 只能施加 XZ 平面内的载荷和约束。若施加垂直于 XZ 平面的载荷（如扭矩），会产生法向的位移，而轴对称单元不存在该位移类型，故不能施加载荷。注意：对于轴对称模型，输入整个 360°范围内的力大小，输出值（反力）也是分布在整个 360°范围内。

b) 根据轴对称理论，模型受力后在旋转轴上的变形位移应该为 0（Z 方向），因此，在旋转轴上不能施加轴向位移约束，也不能施加径向载荷，否则会破坏轴向位移为 0 的条件。

UG NX 中提供的轴对称结构分析类型，支持和应用的解算方案类型包括 SOL 101 线性静态–子工况约束解算，SOL 106 非线性静态解算，SOL 601、106 高级非线性静态解算和 SOL601、129 高级非线性瞬态解算。

2.1.2　问题描述

高速切削加工已成为先进制造技术的重要方法。传统的 BT 刀具系统难以满足高速切削的要求。目前，高速切削应用较广泛的有德国的 HSK（德文 Hohl Shaft Kegel 的缩写）刀具系统、美国的 KM 刀具系统、日本的 NC5 刀具系统等，其刀柄和主轴的配合皆采用两面定位结构。本节以 HSK 刀柄作为分析对象，采用 UG NX 轴对称的方法，对其承载进行有限元分析，图 2-2a 为 HSK 型刀柄实物图，图 2-2b 为简化后的 HSK 63E 型刀柄三维模型示意图。

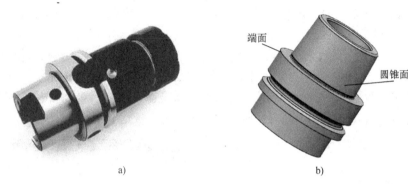

图 2-2　HSK 刀柄结构示意图

a）HSK 型刀柄实物图　b）HSK 63E 型刀柄模型图

针对轴对称类零件结构，为了简化模型和减少计算量，UG NX 提供了轴对称类结构的求解方案。本实例对刀柄承载进行静力学结构分析的条件为：刀柄材料参数如表 2-1 所示，刀柄的圆锥表面及端面上 5 个自由度被固定住，只释放绕 Z 轴自转的自由度，刀柄工况转速为 10000 rev/min，即承受了该转速下的离心力。

表 2-1　HSK 63E 材料参数

名称	材料	弹性模量 E/GPa	泊松比 μ	密度 ρ/（kg/mm³）	抗弯强度/MPa	屈服强度/MPa
HSK 刀柄	合金钢（40Cr）	211	0.28	7.87e-06	980	785

2.1.3　问题分析

1）该 HSK 刀柄的几何形状、载荷条件及边界条件均满足轴对称结构分析的基本条件，因此，可以按照轴对称解算方法对其进行承载求解。

2）本实例的关键操作是：合理简化和选取零件截面作为分析对象，因此，对于坐标系设置十分重要。本实例中没有涉及对坐标系原点及坐标轴调整，以及对主模型做重定位的操作方法。

3）在轴类零件中，对于因功能需要或者工艺要求而设置的凹槽、凸台、过渡圆角及倒角等，如果在承载过程中对结构整体受力分析结果的影响很小，那么，在有限元分析过程中一般可以忽略，本实例需要对模型的一些小特征进行清理。

2.1.4 操作步骤

打开随书光盘 part 源文件 Book_CD \ Part \ Part_CAE_Unfinish \ Ch02_HSK \ HSK63E. prt，调出图 2-2b 所示的 HSK 型刀柄主模型。

(1) 创建有限元模型的解算方案

1) 依次单击【开始】和【高级仿真】按钮，在【仿真导航器】窗口的分级树中，右击【HSK63E. prt】节点，从弹出的菜单中选择【新建 FEM 和仿真】命令，弹出【新建 FEM 和仿真】对话框，如图 2-3 所示。【名称】默认为【HSK63E_fem1. fem】及【HSK63E_sim1. sim】，设置【求解器环境】下【分析类型】为【轴对称结构】，单击【确定】按钮，即可进入创建有限元模型的环境，默认其他参数，单击【确定】按钮。

2) 弹出图 2-4 所示的【解算方案】对话框和图 2-5 所示的【信息】窗口。【信息】窗口中显示的有关信息为：对称轴为 ACS (绝对坐标系) 的 Z 轴，对称平面为 ACS 的 XZ 平面，作为正 X 值。保留【解算方案】对话框中各参数和选项的默认设置，单击【确定】按钮，完成解算方案的设置。此时在【仿真导航器】窗口的分级树中出现了相关数据节点，如图 2-6 所示。

图 2-3 【新建 FEM 和仿真】对话框

图 2-4 【解算方案】对话框

提示

轴对称分析系统默认 Z 轴为对称轴，X 向为正值，且后面选取的截面必须在 X 正值方向，否则系统自动报错。

(2) 设置有限元模型基本参数

1) 单击图 2-6 所示的【仿真导航器】窗口分级树中【HSK63E_sim1. sim】节点的【HSK63E_fem1_i. prt】子节点 (理想化模型节点)，进入理想化模型环境。

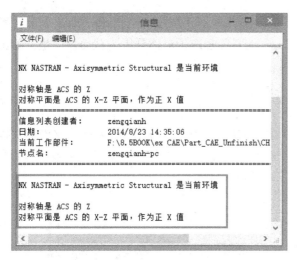

图 2-5　【信息】窗口

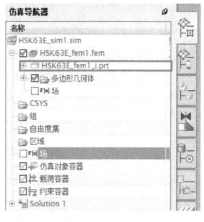

图 2-6　仿真导航器新增节点示意图

由于模型中有很多的倒角及没必要进行网格划分的几何体特征，因此需要对模型进行清理，也为提取轴对称模型截面做铺垫。

2）单击工具栏中的【提升体】⬆按钮，弹出【提升体】对话框，选取窗口中的实体模型，单击【确定】按钮，完成提升体模型操作。

3）单击【理想化模型】按钮，弹出【理想化几何体】对话框，如图 2-7 所示。【类型】及【选择步骤】保留默认设置，选中图形窗口中的刀柄模型，再勾选【圆角】复选框，在【半径】文本框中输入数字【5.000000】，可看到模型中部分倒角被选中，如图 2-8 所示。单击【确定】按钮，即可去掉选中的圆倒角。

4）单击【移除几何特征】按钮，弹出相应的对话框，在模型上选取图 2-8 中标识的【斜倒角 1】特征，勾选对话框中的✔符号，即可去除斜倒角特征，关闭【移除几何特征】对话框。

图 2-7　【理想化几何体】对话框

图 2-8　选中圆倒角示意图

5）单击【移除几何特征】按钮旁边的下拉按钮，选择【拆分体】命令，弹出【拆分体】对话框，如图 2-9 所示，选取窗口中的刀柄模型，将【工具】下面的【工具选项】设置为【新建平面】，再单击【指定平面】右侧的下拉按钮，选择 平面，单击【确定】按钮，将模型沿着 XZ 平面分割成两部分，为后面选取轴对称分析的截面做铺垫，单击工具栏中的【保存】 命令。

提示

在理想化模型环境中，必须先进行提升体操作，否则无法选中模型。

6) 右击【仿真导航器】窗口分级树中的【HSK63E_fem1_i.prt】节点，从弹出的快捷菜单中选择【显示 FEM】中的【HSK63E_fem1.fem】节点，如图 2-10 所示，关闭弹出的有关模型发生变化的提示信息窗口，切换到 FEM 环境。

图 2-9 【拆分体】对话框

图 2-10 显示 FEM 操作示意图

7) 单击工具栏中的【指派材料】 按钮，弹出【指派材料】对话框，在图形窗口选中被分割后的两个模型作为【选择体】，单击【新建材料】选项下的【创建】 按钮，弹出图 2-11 所示的【各向同性材料】对话框。在【名称 - 描述】中输入【40Cr】，在【质量密度（RHO）】中输入【7.87e - 6】，【单位】选择【kg/mm^3】，在【力学】选项卡中的【杨氏模量（E）】中输入【211000】，【单位】选择【N/mm^2（MPa）】，在【泊松比（NU）】中输入【0.28】，单击两次【确定】按钮，完成刀柄材料的设置。

8) 单击工具栏中的【物理属性】 按钮，弹出【物理属性表管理器】对话框，【创建】下的 3 个子选项【类型】、【名称】和【标签】保留默认设置，单击【创建】按钮，弹出【PSOLID】对话框。在【材料】下拉列表框中选取【40Cr】，其他参数均为默认值，如图 2-12 所示，单击【确定】按钮，返回到【物理属性表管理器】对话框。

9) 单击工具栏中的【网格收集器】 按钮，弹出【网格收集器】对话框，如图 2-13 所示。在【单元拓扑结构】选项下的【单元族】下拉列表框中选取【2D】，【收集器类型】下拉列表框选取【实体轴对称 ZX 收集器】，【物理属性】下的【类型】默认为【PSOLID】，在【实体属性】下拉列表框中选取上述设置的【PSOLID1】，网格名称默认为【Solid Axisymmetric ZX Collector（1）】，单击【确定】按钮，即创建好刀柄截面网格收集器。

10) 将窗口中的模型调整为图 2-14 所示，坐标系 +X 向指向右方，+Z 向指向正上方，取消勾选【仿真导航器】窗口分级树中【多边形几何体】节点的【Polygon Body（3）】子节点复选框，如图 2-15 所示。隐藏 -Y 向的模型，得到图 2-16 所示的模型示意图。单击命令工具栏中【仅显示】 按钮，弹出【仅显示】对话框，将【类型过滤器】设置为【多边形面】，选取图2-16中+*X*侧的截面模型作为对象，单击【确定】按钮，得到图2-17所示的截面。

图2-11 【各向同性材料】对话框

图2-12 【PSOLID】对话框

图2-13 【网格收集器】对话框

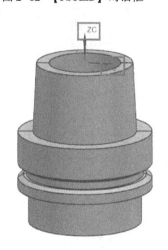

图2-14 刀柄模型调整示意图

（3）划分有限元模型网格

1）单击工具栏中的【2D网格】 按钮，弹出【2D网格】对话框，如图2-18所示。在图形窗口中单击仅显示的片体作为网格划分对象，默认单元类型为【CQUADX（8）】，单击【单元大小】右侧的【自动单元大小】 按钮，在【单元大小】文本框内自动显示【2.22】，将该数值修改为【1】，取消勾选【目标收集器】下的【自动创建】复选框，使得【网格收集器】右侧的选项默认为上述操作生成的【Solid Axisymmetric ZX Collector（1）】，其他参数保留默认设置，单击【应用】按钮，即可完成片体划分网格的操作，其结果如

图 2-19 所示。【仿真导航器】窗口的分级树中，新增的相应数据节点如图 2-20 所示。

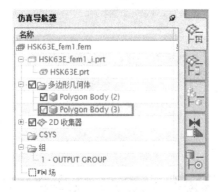

图 2-15　仿真导航器节点示意图

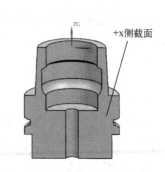

图 2-16　隐藏部分模型后示意图

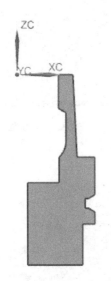

图 2-17　仅显示截面示意图

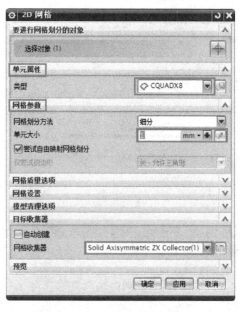

图 2-18　【2D 网格】对话框

图 2-19　网格划分后模型示意图

图 2-20　仿真导航器新增节点示意图

2）单击工具栏中的【单元质量】 按钮，弹出【单元质量】对话框，选择所有要检查单元质量的部件，在【常规几何检查】和【系统检查】中设置检查的参数值，在【输出设置】中的【输出组单元】与【报告】中选择【失败】，将划分失败的网格以显示和报告的形式输出，单击【确定】按钮，弹出【信息】对话框，提示【0 个失败单元，101 个警告单元】，可以看到 0 个失败单元，因此无须再划分网格，关闭【信息】对话框。

（4）创建仿真模型

1）右击【仿真导航器】窗口分级树中的【HSK63E_fem1.fem】节点，从弹出的快捷菜单中选择【显示仿真】命令，弹出【HSK63E_sim1.sim】节点并单击该选项，进入 SIM 仿真环境。

2）施加边界约束。选择工具栏中【约束类型】 中的【用户定义约束】 命令，弹出【用户定义约束】对话框，如图 2-21 所示。默认名称为【spc（1）】，在选择条工具栏中，将【类型过滤器】设置为【多边形边】，选择图 2-22 所示的高亮显示的两条边缘线作为约束对象，单击【组件】下面的【均设为固定】 按钮，单击【确定】按钮，即可完成添加约束操作。

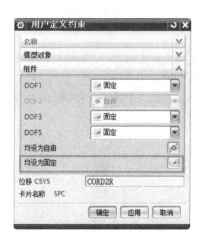

图 2-21　【用户定义约束】对话框

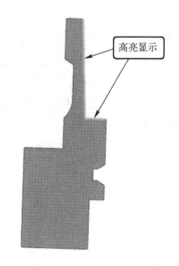

图 2-22　选取模型边缘线示意图

3）右击【仿真导航器】窗口分级树中【约束容器】下新增的【spc（1）】节点，从弹出的快捷菜单中选择【编辑显示】命令，弹出【边界条件显示】对话框，【显示模式】选择【折叠】，【比例】调整偏大，单击【显示参数】下面的【颜色】并选择红色，单击【确定】按钮，即可观察到仿真模型上约束符号变为红色且更加简洁，如图 2-23 所示，这样在约束复杂的情况下便于观察与选择。

4）施加载荷。单击工具栏中的【载荷类型】 按钮右侧的下拉按钮，单击其中的【离心】 按钮，弹出【离心】对话框，采用默认名称、模型对象及方向，在【组件】下的【角速度】文本框中输入【10000】，单位为【rev/min】，单击【确定】按钮，如图 2-24 所示，完成模型离心力载荷的添加，在模型中可查看到相应的符号。

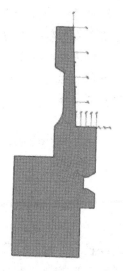

图 2-23 约束添加后示意图

图 2-24 【离心】对话框设置

（5）求解及后处理

1）在仿真窗口中右击【Solution 1】节点，从弹出的快捷菜单中选择【求解】命令，弹出【求解】对话框，单击【确定】按钮，稍等后完成分析作业。关闭各个信息窗口，双击出现的【结果】节点，即可进入后处理分析环境。

2）在【后处理导航器】窗口分级树中展开【Solution 1】→【位移 - 节点的】，单击【幅值】节点，可以查看截面的整体变形情况，如图 2-25 所示。

采用同样的方法，展开【应力 - 单元节点的】，选择【Von Mises】可以查看截面的 Von Mises 应力情况，如图 2-26 所示。

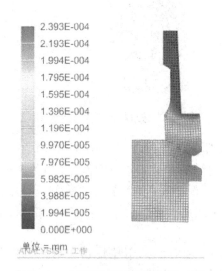

图 2-25 【位移 - 节点的】幅值云图

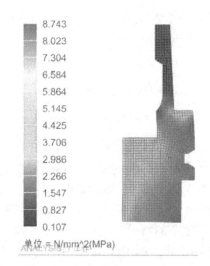

图 2-26 【应力 - 单元节点的】Von Mises 应力云图

3）查看截面变形和应力的最大值与最小值可以通过【后处理导航器】窗口中【云图绘图】下的【Post View1】来实现，如图2-27所示。在这个显示命令中，可以通过勾选各个单元复选框，显示和查看所关心单元的结果；通过勾选【注释】命令中的【Minimum】和【Maximum】复选框，在窗口中显示计算结果的最大值和最小值。图2-28为【应力 - 单元节点的】的Von Mises应力最大值及最小值。

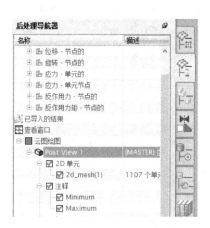

图2-27　后处理导航器的云图绘图

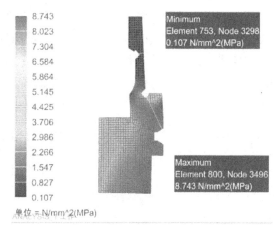

图2-28　【应力 - 单元节点的】Von Mises应力最大值及最小值

4）通过【拖动注释】 命令来放置和调整最大值与最小值的位置，单击【新建注释】 按钮，弹出【注释】对话框，如图2-29所示。采用默认名称，在【附着】下【附着类型】中选择【N个最小结果值】，在【选择】下的【N】文本框中输入【3】，将【显示】下面的【注释类型】修改为【带指引线的框】，【文本对齐】调整为【中心】，单击【应用】按钮，在【Post View1】的【注释】中新增了节点，如图2-30所示。可通过是否勾选【注释】复选框决定是否显示相关的注释；同时窗口中出现3个带指引线的方框、标记单元号及相关的值，如图2-31所示。

图2-29　【注释】对话框

图2-30　新增注释节点

5）采用与上面同样的方法，创建 3 个带指引线的最大值方框，与 3 个带指引线的最小值方框同时显示在一个模型上，如图 2-32 所示。图中的最大值发生在 800 号单元中的第 3496 号节点上，其值的大小为 8.743 MPa，最小值发生在 753 号单元中的第 3298 号节点上，其值的大小为 0.107 MPa。

6）选择【编辑后处理视图】 命令，可以对后处理中的显示、图例、文本等内容进行相关参数设置；单击【编辑后处理视图】 命令，弹出【后处理视图】对话框。单击【变形】右边的【结果】按钮，弹出【变形】对话框，将比例中的【10】修改为【4】，单击【确定】按钮，再单击【应用】按钮。勾选【显示未变形的模型】复选框，单击【应用】按钮，如图 2-33 所示。模型发生相应的变化，未变形及变形的云图重叠出现在图形窗口中，如图 2-34 所示。

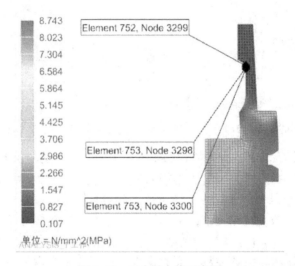

图 2-31　N 个最小值示意图

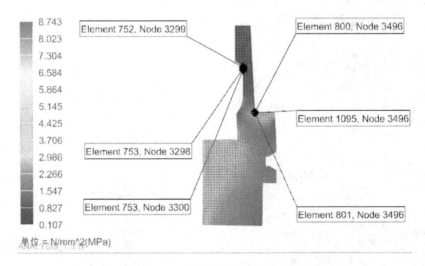

图 2-32　N 个最大值及最小值示意图

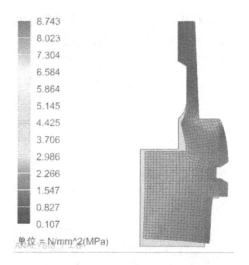

图 2-33　【后处理视图】对话框　　　　　　图 2-34　重叠模型示意图

7）单击【后处理视图】对话框中【显示于】右侧的下拉按钮，选择【3D 轴对称结构】命令，单击后面的【选项】按钮，弹出【3D 轴对称】对话框，如图 2-35 所示。其参数【旋转角度】默认为【360】，【截面数】为【40】，连续单击两次【确定】按钮，查看显示的图形及其云图变化，如图 2-36 所示。

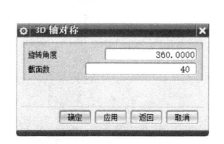

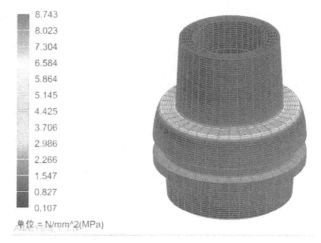

图 2-35　【3D 轴对称】对话框　　　　　　图 2-36　3D 轴对称模型示意图

提示

上述操作步骤是查看轴对称整体模型分析结果的常用方法，可通过设置【3D 轴对称】相关参数进行结果查看和动态演示。

8）单击【后处理视图】对话框中的【文本】选项卡，可设置云图中数字的格式、颜色及大小，如图 2-37 所示。拖动【比例因子】数字标尺，调整数值大小为【1.8】，单击【应用】按钮，云图中数字显示的比例被放大。

9）单击【后处理视图】对话框中的【图例】选项卡，将【文件头】下的【显示】调整为【无】，去掉云图中的文件头（标题）。

10）在对话框的【颜色和值控制】选项组中，选择【显示】，勾选【指定的】单选按钮，在右侧【最大】文本框中输入【8.0000】，【最小】文本框中输入【0.2000】，如图2-38所示。单击【确定】按钮，如图2-39所示。云图发生相应的变化，显示的最大值变为8，最小值变为0.2，且文件头已经隐藏，可与未进行上述设置的云图比较，图2-40为未进行设置的云图。

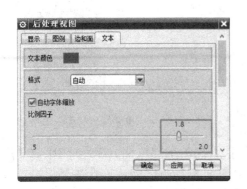

图2-37 【文本】选项卡

图2-38 【图例】选项卡

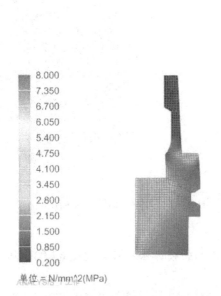

图2-39 进行相应设置后的云图示意图

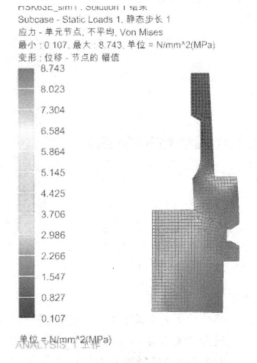

图2-40 未做相应设置的云图示意图

11）限于篇幅，其他数据结果的显示、分析和比较不再赘述，单击【保存】🔲按钮，保存在相应的文件夹中。单击工具栏中的【返回到模型】按钮，退出【后处理】显示模式，完成此次计算任务的操作。

上述实例模型的源文件和相应的输出结果请参考随书光盘 Book_CD\Part\Part_CAE_finish\Ch02_HSK 文件夹中相关文件，操作过程的演示请参考随书光盘视频文件 Book_CD\AVI\Ch02_HSK. AVI。

2.1.5 本节小结

1）本实例介绍了对一个完整的轴对称零件进行拆分、抽取 2D 面和进行 2D 网格划分，再进行轴对称分析解算，取代对整个模型进行有限元分析，减少了计算规模，这在类似对称回转类零件（转子、压力容器等）的有限元分析中有重要的参考价值。

2）创建轴类零件整模型的仿真模型中，划分网格和约束条件定义时宜采用【圆柱坐标系】，相应地，在后处理查看结果时必须切换为【圆柱坐标系】。这也适用于其他轴类、盘套类等对称零件分析结果的查看。

3）为了说明轴对称分析类型在减少计算规模上具有的优势，本实例还对整个 3D 实体模型进行网格划分的方法进行了操作和比较，计算后的位移云图和应力云图分别如图 2-41 和 2-42 所示。结果说明：在约束条件和加载条件一致的前提下，两者的最终结果非常接近。

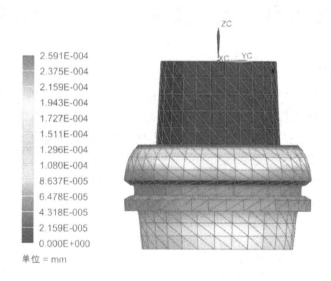

图 2-41　直接划分单元后的位移云图

4）对轴对称 2D 单元和直接划分 3D 实体单元的两种方法的比较中，它们的划分单元大小、单元类型、单元数量、节点数量和计算时间等比较内容可以参考表 2-2。

表 2-2　两种计算方法的比较

方法	单元大小/mm	单元类型	单元数量	大致计算时间/min
轴对称 2D 单元	1	2D 网格 CQUADX8	1107	5
直接划分 3D 单元	6	3D 四面体自由网格 CTETRA（10）	4658	10

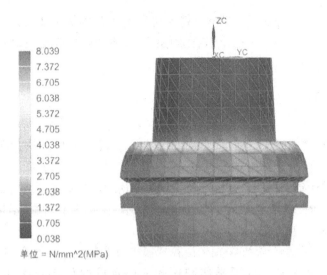

图 2-42　直接划分单元后的应力云图

2.2　UG NX 有限元入门实例 2——对称约束分析

2.2.1　问题描述

　　常见的工程应用中，框架类装置特别多，常见的如大型巴士的框架、载货卡车的外壳框架等，而且基本上都是对称类的，为了减小计算量，可以应用 UG NX 的对称约束分析。图 2-43 为工程应用中常见的一款吊篮简化模型（其中相关结构已经简化，只保留主要框架），它是一个对称体（可以视为二等分体），材料为 Q235，参数如表 2-3 所示。本实例主要分析该吊篮静止时，在图 2-44 所示的固定约束情况下，静止的吊篮承受自重、风压所产生的变形，以及所受的应力情况。

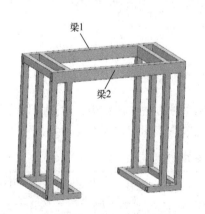

图 2-43　吊篮简化模型装置

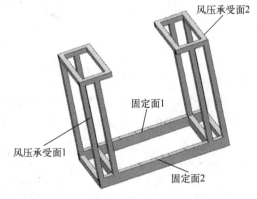

图 2-44　吊篮边界条件示意图

2.2.2　问题分析

　　为了减少网格划分时间和降低计算规模，对于型面复杂的大型对称类零件及模型，可以采用局部剖分模型。利用 UG NX 高级仿真提供的对称约束功能，可以方便快速地进行计算。

表 2-3　Q235 材料参数

名　　称	材　　料	弹性模量 E/GPa	泊松比 μ	密度 ρ/（kg/mm³）	屈服强度/MPa
吊篮	Q235	210	0.274	7.83e−06	235

提示

【对称约束】命令在 NX Nastran 中归为约束类型，本实例的关键是：

1）利用理想化模型中的"面分割"功能，对施加固定约束的端面精确分割出需要的长度或者距离，为后续施加边界约束条件提供方便。

2）利用理想化模型中的"拆分体"功能，为实体模型施加"对称约束"，须预先将实体一分为二，为后续施加边界约束条件提供方便。

2.2.3　操作步骤

打开随书光盘 part 源文件 Book_CD\Part\Part_CAE_Unfinish\Ch02_Diaolan\Diaolan.prt，调出图 2-43 所示的吊篮模型。

（1）创建有限元模型的解算方案

1）依次单击【开始】和【高级仿真】按钮，在【仿真导航器】窗口的分级树中右击【Diaolan.prt】节点，在弹出的快捷菜单中选择【新建 FEM 和仿真】命令，弹出【新建 FEM 和仿真】对话框，名称默认为【Diaolan_fem1.fem】及【Diaolan_sim1.sim】，【求解器】和【分析类型】中的选项保留默认设置，单击【确定】按钮，即可进入创建有限元模型的环境。注意在【仿真导航器】窗口的分级树中出现了相关节点，如图 2-45 所示。

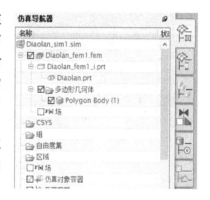

图 2-45　仿真导航器新增节点示意图

2）单击【确定】按钮，弹出【解算方案】对话框，所列参数和选项保留默认设置，单击【确定】按钮。

3）双击【仿真导航器】窗口分级树中的【Diaolan_fem1.fem】节点，进入 FEM 环境，再双击【Diaolan_fem1_i.prt】理想化模型节点，进入理想化模型环境。

4）单击工具栏中的【提升体】按钮，弹出相应的对话框，选取窗口中的吊篮模型，单击【确定】按钮，完成吊篮模型的提升体操作；单击【理想化几何体】按钮右侧的下拉按钮，选择出现的【拆分体】命令，弹出【拆分体】对话框，如图 2-46 所示。选取窗口中的吊篮模型，在【工具】下的【工具选项】中选择【新建平面】，单击【指定平面】右侧的下拉按钮，选择【XC】平面作为分割面，单击【确定】按钮，完成吊篮模型的拆分。拆分后的模型一分为二，如图 2-47 所示。

5）选择主菜单【插入】→【基准/点（D）】→【基准平面】命令，弹出【基准平面】对话框，如图 2-48 所示。将【类型】设置为【YC-ZC 平面】，【偏置和参考】默认为【WCS】，在【距离】文本框中输入【20】，矢量方向为【-X】方向，单击【应用】按钮。

再次修改【距离】文本框中的数字为【50】，单击【确定】按钮，在图形窗口的模型上完成基准平面的创建，如图 2-49 所示。

图 2-46 【拆分体】对话框

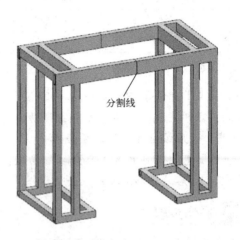

图 2-47 拆分后的模型示意图

图 2-48 【基准平面】对话框

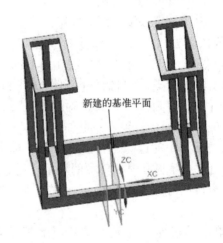

图 2-49 新建基准平面示意图

6) 单击【理想化几何体】 ![按钮] 按钮右侧的下拉按钮，单击出现的【分割面】 ![按钮] 按钮，弹出【分割面】对话框，如图 2-50 所示。在图形窗口中旋转模型，调整为图 2-51 所示状态。单击图 2-44 中的【固定面1】及【固定面2】作为【要分割的面】，单击对话框中的【分割对象】选项，选择创建好的两个基准平面作为分割对象，单击【确定】按钮，即完成两个面的分割。分割后的模型如图 2-51 所示。

(2) 设置有限元模型基本参数

1) 右击【仿真导航器】窗口分级树中的【Diaolan_fem1_i.prt】节点，从弹出的快捷菜单中选择【显示 FEM】 ![命令] 命令，单击出现的【Diaolan_fem1.fem】节点，进入 FEM 环境。关闭弹出的信息窗口。取消勾选图 2-52 所示【仿真导航器】窗口中【多边形几何体】下【Polygon Body (3)】节点前面的复选框，图形窗口只显示分割之后的二分之一模型，如图 2-53 所示。

图2-50　【分割面】对话框

图2-51　分割后的模型示意图

图2-52　仿真导航器节点示意图

图2-53　显示二分之一模型

2）单击工具栏中的【材料属性】按钮，弹出【指派材料】对话框，如图2-54所示。在图形窗口选中吊篮模型，在【材料列表】下拉列表框中选择【库材料】，选中【材料】下的【Steel】，单击【复制选定材料】按钮，弹出【各项同性材料】对话框。在【名称－描述】中输入【Q235】，将【质量密度（RHO）】前面的【继承的值（无替代）】修改为【替代的值】，将【场】修改为【表达式】并在文本框中输入【7.83e－6】，【单位】选择【kg/mm^3】；将【力学】选项卡中【杨氏模量（E）】前面的【继承的值（无替代）】修改为【替代的值】，将【场】修改为【表达式】并在文本框中输入【210000】，【单位】选择【N/mm^2（MPa）】，按照相同的方法，修改【泊松比（NU）】中的数值为【0.274】；将【强度】选项卡中的【屈服强度】前面的【继承的值（无替代）】修改为【替代的值】，将【场】修改为【表达式】并在文本框中输入

图2-54　【指派材料】对话框

【235】，【单位】选择【N/mm^2（MPa）】，设置好的参数如图2-55所示单击两次【确定】按钮，完成吊篮材料的设置。

3）单击工具栏中的【物理属性】按钮，弹出【物理属性表管理器】对话框，【创建】3个子选项【类型】默认为【PSOLID】，【名称】默认为【PSOLID1】，【标签】默认为【1】，单击【创建】按钮，弹出【PSOLID】对话框。在【材料】下拉列表框中选取【Q235】，其他参数均为默认值，单击【确定】按钮，如图2-56所示，返回到【物理属性表管理器】对话框。

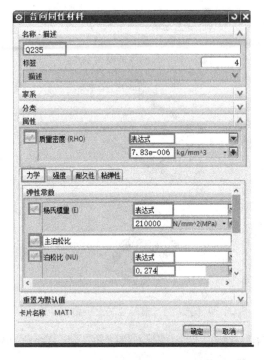

图2-55　【各向同性材料】对话框

图2-56　【PSOLID】对话框

4）单击工具栏中的【网格收集器】按钮，弹出【网格收集器】对话框，【单元拓扑结构】的各个选项保留默认设置，【物理属性】下的类型默认为【PSOLID】，在【Solid Property】下拉列表框中选取上述设置的【PSOLID1】，网格名称默认为【Solid（1）】，单击【确定】按钮。

（3）划分有限元模型网格

1）单击工具栏中的【3D四面体网格】按钮，弹出【3D四面体网格】对话框，如图2-57所示。在图形窗口中单击吊篮模型，单元类型默认为【CTETRA（10）】，单击【单元大小】右侧的【自动单元大小】按钮，【单元大小】文本框内的默认数值为【9.41】，考虑到吊篮模型形状、尺寸比较大，将该数值修改为【6】，取消勾选【目标收集器】下面的【自动创建】复选框，使得【网格收集器】右侧的选项默认为上述操作生成的【Solid（1）】，勾选【网格设置】选项卡中的【自动修复有故障的单元】复选框，其他参数保留默认设置，单击【应用】按钮，完成吊篮模型划分网格的操作。划分网格后的模型如图2-58所示，被分割面部分的网格与其他网格之间有明显的分界线。

图 2-57　【3D 四面体网格】对话框　　　　　图 2-58　划分网格后的模型示意图

2）单击工具栏中的【单元质量】 按钮，弹出【单元质量】对话框，选择整个吊篮模型，检查单元质量的部件，在【常规几何检查】和【系统检查】中设置检查的参数值，在【输出设置】中的【输出组单元】与【报告】中选择【失败】，将划分失败的网格以显示和报告的形式输出，单击【确定】按钮，弹出【信息】对话框，提示【0 个失败单元，0个警告单元】，在图形窗口的模型中也没有出现警示符号，说明该吊篮模型的网格划分质量很好，无需再细化，关闭【信息】对话框。

（4）创建仿真模型

1）在【仿真导航器】窗口分级树中，右击【Diaolan_fem1.fem】节点，找到【显示仿真】命令并选择【Diaolan_sim1.sim】节点，进入仿真模型操作环境。

2）施加边界固定约束。

a）选择工具栏中【约束类型】 中的【固定约束】 命令，弹出【固定约束】对话框，如图 2-59 所示。默认名称为【Fixed（1）】，在【模型对象】中选择分割好的两个平面，即图 2-44 所示的【固定面 1】及【固定面 2】平面，单击【确定】按钮，添加好固定约束，添加完固定约束后的效果如图 2-60 所示。

图 2-59　【固定约束】对话框　　　　　图 2-60　添加完固定约束后的效果示意图

b）在图形窗口单击上述用户定义约束符号，使之变为红色，右击并在弹出的快捷菜单中选择【编辑显示】命令，弹出【边界条件显示】对话框，如图2-61所示，将【显示模式】由【展开】切换为【折叠】，单击【确定】按钮，可以观察到该符号变得简洁了。

3）施加边界对称约束。

选择工具栏中【约束类型】 中的【对称约束】 命令，弹出【对称约束】对话框，如图2-62所示。默认名称为【Symmetric（1）】，在【模型对象中】选择两个拆分体截面（如图2-53所示），单击【确定】按钮，完成对称约束的施加，效果如图2-63所示。

图2-61 【边界条件显示】对话框

图2-62 【对称约束】对话框

4）施加风压压力。

单击工具栏中【载荷类型】 按钮右侧的下拉按钮，单击其中的【压力】 按钮，弹出图2-64所示的对话框。【类型】默认为【2D单元或3D单元面上的法向压力】，【名称】默认为【Pressure（1）】，在图形窗口中选择【风压承受面】，在【幅值】下面【压力】右侧的下拉列表框中选择【表达式】，在文本框中输入【6e-4】，【单位】切换为【N/mm^2（MPa）】，单击【应用】按钮，完成吊篮风压压力的施加。

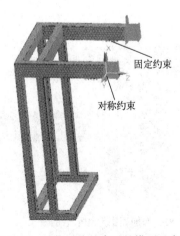

图2-63 施加对称约束后的模型示意图

图2-64 【压力】对话框

提示

风压压力取吊篮在承受8级大风标准下所受到的压力值，其大小为600Pa。

5）施加重力载荷。

单击工具栏中的【载荷类型】 ![icon] 按钮右侧的下拉按钮，选择【重力】 ![icon] 命令，弹出图2-65所示的对话框，【类型】默认为【幅值和方向】，【名称】默认为【Gravity（1）】，【模型对象】和【幅值】保留默认设置，【方向】下的【指定矢量】为 ![icon]，单击【确定】按钮，完成对吊篮重力的施加。边界条件施加完成后，【仿真导航器】窗口的分级树中新增了相关的数据节点，如图2-66所示。

图2-65　【重力】对话框

图2-66　仿真导航器新增的节点

（5）求解

1）在【仿真导航器】窗口的分级树中，右击【Solution 1】节点，从弹出的快捷菜单中选择【求解】 ![icon] 命令，弹出【求解】对话框。单击【编辑解算方案属性】按钮，弹出【编辑解算方案】对话框，关闭【预览解算方案设置】子项【迭代求解器】，单击【工况控制】选项卡【Contact Parameters】右侧的【创建模型对象】 ![icon] 按钮，弹出【接触参数】对话框。将【接触状态】切换为【从初始开始】，将【初始穿透/缝隙】切换为【设为零】，单击【确定】按钮，返回到【编辑解算方案】对话框，再次单击【确定】按钮，返回到【求解】对话框。

2）单击【求解】对话框中的【确定】按钮，待完成作业分析后，关闭各个信息窗口，双击出现的【结果】节点，进入后处理分析环境。

（6）后处理，分析吊篮模型的变形和应力情况

1）在【后处理导航器】窗口的分级树中，展开【Subcase - Bolt Pre - Load】→【位移 - 节点的】→【幅值】，可以查看吊篮整体变形情况；展开【应力 - 单元节点的】，选择【Von Mises】节点，可以查看吊篮模型的 Von Mises 应力分布情况，如图2-67和图2-68所示。

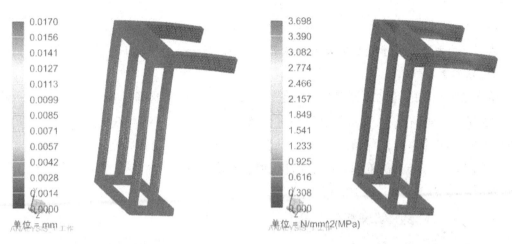

图 2-67　吊篮的整体变形位移云图　　　　图 2-68　吊篮的 Von Mises 应力云图

2）吊篮应力的最大值与最小值可以通过【后处理导航器】窗口分级树中【云图绘图】的【Post View1】来实现，在这个节点命令中，可以通过勾选【单元】复选框显示和查看所关心单元的结果；通过勾选【注释】命令中的【Minimum】和【Maximum】复选框在窗口中显示计算结果的最大值和最小值，如图 2-69 所示。也可以通过单击窗口中的【新建注释】A按钮显示和查看所关心的【N 个最大结果值】和【N 个最小结果值】，通过【拖动注释】△按钮来放置和调整最大值与最小值的位置。

3）选择【首选项】下的【可视化】命令，弹出【可视化首选项】对话框，如图 2-70所示。在【视图/屏幕】选项卡下的【部件设置（适用于所有可旋转视图）】中，取消勾选【显示视图三重轴】复选框，单击【确定】按钮，即可去除视图窗口中的三重轴图案，这样可以方便地查看被三重轴遮掉的数字，如图 2-71 所示。

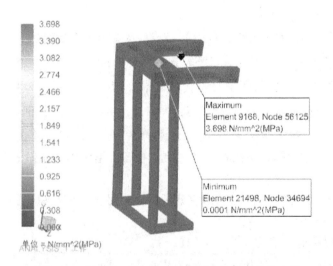

图 2-69　吊篮的 Von Mises 应力最大值及最小值云图

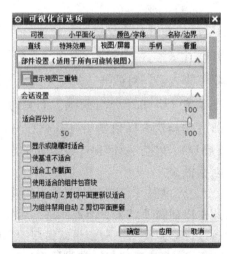

图 2-70　【可视化首选项】对话框

4）可以在工具栏菜单上单击【标识结果】 按钮来查看自己关心的模型部位的分析结果，也可以单击工具栏菜单上的【播放】 按钮来查看模型变形位移及应力变化的情况。

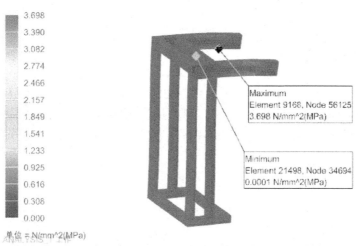

图 2-71　去掉三重轴的 Von Mises 应力最大值及最小值云图

单击工具栏中的【返回到模型】 按钮，退出【后处理】显示模式，完成此次计算任务的操作。

上述实例模型源文件和相应输出结果请参考随书光盘 Book_CD＼Part＼Part_CAE_finish＼Ch02_Diaolan 文件夹中的相关文件，操作过程的演示请参考视频文件 Book_CD＼AVI＼Ch02_Diaolan. AVI。

2.2.4　本节小结

1) 本实例通过对一个完整的循环对称零件进行分割，利用拆分体进行 3D 网格划分。再通过对称约束功能，减少一半的模型网格划分及计算工作量。

2) 为了说明采用对称约束功能在减少计算规模上具有的优势，本实例采用传统的整体 3D 实体单元网格划分方法进行分析操作，在边界约束条件和加载条件一致的前提下，计算的变形位移云图和应力云图结果分别如图 2-72 和图 2-73 所示。显然，从计算结果数值来看，两种方法的计算精度非常接近。

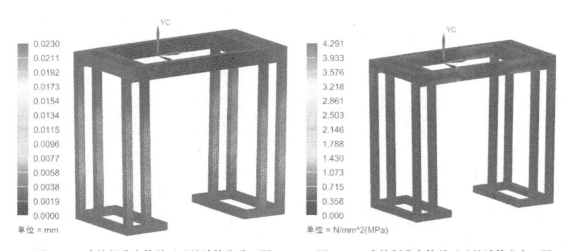

图 2-72　直接划分实体单元后的计算位移云图　　图 2-73　直接划分实体单元后的计算应力云图

2.3　本章小结

　　本章主要讲解了回转类轴对称结构、约束对称类零件的两个有限元分析实例的操作流程，重点对"轴对称分析"分析类型及【对称约束】命令应用中的工作流程、主要选项和参数设置作了介绍，为实际工程中对称类零件和装配模型的有限元分析提供了基本的方法。

第3章　多载荷条件静力学实例精讲——发动机连杆分析

本章内容简介

本实例以汽车发动机连杆部件为研究对象，在建立有限元模型和定义边界约束条件的基础上，依次创建了最大拉伸状态、最大压缩状态、施加螺栓预紧力及过盈装配共4个子工况的仿真模型。利用 NX Nastran 提供的线弹性静力学解算器进行解算，既可以对每个子工况条件的解算结果进行分析，还可以对子工况进行任意组合，快速解算出各个组合载荷工况条件下的结果，为比较和分析各个子工况及其组合工况对发动机连杆力学性能影响规律的研究提供了便利。

3.1　基础知识

结构线性静力学分析是产品/零件结构分析最为基础的部分，主要用于解算线性和某些非线性（例如缝隙和接触单元）结构的问题，用于计算结构或者零部件中由于静态或者稳态载荷而引起的位移、应变、应力和各种作用力。这些载荷可以是外部作用力和压力、稳态惯性力（重力和离心力）、强制（非零）位移、温度（热应变）。

UG NX 高级仿真支持的线性静力学分析的解算器主要有：

1）NX Nastran – SOL 101 Linear Statics – Global Constraints，全局约束：该解算器可以创建具有唯一载荷的子工况，但是每个子工况均使用相同的约束条件（包括接触条件）。

2）NX Nastran – SOL 101 Linear Statics – Subcase Constraints，多个约束：该解算器可以创建多个子工况，每个子工况既包含唯一的载荷又包含唯一的约束，设置不同子工况参数并提交解算作业时，解算器将在一次运行中求解每个子工况。

3）NX Nastran – SOL 101 Super Elements：该解算器主要用来求解超单元的线性静态分析。

3.2　问题描述

图3-1为汽车发动机连杆部件示意图，图3-2为连杆曲轴系统的工作示意图。为了操作的简便性，本书简化了连杆组的连杆轴瓦、连杆小头衬套，保留了受螺栓预紧力的连接螺栓。本例使用的连杆部件主要由连杆主体、连杆盖以及起连接作用的连接螺栓装配而成。

发动机连杆用于连接活塞与曲轴，并把活塞承受的气体压力传递给曲轴，使活塞的往复运动变成曲轴的旋转运动。发动机连杆组工作时所受到的载荷极其复杂，主要承受活塞顶部的气体压力及惯性力作用，这些力的大小和方向是周期变化的，因此连杆受到的载荷有压缩、拉伸和弯曲等交变载荷，本例中所使用的载荷主要提取了工作中两种极限工况（最大拉伸与最大压缩），同时考虑装配工艺对连接的影响（螺栓预紧力及过盈装配接触应力），计算载荷如表3-1所示。

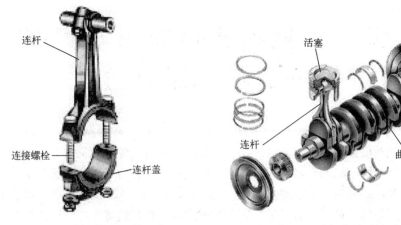

图3-1　连杆部件装配模型　　　　　　　图3-2　连杆曲轴系统示意图

表3-1　连杆组所承受的载荷

工　况	最大拉伸工况	最大压缩工况
示意图		
载荷大小	小头端 7000 N 大头端 12 000 N	小头端 81 000 N 大头端 12 500 N
工　况	螺栓预紧力	装配过盈接触力
示意图		
载荷大小	预紧力 340 N	小头端 6.5 MPa 大头端 1.6 MPa

本例中采用线弹性静力计算连杆的极限刚度与强度，并考察不同工作状态（不同工况）及装配工艺对连杆强度与刚度的影响，从而为连杆组设计和优化提供必要的依据。

3.3　问题分析

1）首先要分析所研究的对象、目的、载荷与约束状态。本实例中主要研究连杆组的静强度与静刚度问题，由于连杆组是在一个平面内运动工作的，因此约束住连杆体的中间部位即可，其承受的极限载荷主要作用在连杆组的大头孔、小头孔的内壁。

2）螺栓连接使用螺栓单元，建立在连杆体与大端的连接孔内，对其施加轴向预紧力。

3）极限压缩与拉伸载荷实际作用在孔壁的一半部位，呈余弦规律分布；但在本例中，为了简化分析，在小头孔、大头孔中使用局部圆柱坐标系，施加径向的载荷近似于余弦载荷。

4）装配过盈接触力实际上可以通过建立轴瓦模型并施加过盈量大小来计算（该方法可以参考本书第6章内容）；但在本例中，给定了内孔面压力载荷，来替代装配过盈量所仿真生成的过盈接触压力。

5）本实例要考察的分析因素较多，因此在求解之前建立各个独立载荷的工况模型，求解后再根据分析需要，选择相应子工况载荷的组合，利用组合功能快速查看组合工况下的求解结果。

3.4   操作步骤

打开随书光盘 part 源文件 Book_CD\Part\Part_CAE_Unfinish\Ch03_Connecting Rod \ Ch03 _Connecting Rod. prt，调出图 3-3 所示的连杆组装配实体模型（在 UG NX 高级仿真中，不必建立螺栓连接实体模型）。

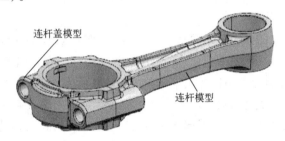

图 3-3　连杆组装配模型

（1）创建有限元模型的解算方案

1）依次单击【开始】和【高级仿真】按钮，在【仿真导航器】窗口的分级树中，右击【Connecting Rod. prt】节点，从弹出的菜单中选择【新建 FEM 和仿真】命令，弹出【新建 FEM 和仿真】对话框，名称默认为【ch03_Connecting Rod _fem1. fem】及【ch03_Connecting Rod_ sim1. sim】【求解器】和【分析类型】中的选项保留默认设置，单击【确定】按钮，进入创建有限元模型的环境。注意在【仿真导航器】窗口出现了相关数据节点，可以查看各个节点的含义。

2）弹出解算方案的窗口，默认所列参数和选项，单击【确定】按钮。

（2）设置有限元模型基本参数

1）单击工具栏中的【材料属性】按钮，弹出【指派材料】对话框，如图 3-4 所示。在窗口中选中连杆组模型（包括连杆和连杆盖），在【材料】列表框内单击【AISI_Steel_ 4340】，单击【确定】按钮，完成连杆组模型材料属性的设置。

2）单击工具栏中的【物理属性】按钮，弹出【物理属性表管理器】对话框。【创建】3个子选项【类型】、【名称】和【标签】保留默认设置，单击【创建】按钮，弹出【PSOLID】对话框，如图 3-5 所示，在【材料】下拉列表框中选取【AISI_Steel_4340】，其他参数均为默认值，单击【确定】按钮，返回到【物理属性表管理器】对话框。

图 3-4　定义连杆组材料参数

图 3-5　定义物理属性

3）单击工具栏中的【网格收集器】 ▦ 按钮，弹出【网格收集器】对话框，如图 3-6 所示。【单元拓扑结构】的各个选项保留默认设置，【物理属性】下的【类型】默认为【PSOLID】，在【实体属性】下拉列表框中选取上述设置的【PSOLID1】，网格名称默认为【Solid（1）】，单击【确定】按钮，创建连杆组的网格收集器。

（3）划分有限元模型网格

1）单击工具栏中的【3D 四面体网格】 △ 按钮，弹出【3D 四面体网格】对话框。在图形窗口中单击连杆模型，单元类型默认为【CTETRA（10）】，单击【单元大小】右侧的【自动单元大小】 ✎ 按钮。【单元大小】的文本框内的默认数值为【4.3】，考虑到连杆模型形状比较复杂，将该数值修改为【3】。取消勾选【目标收集器】下面的【自动创建】复选框，使得【网格收集器】右侧的选项默认为上述操作生成的【Solid（1）】，勾选【网格设置】选项卡中的【自动修复有故障的单元】复选框，其他参数保留默认设置，如图 3-7 所示，单击【应用】按钮，完成连杆模型划分网格的操作。

图 3-6　【网格收集器】对话框

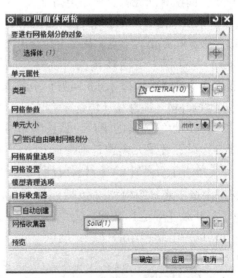

图 3-7　【3D 四面体网格】对话框

2）在图形窗口中单击连杆盖模型，单击【自动单元大小】 ⚡ 按钮，在【单元大小】文本框内的默认数值为【3】，将【网格收集器】选项切换为【Solid (1)】，勾选【自动修复有故障的单元】复选框，其他参数保留默认设置，单击【应用】按钮，划分出连杆盖部分的网格。可以使用编辑显示功能来编辑各个实体网格显示的颜色，最终整个连杆组装配模型的网格划分效果如图3-8所示。

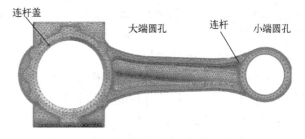

图3-8 连杆组整体网格划分效果

3）单击工具栏中的【单元质量】 按钮，弹出【单元质量】对话框，选择连杆与连杆盖这两个要检查单元质量的部件，在【常规几何检查】和【求解器特定几何检查】中设置检查的参数值，如图3-9和图3-10所示。在【输出设置】的【输出组单元】与【报告】中选择【失败】，将划分失败的网格以显示和报告的形式输出，单击【确定】按钮，弹出【信息】对话框，提示【120 个失败单元，0 个警告单元】，可以看到失败单元多出现在小曲面的部位，关闭【信息】对话框。

图3-9 定义单元质量检查选项　　图3-10 常规几何检查与求解器特定几何检查参数设置

4）单击工具栏中的【保存】 📁 按钮，将上述成功的操作结果保存下来。

提示

由于连杆、连杆盖几何形状较为复杂，型面中存在很多曲面和小的几何特征，在没有简化特征的情况下划分网格往往会出现失败的单元，可以利用【有限元模型检查】来检查网格质量。通常，针对一个划分好网格的模型，允许划分失败的网格数量一般约占总数的3%，但是结构上的一些关键部位或是重点考察部位应尽量避免出现失败的网格；

如果出现失败网格，则应对网格进行细化或者编辑处理，否则会在失败单元处形成应力集中的后果。

（4）建立螺栓连接单元

1）单击※·按钮右侧的下拉按钮，在下拉菜单中选择【螺栓连接】❶命令，弹出图3-11和图3-12所示的【螺栓连接】对话框。在【类型】中选择【带螺母的螺栓】，在【头】下的【定义头依据】中选择【孔边】，选择连杆几何体一侧螺栓孔的端面圆周5条曲线，在【螺母】下的【定义螺母依据】中选择【孔边】，选择连杆盖外侧螺栓孔的端面圆周2条曲线，【直径】默认为【14】，单位选择【mm】。

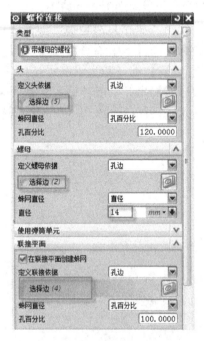

图3-11　螺栓连接参数设置1

图3-12　螺栓连接参数设置2

2）在【螺栓连接】对话框的【联接平面】中单击【选择边（5）】，选择连杆盖与连杆接触处圆孔的孔边（共4条边，连杆盖与连杆各2条圆孔边），在【杆单元】的【单元属性】下的【类型】中选择【CBAR】，在下面的【目标收集器】中单击右侧的【新建收集器】按钮，弹出【网格收集器】对话框，如图3-13所示。单击【棒性能】右侧的【新建物理项】按钮，设置图3-14所示的单元属性。单击【前截面】右侧的【显示截面管理器】按钮，弹出图3-15所示【梁截面管理器】对话框，单击【创建截面】按钮，弹出图3-16所示的对话框。在【尺寸】的【DIM1】中输入【5】，单位默认为【mm】，单击【确定】按钮，返回至【螺栓连接】对话框。

图3-13　螺栓1D单元网格属性设置

图 3-14　PBAR 单元属性设置

图 3-15　【梁截面管理器】对话框

3）在【杆单元】对话框【蛛网连接】下的【单元属性】中选择【类型】为【RBE3】，在【网格收集器】中选择对应的网格收集器，单击【应用】按钮，按照上面的方法完成另外一侧的螺栓连接单元。最终的有限元模型如图 3-17 所示。

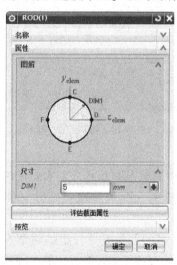

图 3-16　定义梁截面直径

图 3-17　螺栓连接示意图

提示

使用【螺栓连接】对话框可以指定创建螺栓连接需要的所有信息，包括螺栓类型、关键螺栓尺寸以及为了对螺栓建模而创建的梁和连接单元的属性。由于使用了 NX Nastran 求解器，软件将 RBE2 单元从指定的边投影到指定的面，然后创建 RBE3 单元，以便将 RBE2 单元绑定到目标网格节点上。

4）在导航器窗口中，注意观察上述步骤创建的各个数据节点，以及相关节点之间的从属关系。

（5）创建仿真模型

1）在【仿真导航器】窗口分级树中右击【ch03_Connecting Rod_fem1.fem】节点，找到【显示仿真】，选择【ch03_Connecting Rod_sim1.sim】模型，进入仿真模型操作环境。

2）建立接触关系：在工具栏中单击【仿真对象类型】 按钮，选择弹出的【面对面粘合】 命令，弹出【面对面粘合】对话框，如图3-18所示。【类型】默认为【自动配对】，单击【创建自动面对】选项下面的【面对（2）】 按钮，弹出图3-19所示的【Create Automatic Face Pairs】对话框。框选图形窗口中的整个模型，此时对话框的【面（0）】选项中面的个数发生了变化，【属性】中各个选项的参数保留默认设置，单击【确定】按钮，返回到图3-18所示的【面对面粘合】对话框，单击【确定】按钮，完成接触属性和参数的设置。设置好的接触模型如图3-20所示。

图3-18　【面对面粘合】对话框　　　　　　图3-19　源区域的选择

提示

实际应用中，零件之间的接触都是非线性的，但在不考察接触部位应力发生变化的情况下，通常把接触非线性问题近似为线性接触问题，从而降低计算的难度，并减少计算的规模。

3）施加边界约束：连杆组在一个平面内运动，主要考察的部位是连杆组的两个连接轴孔，可以选择连杆组运动到某一位置的状态作为考察对象，约束连杆体长度方向的中间部位即可。选择工具栏中【约束类型】 中的【固定约束】 命令，弹出【Fixed（1）】对话框，在【模型对象】中勾选【组引用】复选框，如图3-21所示。单击右侧的【新建组】 按钮，弹出图3-22所示的【编辑组】对话框，在窗口模型中选择靠近连杆小端圆孔中间部位，单击【确定】按钮两次，添加好固定约束，约束效果如图3-23所示。

4）在模型上选择并单击上述定义的约束符号，使之变成红色，单击右键并从弹出的快捷菜单中选择【编辑显示】命令，弹出【边界条件显示】对话框，将【显示模式】由【展开】切换为【折叠】，单击【确定】按钮，可以观察到约束符号变得简洁了。

上面完成了模型共同边界约束条件的创建，下面根据分析的具体要求创建和定义加载的各个子工况及其参数，求解后根据需要对相关子工况进行组合计算。

图 3-20 建好的连杆组接触关系 – 面与面粘合

图 3-21 源区域选择面

图 3-22 【编辑组】对话框

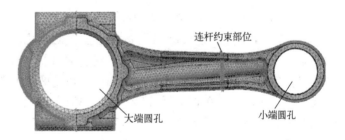

图 3-23 连杆组的固定约束

（6）创建载荷

1）施加螺栓预紧力。

单击工具栏中的【载荷类型】 按钮右侧的下拉按钮，选择其中的【螺栓预紧力】
命令，弹出【螺栓预紧力】对话框，如图 3-24 所示。【类型】默认为【1D 单元上的力】，
【名称】默认为【Bolt Pre – Load（1）】，选择上述定义好的 2 个螺栓单元（既可以在模型上
选择螺栓单元，也可以在导航器窗口中选择相应的节点），在【幅值】中的【力】文本框中
输入【340】，单位默认为【N】，对螺栓单元施加沿轴向的预紧力。施加螺栓预紧力后的模
型效果如图 3-25 所示（隐藏了连杆盖几何体和网格）。

提示

使用螺栓预紧力可将预载荷施加在有限元建模的螺栓或预紧件上，可与其他工作载荷一
起应用，以便分析螺栓中可能发生的接触状况，或计算由这些载荷组合产生的应力。

2）施加过盈接触压力。

a）首先对连杆组小端圆孔施加过盈接触压力。单击工具栏中【载荷类型】 按钮右侧

的下拉按钮，选择其中的【压力】 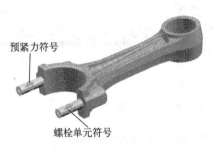 命令，弹出图3-26所示的对话框。【类型】默认为
【2D单元或3D单元面上的法向压力】，【名称】中输入【Contact Pressure（1）】，在【模型
对象】中选择连杆组小端圆孔的内表面，在【幅值】的【压力】中选择【表达式】输入方
式，输入【6.5】，单位选择【N/mm^2（MPa）】，单击【应用】按钮，完成对连杆组小端圆
孔过盈接触压力的施加。

图3-24　连杆组施加螺栓预紧力

图3-25　连杆组的螺栓预紧力

　　b）接下来对连杆组大端圆孔施加过盈接触压力。如图3-27所示，【类型】默认为
【2D单元或3D单元面上的法向压力】，在【名称】中输入【Contact Pressure（2）】，在【模
型对象】中选择连杆组大端圆孔的内表面，在【幅值】的【压力】中选择【表达式】输入
方式，输入【1.6】，单位选择【N/mm^2（MPa）】，单击【确定】按钮，完成对连杆组大端
圆孔的过盈接触压力的施加。

图3-26　连杆组小端圆孔施加过盈接触压力

图3-27　连杆组大端圆孔施加过盈接触压力

3）施加最大压缩载荷。

a）单击工具栏中的【载荷类型】按钮右侧的下拉按钮，选择其中的【力】命令，弹出【力】对话框。【类型】默认为【幅值和方向】，在【名称】中输入【Max Compressure Force（1）】，在【模型对象】中选择连杆组小端圆孔靠近连杆体的半圆内表面，在【幅值】的【力】中选择【表达式】输入方式，输入【81000】，单位选择【N】，在【方向】中单击【自动判断的矢量】按钮右侧的下拉按钮，选择【-YC】，单击【应用】按钮，完成活塞冲头对连杆组小端圆孔接触半圆压力的施加，如图3-28所示。

b）【类型】默认为【幅值和方向】，在【名称】中输入【Max Compressure Force（2）】，在【模型对象】中选择连杆组大端圆孔靠近连杆体半圆的内表面，在【幅值】的【力】中选择【表达式】输入方式，输入【12500】，单位选择【N】，在【方向】中单击【自动判断的矢量】按钮右侧的下拉按钮，选择【YC】，单击【确定】按钮，完成曲轴对连杆体大端圆孔接触半圆压力的施加，如图3-29所示。

图3-28 连杆组小端圆孔施加压力　　图3-29 连杆组大端圆孔施加压力

c）设置好连杆组过盈接触压力和最大压缩载荷的效果分别如图3-30和图3-31所示。

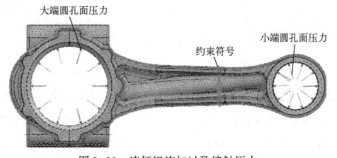

图3-30 连杆组施加过盈接触压力

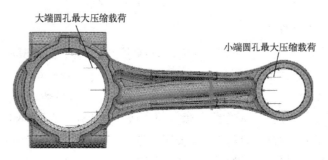

图 3-31　连杆组最大压缩载荷

4）施加最大拉伸载荷。

a）单击工具栏中的【载荷类型】　按钮右侧的下拉按钮，选择其中的【力】　命令，【类型】默认为【幅值和方向】，在【名称】中输入【Max Tensile Force（1）】，在【模型对象】中选择连杆组小端圆孔远离连杆体的半圆内表面，在【幅值】的【力】中选择【表达式】输入方式，输入【7000】，单位选择【N】，在【方向】中单击【自动判断的矢量】　按钮右侧的下拉按钮，选择【YC】　，单击【应用】按钮，完成活塞冲头对连杆组小端圆孔接触半圆拉力的施加，如图 3-32 所示。

b）【类型】默认为【幅值和方向】，在【名称】中输入【Max Tensile Force（2）】，在【模型对象】中选择连杆组大端圆孔远离连杆体半圆的内表面，在【幅值】的【力】中选择【表达式】输入方式，输入【12000】，单位选择【N】，在【方向】中单击【自动判断的矢量】　按钮右侧的下拉按钮，选择【−YC】　，单击【确定】按钮，完成曲轴对连杆组大端圆孔接触半圆拉力的施加，如图 3-33 所示。

图 3-32　连杆组小端圆孔施加拉力

图 3-33　连杆组大端圆孔施加拉力

5）单击【仿真导航器】窗口分级树中的【载荷容器】，可以查看和修改上述载荷大小，施加的过盈接触压力、最大压缩载荷、最大拉伸载荷如图 3-30、图 3-31 和图 3-34 所示。

自此，完成了所有载荷的创建和施加操作。

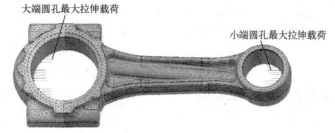

图 3-34　连杆组最大拉伸载荷

（7）创建分析子工况。

1）创建螺栓预紧力子工况。

在【仿真导航器】窗口的分级树中将【Subcase – Static Loads（1）】节点的名称修改为【Subcase – Bolt Pre – Load】，使其处于激活状态，将【载荷容器】下的【Bolt Pre – Load（1）】拖动到【Subcase – Bolt Pre – Load】子工况的【载荷】里，这时【仿真导航器】窗口分级树中的节点如图 3-35 和图 3-36 所示。该工况用于模拟所施加的螺栓预紧力对连杆组时的作用效果。

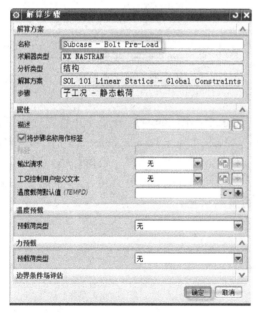

图 3-35　创建子工况 – 螺栓预紧力

图 3-36　节点及其名称修改

2）创建过盈接触应力子工况。

在图 3-36 所示的【仿真导航器】窗口分级树中右击【Solution 1】节点，从弹出的快捷菜单中选择【新建子工况】命令，弹出【解算步骤】对话框。将【解算方案】的【名称】修改为【Subcase – Contact Force】，其他参数和选项均为默认设置。单击【确定】按钮后观察到窗口增加了相应的【Subcase – Contact Force】节点，并且它处于当前激活状态（节点显示为蓝颜色），将【载荷容器】下的【Contact Pressure（1）】和【Contact Pressure（2）】拖动到【Subcase – Contact Force】子工况的【载荷】里。该工况用于分析过盈接触力对连杆组的作用效果，如图 3-37 所示。

3）创建最大压缩力子工况。

参照上面的操作方法，创建【Subcase – Max Compression Pressure】节点，使它处于当前激活状态（节点显示为蓝颜色）。将【载荷容器】下的【Max Compression Pressure（1）】和【Max Compression Pressure（2）】拖动到【Subcase – Max Compression Pressure】子工况的【载荷】里，其他工况处于抑制状态。该工况用于分析连杆组承受最大相向压缩力的状态，如图3-38所示。

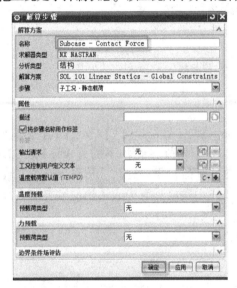
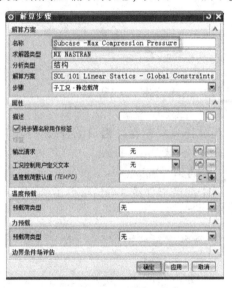

图3-37　创建子工况 – 过盈接触力　　　　　图3-38　创建子工况 – 最大压缩力

4）创建最大拉伸力子工况。

参照上面的操作方法，创建【Subcase – Max Tensile Force】节点，并且它处于当前激活状态（节点显示为蓝颜色）。将【载荷容器】下的【Max Tensile Force（1）】和【Max Tensile Force（2）】拖动到【Subcase – Max Tensile Force】子工况的【载荷】里，其他工况处于抑制状态。该工况用于分析连杆组承受反向最大拉伸力的受力情况，如图3-39所示。图3-40为创建上述各个子工况后数据节点的显示状况。

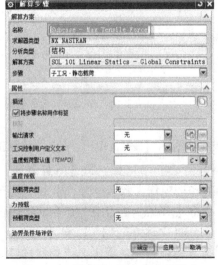

图3-39　创建子工况 – 最大拉伸力　　　　　图3-40　所有子工况节点的显示

5）子工况管理与组合使用。

右击【Solution 1】，从弹出的快捷菜单中选择【子工况管理器】命令，弹出【子工况关联管理器】对话框，如图3-41所示，可以对建立的子工况进行管理。可以对建立的各个载荷进行组合，便于考察和评估连杆组在不同载荷组合作用下的强度与刚度情况。也可以对建立的4个分析子工况进行运算求解，然后针对计算结果进行组合。本实例使用后面的方法，先考察表3-1所列载荷对连杆组的影响，然后将载荷进行组合，考察多载荷共同作用对连杆组的综合影响。

（8）求解

1）在【仿真导航器】窗口的分级树中，右击【Solution 1】节点，从弹出的快捷菜单中选择【求解】命令，弹出【求解】对话框，单击其中的【编辑解算方案属性】按钮，弹出【解算方案】对话框。关闭【常规】选项卡下面的【单元迭代求解器】；单击【工况控制】选项卡，单击【Contact Parameters】右侧的【创建模型对象】按钮，弹出【接触参数】对话框。将【接触状态】切换为【从初始开始】，将【初始穿透/缝隙】切换为【设为零】，单击【确定】按钮，返回到【解算方案】对话框，单击【确定】按钮，返回到【求解】对话框。

2）单击【求解】对话框的【确定】按钮，等完成分析作业后，关闭各个信息窗口，双击出现的【结果】节点，进入后处理分析环境。

3）在【后处理导航器】窗口的分级树中，新出现了【Subcase - Bolt Pre - Load】、【Subcase - Contact Force】、【Subcase - Max Compression Pressure】和【Subcase - Max Tensile Force】4个节点，展开【Subcase - Bolt Pre - Load】节点后如图3-42所示。也可以展开其他子工况节点，在此不再赘述。

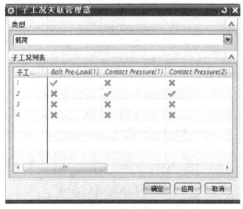

图3-41 子工况管理器对话框

图3-42 【后处理导航器】窗口的分级树

（9）后处理：分析4种载荷对连杆组产生的变形和应力影响

1）在【后处理导航器】窗口的分级树中单击【Subcase - Bolt Pre - Load】节点，展开【位移 - 节点的】，选择【幅值】，可以查看连杆组的整体变形情况；打开【应力 - 单元节点】前面的加号（+），选择【Von Mises】，可以查看连杆组的 Von Mises 的应力情况，如图3-43和图3-44所示。

2）可以在窗口上选择【编辑后处理视图】命令，弹出【后处理视图】对话框，对后处理中的【显示】、【图例】、【文本】等选项卡进行相关参数设置。单击【显示】选项卡下面的【颜色显示】复选框右侧的【结果】按钮，如图3-45所示，弹出图3-46所示的【平滑绘图】对话框，可以对该对话框中的【子工况】、【结果类型】、【位置】、【坐标系】和【单位】等选项参数进行设置。

图3-43　螺栓预紧力工况下的变形情况

图3-44　螺栓预紧力工况下的应力情况

图3-45　【后处理视图】对话框

图3-46　【平滑绘图】对话框

3）如图3-47所示，查看连杆组变形和应力的最大值与最小值，可以通过【后处理导航器】窗口分级树【云图绘图】中的【Post View1】来实现。在这个节点中，可以通过勾选各个单元子节点显示和查看所关心单元的结果，通过勾选【注释】命令中的【Minimum】和【Maximum】复选框在窗口中显示计算结果的最大值和最小值；也可以通过单击窗口命令中的【新建注释】A显示和查看所关心的【N个最大结果值】和【N个最小结果值】，通过【拖动注释】命令来放置和调整最大值与最小值的位置，如图3-48所示。

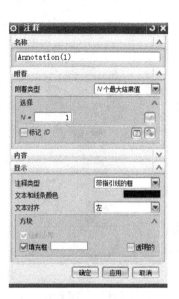

图 3-47 后处理单元与注释选择设置 　　　图 3-48 新建注释参数设置

4）按照上面所述的方法，得到【Subcase – Bolt – Pre – Load】工况下连杆组在受螺栓预紧力作用下的变形及 Von Mises 情况，可以得到最大值与最小值。如图 3-49 所示，可以看到连杆组在受螺栓预紧力时螺栓连接处的受拉变形较大，变形位移最大值为 3.906E – 004 mm；如图 3-50 所示，承受的最大受拉应力为 38.47 MPa。

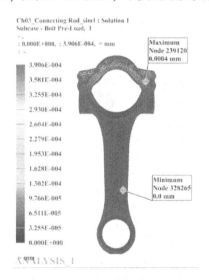

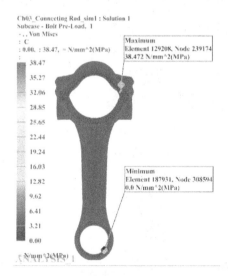

图 3-49　连杆组受螺栓载荷工况　　　图 3-50　连杆组受螺栓载荷工况
　　　　下的变形云图　　　　　　　　　　　　　下的应力云图

5）按照上面所述的方法，得到【Subcase – Contact Force】工况下连杆组在受过盈接触压力作用下的变形及 Von Mises 情况，并得到其最大值与最小值。可以看出，如图 3-51 所示，过盈接触压力对连杆组大端圆孔的变形影响较大；如图 3-52 所示，过盈接触压力对连杆组小端圆孔的应力影响较大，最大应力为 77.3 MPa。

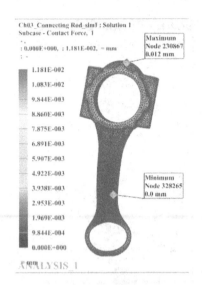
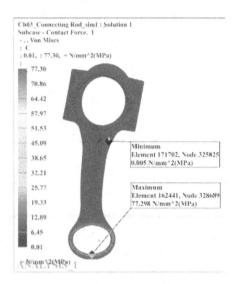

图 3-51　连杆组过盈接触压力载荷工况
下的变形云图

图 3-52　连杆组过盈接触压力载荷工况
下的应力云图

6）按照上面所述的方法，得到【Subcase – Max Compression Pressure】工况下连杆组在受最大压缩力作用下的变形及 Von Mises 情况，并得到其最大值与最小值。可以看出，如图 3-53 所示，气体压缩力对连杆组小端圆孔的变形影响较大；如图 3-54 所示，连杆组小端圆孔靠近约束部位的应力较大，最大应力为 528.74 MPa。

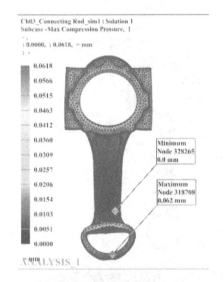

图 3-53　最大压缩力载荷工况下
的变形云图

图 3-54　最大压缩力载荷工况下
的应力云图

7）按照上面所述的方法，得到【Subcase – Max Tensile Force】工况下连杆组在受最大拉伸力作用下的变形及 Von Mises 情况，并得到其最大值与最小值。可以看出，如图 3-55 所示，气体燃烧爆发的拉伸力对连杆组大端圆孔的变形影响较大；如图 3-56 所示，连杆组小端圆孔远离约束部位的应力较大，最大应力为 188.81 MPa。

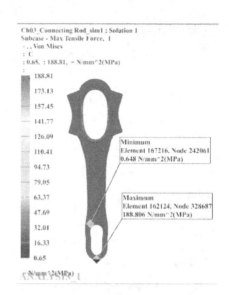

图 3-55　连杆组最大拉伸力载荷工况　　　图 3-56　连杆组最大拉伸力载荷工况
　　　　　下的变形云图　　　　　　　　　　　　　　下的应力云图

8）可以通过在窗口菜单上选择【标识结果】 ？ 命令来查看自己关心部位的分析结果，也可以在窗口菜单上单击【播放】 ▶ 按钮，通过播放动画的形式来查看模型变形及应力变化的情况，具体请参见随书光盘中的操作演示。

9）单击工具栏中的【返回仿真】 ⬚ 按钮，退出【后处理】显示模式，完成该次计算结果的数据查看、评判和记录等操作。

（10）后处理：分析各载荷工况组合对连杆组产生的变形和应力效果。

1）在【仿真导航器】窗口分级树中，右击【结果】节点，从弹出的快捷菜单中选择【组合载荷工况】 ⬚ 命令，弹出【载荷工况复合】对话框，在【组合载荷工况名】中输入【Combination 1】，单击随之激活的【创建】按钮，同时把【载荷工况分量】、【比例】和【添加/编辑】等选项激活了。在【载荷工况分量】中分别选择【Subcase - Bolt Pre - Load】、【Subcase - Contact Force】、【Subcase - Max Compression Pressure】并添加，【比例】默认为【1.0000】，单击【确定】按钮，如图 3-57 所示。

2）按照上面所述的方法，建立【组合载荷工况 2】。在【组合载荷工况名】中输入【Combination 2】，在【载荷工况分量】中分别选择【Subcase - Bolt Pre - Load】、【Subcase - Contact Force】、【Subcase - Max Tensile Force】并添加，【比例】默认为【1.0000】，单击【确定】按钮，如图 3-58 所示。

提示

当创建两个以上子工况后，会自动产生【组合载荷工况】命令。换句话说，如果仅仅创建一个子工况，不会有【组合载荷工况】命令的出现。

3）双击【结果】查看【Combination 1】组合载荷的计算结果，得到连杆组在承受螺栓预紧力、过盈接触力与最大压缩力综合作用下的变形与应力情况，如图 3-59 和图 3-60 所示；可以看到小端圆孔的变形比大端圆孔的变形要大，小端圆孔处的应力要比大端圆孔处大，最大压缩载荷对连杆组的影响较大。

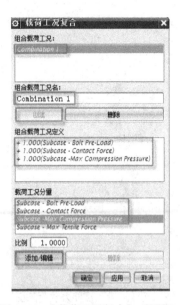

图 3-57 【载荷工况复合】对话框 1

图 3-58 【载荷工况复合】对话框 2

图 3-59 载荷组合 1 连杆组的变形情况

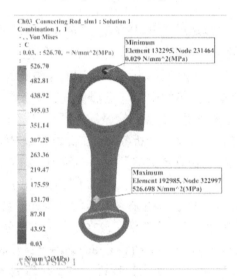

图 3-60 载荷组合 1 连杆组的应力情况

4）展开【Combination 2】，查看组合载荷 2 的计算结果，得到连杆组在承受螺栓预紧力、过盈接触力与最大拉伸力综合作用下的变形与应力情况，如图 3-61 和图 3-62 所示，可以看到大端圆孔的变形比小端圆孔的变形要大，最大值达到 0.0572 mm；最大应力也出现在大端圆孔处，同样，可以看到最大拉力对连杆组的影响较大。

提示

为了研究不同大小的载荷对连杆组整个模型变形和应力的影响规律，可以设置各个子工况不同的比例组合来查看不同的结果。

如果要对组合工况进行删除，只需要在【组合载荷工况】列表框中选中该节点，单击【删除】按钮即可。

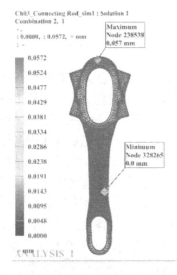

图3-61　载荷组合2连杆组的变形情况

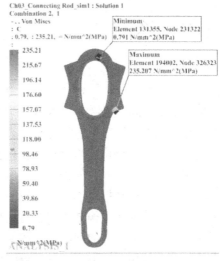

图3-62　载荷组合2连杆组的应力情况

5）限于篇幅，其他数据的分析和比较不再赘述，单击工具栏中的【返回到模型】 🌐 按钮，退出【后处理】显示模式，完成此次计算和初步分析的操作。

上述实例模型源文件和相应输出结果请参考随书光盘 Book_CD\Part\Part_CAE_finish\Ch03_Connecting Rod 文件夹中的相关文件，操作过程的演示请参考视频文件 Book_CD\AVI\Ch03_Connecting Rod.AVI。

如需输出其他的计算结果，可以参考表3-2所示的解算输出类型，【编辑】分析的【解算方案】在【工况控制】中的输出请求中进行设置。

表3-2　解算输出请求类型和描述

序号	解算输出请求类型	描　　述
1	加速度	请求输出加速度矢量
2	作用载荷	请求输出施加载荷矢量
3	接触结果	请求 NX Nastran SOL101、SOL601 和 SOL701 分析的接触结果
4	位移	请求输出位移或压力矢量
5	通量	请求输出传热梯度和通量以进行传热分析
6	力	在流体-结构组合分析中，请求输出单元力或者质点速度
7	格栅点力（节点力）	请求输出选定节点位置的节点力
8	动能	请求输出选定单元的动能
9	模态有效质量	请求输出自然模态分析中的模态有效质量、模态参与因子和模态有效质量比例
10	MPC 力	请求输出多点约束力矢量
11	SPC 力	请求输出单点约束力矢量
12	应变	请求输出单元的应变
13	应变能	请求输出单元的应变能
14	应力	请求输出节点或者单元的应力
15	热	请求输出温度
16	速度	请求输出速度矢量

3.5　本章小结

1）本实例以连杆组装配部件为研究对象，在建立有限元模型和定义边界约束条件的基础上，依次创建了螺栓预紧力、过盈接触压力、最大压缩力、最大拉伸力共4个子工况的仿真模型，利用 NX Nastran 提供的线性静力学解算器进行解算，既可以对每个子工况条件的解算结果进行分析，并对子工况进行任意组合，可以快速解算出各个组合载荷工况条件下的结果。这种灵活的工况组合功能为比较和分析各个子工况及其组合工况对某个计算结果影响规律提供了便利。当然，掌握它的操作要点后，也可以运用到其他的工程计算和分析场合。

2）本实例给出了在机械工程有限元分析中常遇到的几大问题，如装配体部件接触关系的处理、螺栓连接的模拟和操作方法、过盈配合的处理，每一个问题深究起来都是非线性的问题。实际的分析中把非线性的问题近似和简化为线性问题进行处理。在模拟过盈配合时，本实例直接给出了过盈接触应力，有关过盈配合的实际问题也可以参考本书第6章中介绍的过盈配合方法进行处理。

第4章　结构静力学和优化分析实例精讲——三角托架分析

本章内容简介

本实例利用 UG NX 高级仿真中的静力学【SOL 101 Linear Statics – Global Constraints】解算模块，依次创建有限元模型和仿真模型，计算出模型受载的位移和应力响应值，以此来确定模型优化约束条件的基准值和约束要求，利用系统提供的优化解算方案，依次定义优化目标、约束条件和设计变量，最终求解出模型在此约束要求下的优化结果，模型也得到自动更新，达到了优化的目的。

4.1　基础知识

4.1.1　优化设计概述

优化设计与传统经验设计都遵循了相似的设计原则和设计过程，所不同的是，传统设计缺乏衡量安全性和经济性等的标准，而优化设计是在明确结构的经济性和安全性的指标下，结合计算机辅助设计，方便地实现分析计算、设计、出图的全过程。

优化设计是将产品/零部件设计问题的物理模型转化为数学模型，运用最优化数学规划理论，采用适当的优化算法，并借助计算机和运用软件求解该数学模型，从而得出最佳设计方案的一种先进设计方法。有限元法被广泛应用于结构设计中，对任意复杂工程问题，都可以采用这种方法通过它们的响应进行分析。随着三维 CAD 技术的发展，最优化技术与有限元法结合产生的结构优化技术会运用到产品设计的各个阶段。

如何将实际的工程问题转化为数学模型，这是优化设计首先要解决的关键问题，解决这个问题必须考虑哪些是设计变量，这些设计变量是否受到约束，这个问题所追求的结果是什么，即在优化设计过程要确定目标函数或者设计目标。因此，设计变量、约束条件和目标函数是优化设计的 3 个基本要素。

概括来说，优化设计就是在满足设计要求的前提下，自动修正被分析模型的有关参数，以达到期望的目标。例如，在结构满足刚度、强度要求的前提下，通过改变某些设计参数，使得整个模型的重量最轻（或者体积最小），这不但节省材料，也方便运输安装；实际中某些底座、箱体结构在满足刚度、强度要求的前提下，通过改变某些设计参数，使得该模型的第 1 阶固有频率最大，这样可以有效避开共振。

4.1.2　结构优化设计的作用

以有限元法为基础的结构优化设计方法在产品设计和开发中的主要作用有：

1）对结构设计进行改进，包括尺寸优化、形状优化和几何拓扑优化。

2）从不合理的设计方案中产生出优化、合理的设计方案，包括静力响应优化、正则模态优化、屈曲响应优化和其他动力响应设计优化等。

3）进行模型匹配，产生相似的结构响应。

4）对系统参数进行识别，还可以保证分析模型与试验结果相关联。

5）灵敏度分析，求解设计目标对每个设计变量的灵敏度大小。

4.1.3　结构优化设计的内容

结构优化提供了拓扑优化、形貌优化、尺寸优化、形状优化以及自由尺寸和自由形状优化。这些方法被广泛用于产品开发过程的各个阶段。

1）概念优化设计：适用于产品概念设计阶段，采用拓扑、形貌和自由尺寸优化技术得到结构的基本形状。

2）详细设计优化：适用于产品详细设计阶段，在满足产品性能的前提下采用尺寸、形状和自由形状优化技术改进结构。

拓扑优化、形貌优化和自由尺寸优化基于概念设计的思想，作为结果的设计参数还可以反馈给设计人员并作出适当的修改和调整，经过设计人员修过的设计方案可以再经过更为细致的形状优化、尺寸优化以及自由形状优化，从而得到更好的方案。显然，最优的设计往往比概念设计的方案结构更轻，而且性能更佳。

4.1.4　结构优化设计的一般流程

当前，商业用优化设计软件有很多，使用操作流程一般归纳为如图4-1所示。不同优化软件的操作过程、操作步骤和设置参数方法大同小异。

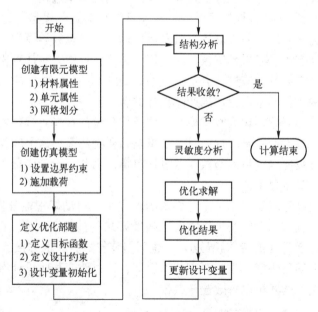

图4-1　结构优化设计的一般流程示意图

4.1.5 UG NX 结构优化分析简介

UG NX 高级仿真结构优化的解算器采用美国 Altair 公司提供的 Altair HyperOpt，它拥有强大、高效的设计优化能力，其优化过程由设计灵敏度分析及优化两大部分组成，可对静力、模态、屈曲、瞬态响应、频率响应、气动弹性和颤振分析进行优化。

UG NX 高级仿真中的设计变量包含形状和尺寸两大部分。形状设计变量（如边长、半径等）直接与几何形状有关，在设计过程中可改变结构的外形尺寸；尺寸设计变量（如板厚、凸缘、腹板等）则一般不与几何形状直接发生关系，也不影响结构的外形尺寸。设计优化意味着在满足约束的前提下产生最佳的设计，可以根据设计要求和优化目标，方便地自定义变量。在进行结构优化的过程中，它允许在有限元计算分析时采用多个响应量来定义优化的目标，比如力、位移、速度、加速度、应力、应变、频率、体积和温度以及它们之间的组合等，其中，约束类别可以是 1D 约束、2D 约束、3D 约束和模型约束等，还可以对这些约束进行编辑。

4.2 问题描述

三角架结构在机械工程中得到了广泛的应用，图 4-2a 为三角托架结构在汽车起重机构中的应用，图 4-2b 为其三维实体模型。该托架草绘图尺寸如图 4-3 所示，使用的材料为 Steel（UG NX 材料库自带的材料），三角托架一侧的直角棱边设置固定约束，在另外一侧的直角上承受 10 MPa 的压力，要求在保证刚度性能的前提下进行轻量化设计。

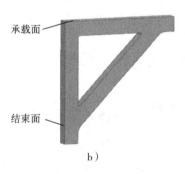

承载面

结束面

a) b)

图 4-2 三角托架模型

a) 在汽车起重机构中的应用　b) 三维实体模型

优化的目标是使得整个模型的重量最小，约束条件是在不改变三角托架模型网格划分要求、边界约束条件和载荷大小的前提下，参考计算出的位移和应力响应值后确定的，要求保证模型刚度的安全裕度前提下，模型最大位移不超过 0.2 mm。进行优化设计时，设计变量 1 为中间斜边筋板的高度，由 Height_to_support 尺寸决定，优化时，该尺寸定义的范围为 10 ~ 30 mm；设计变量 2 为两直角边的宽度 thickness，其值为 12 mm，优化时，定义其范围为 5 ~ 15 mm。这两个变量类型均为草绘图尺寸。

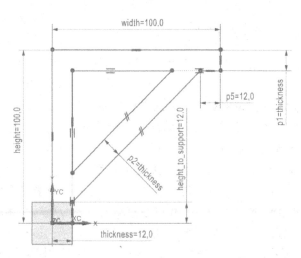

图4-3　三角托架结构草图截面及其尺寸约束

4.3　问题分析

　　1）本实例优化时采用1个约束条件、2个设计变量，首先需要采用 SOL 101 Linear Statics – Global Constraints 解算模块，计算出模型在边界约束条件和载荷条件下的位移和应力响应值，以此来确定优化约束条件的基准值；优化时设计变量可以采用经验来预判，也可以借助软件提供的【全局灵敏度】功能更加精确地判断各个设计变量对设计目标的敏感程度。

　　2）优化设计过程也是一个迭代计算过程，最终是收敛于某个确定解，每迭代一次，模型都会自动更新一次。其中，迭代次数根据需要可以修改，在保证迭代精度和可靠收敛的前提下，本实例默认设置迭代次数为20。

4.4　操作步骤

4.4.1　结构静力学分析操作步骤

　　打开随书光盘 part 源文件 Book_CD \ Part \ Part_CAE_Unfinish \ Ch04_Bracket_support \ Bracket_support. prt，调出图4-3所示的主模型。在三维建模环境中，预先查看和本次优化过程设计变量有关的特征内容和相应尺寸。

　　(1) 创建有限元模型

　　1）依次单击【开始】和【高级仿真】按钮，在【仿真导航器】窗口分级树中，右击【Bracket_support. prt】节点，从弹出的快捷菜单中选择【新建 FEM 和仿真】命令，弹出【新建 FEM 和仿真】对话框，如图4-4所示，【文件名】及【求解器环境】选项保留默认设置，单击【确定】按钮。

　　2）弹出【解算方案】对话框，如图4-5所示。所有选项参数保留默认设置，单击【确定】按钮。注意在【仿真导航器】窗口分级树中出现了相关节点，右击其中的【Bracket_support_fem1. fem】节点并选择【设为显示部件】命令，进入到仿真环境中。

图 4-4 【新建 FEM 和仿真】对话框

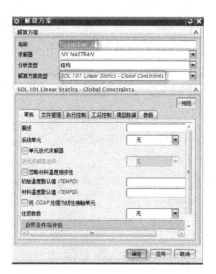

图 4-5 【解算方案】对话框设置

提示

在【新建 FEM】对话框中不能取消勾选系统默认的【创建理想化部件】复选框，否则后续优化操作后更新不了设计主模型。

3）单击工具栏中的【材料属性】 按钮，选择【指派材料】 命令，弹出图 4-6 所示的对话框。在图形窗口选中三角托架模型作为【选择体】，在【材料列表】中选择【库材料】，再在【材料】列表框中选择【Steel】，单击【确定】按钮，完成材料的指派。

4）单击工具栏中的【物理属性】 按钮，弹出【物理属性表管理器】对话框，如图 4-7 所示。【类型】默认为【PSOLID】，名称默认为【PSOILID1】，单击【创建】按钮，弹出【PSOLID】对话框，如图 4-8 所示。在【材料】选项中选取上述操作设置的【Steel】子项，其他选项均为默认设置，单击【确定】按钮，随后关闭【物理属性表管理器】对话框。

图 4-6 【指派材料】对话框

图 4-7 【物理属性表管理器】对话框

5）单击工具栏中的【网格收集器】 按钮，弹出【网格收集器】对话框，如图 4-9 所示。在【单元族】下拉列表框中选取【3D】，在【收集器类型】下拉列表框中选取【实体】，在【物理属性】的【实体属性】子项中选取上述设置好的【PSOLID1】，【名称】默认为【Solid（1）】，单击【确定】按钮。

图4-8 【PSOLID】对话框

图4-9 【网格收集器】对话框

6）单击工具栏中的【3D 四面体网格】⚠按钮右侧的下拉按钮，选择【3D 扫掠网格】⚙命令，弹出【3D 扫掠网格】对话框，如图4-10所示。在窗口中选择三角托架模型作为要进行划分网格的对象，以模型厚道方向的端面作为源面，【单元属性】的【类型】默认为【CHEXA（8）】，单击【源单元大小】右侧的【自动单元大小】⚡按钮，文本框中出现【3.62】，手动将其修改为【2】，【目标收集器】中【网格收集器】选项设为上述设置的【Solid（1）】，其他选项按照系统默认，单击【确定】按钮。

7）单击工具栏中的【单元质量】📝按钮，弹出【单元质量】对话框，如图4-11所示。选择图像窗口中刚划分好的网格模型作为【选择对象】，单击对话框下面的【检查单元】按钮，在弹出的【信息】对话框中显示【0个失败单元，0个警告单元】信息，说明模型正常，没有出现划分失败的网格。

图4-10 【3D 扫掠网格】对话框

图4-11 【单元质量】对话框

（2）定义仿真模型中的边界约束和载荷条件

1）右击【Bracket_support_fem1.fem】节点，从弹出的快捷菜单中选择【显示仿真】按钮，并选择【Bracket_support_sim1.sim】作为显示对象，进入仿真模型窗口。

2）单击工具栏中【约束类型】按钮中的【固定移动约束】命令，弹出【Fixed（1）】对话框，如图4-12所示。【名称】默认为【Fixed（1）】，在图形窗口单击三角托架的一直角面作为选择对象，如图4-13所示，单击【确定】按钮。

图4-12 【Fixed（1）】对话框

图4-13 三角托架约束部位

3）单击工具栏中的【载荷类型】按钮右侧的下拉按钮，选择其中的【压力】命令，弹出【压力】对话框，如图4-14所示。在图形窗口中选择图4-15所示的部位作为【选择对象】，在【压力】下的文本框中输入数值【10】，单位为【N/mm^2（MPa）】，单击【确定】按钮，完成对模型载荷条件的设置。

图4-14 【压力】对话框

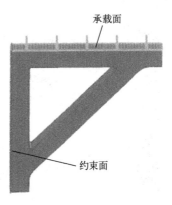

图4-15 压力载荷施加的部位

（3）求解并确定变形约束的基准

1）在【后处理导航器】窗口中右击【Solution 1】节点，从弹出的快捷菜单中选择【求解】命令，弹出【求解】对话框，单击【确定】按钮，稍等后完成分析作业，如图4-16所示。关闭各个信息窗口，双击出现的【结果】节点，进入后处理分析环境。

2）在【后处理导航器】窗口依次展开【Solution 1】、【位移 – 节点的】和【Y】节点，双击【Y】节点，如图 4-17 所示，并在工具栏中打开【标记开/关】▲ 命令，得到该模型在 X 方向上的变形位移情况，如图 4-18 所示，通过动画功能观看其变形过程，查看其最大位移值为 0.076 mm（负号表示受压状态），结合优化设计的要求以及该值大小，可以初步确定模型变形位移的约束条件。

图 4-16　求解分析作业监视器

图 4-17　后处理结果节点

3）依次展开【Solution 1】、【应力 – 单元节点】和【Von – Mises】节点，双击【Von Mises】节点并在工具栏中打开【标记开/关】▲ 命令，得到该模型的 Von Mises 应力分布情况，其应力云图如图 4-19 所示。从该图可以看出，最大应力出现在内角边缘处，为 284.803 MPa。

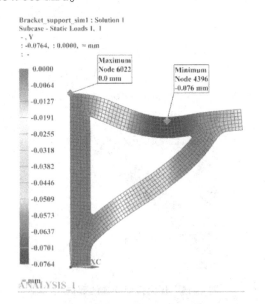

图 4-18　Y 向位移分析结果

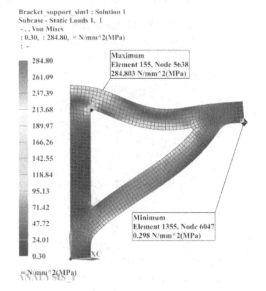

图 4-19　Von Mises 应力分析结果

4）单击工具栏中的【返回到模型】按钮，退出【后处理】显示模式，单击工具栏中的【保存】按钮，将上述成功的操作结果保存下来；切换到【仿真导航器】窗口，完成计算结果的分析，也为后续优化设计操作提供了约束条件合理的基准值。

4.4.2 结构优化分析操作步骤

（1）建立优化解算方案

1）在【仿真导航器】窗口分级树中右击【Bracket_support_sim1.sim】节点，依次从弹出的快捷菜单中选择【新建求解过程】📊命令和【几何优化】⬚命令，弹出【创建几何优化解算方案】对话框，如图4-20所示。【名称】默认为【Setup 1】及【解算方案列表】框中已被选中的【SOL 101 Linear Statics – Global Constraints Solution 1】项目，单击【确定】按钮。

2）弹出【几何优化】对话框，【常规设置】下的选项保留默认设置，如图4-21所示。其中，【名称】默认为【Setup 1】，【优化类型】采用默认的【Altair HyperOpt】，单击【下一步】按钮，分别进行设计目标、约束条件和设计变量的定义操作。

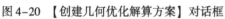

图4-20 【创建几何优化解算方案】对话框   图4-21 【几何优化】对话框

提示

NX Nastran 优化类型除了图4-21所示的【Altair HyperOpt】解算器外，还提供了【全局灵敏度】解算方法。灵敏度分析是优化设计的重要一环，可成倍地提高优化效率。这一过程通常可计算出结构响应值对于各设计变量的导数，以确定设计变化过程中对结构响应最敏感的部分，帮助设计工程师获得其最关心的灵敏度系数和最佳的设计参数。灵敏度响应量可以是位移、速度、加速度、应力、应变、特征值、屈曲载荷因子、频率等，也可以是各响应量的混合。设计变量可取任何单元的属性如厚度、形状尺寸、面积、二次惯性矩或节点坐标等。在灵敏度分析的基础上，设计优化可以快速地给出最优的设计变量值。

3）在【几何优化】对话框中选择【定义目标】选项，图4-22所示的对话框右侧切换为【定义目标】窗口。目标类别默认为【模型对象】▨，【类型】默认为【重量】，目标参数默认为【最小化】，单击【下一步】按钮，进入【几何优化】对话框中的【定义约束】窗口。

提示

在【定义目标】下【类别】中的4个目标类别中，【1D对象】◣应用于一维网格，【2D对象】▨应用于二维壳单元网格，【3D对象】◭应用于三维实体网格，【模型对象】▨应用于整个模型，它们和相应类型相对应。

4）在图4-23所示的【定义约束】窗口中，单击右上侧的【创建约束】▨按钮，弹出【定义约束】对话框，如图4-24所示。【约束】下的【类型】默认为【结果测量】，单击【模型约束】下的【结果测量】▨按钮，弹出图4-25所示的【结果测量管理器】对话框，

图4-22 【几何优化】对话框 – 定义目标

单击【创建】 按钮，弹出【结果测量】对话框，如图4-26所示。在对话框中【输入】的【组件】下拉列表框中选择【Y】，【操作】选择【最小值】，在【表达式名称】文本框中输入【dis_compY_1】，其他选项参数保留默认设置，单击【确定】按钮，完成结果测量的创建。注意到图4-25所示的【结果测量管理器】对话框中出现了新创建的结果测量，其整个模型在Y向的最小位移为 – 0.076 424 mm，单击【关闭】按钮返回到图4-24所示的【几何优化】对话框中。

图4-23 【几何优化】对话框 – 定义约束

图4-24 【定义约束】对话框

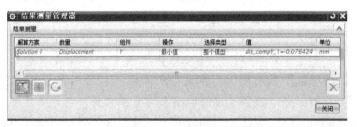

图4-25 【结果测量管理器】对话框

图 4-26 【结果测量】对话框

5）在【限制类型】中选择【下部】，在【限制值】中输入【-0.2000】，【单位】默认为【mm】，单击【确定】按钮，返回图 4-23 所示的【定义约束】窗口。在【定义约束】下出现刚定义好的 Y 向位移的约束，单击【编辑】按钮，可以对建立的约束进行修改，单击【下一步】按钮完成几何优化中的约束定义，进入【几何优化】对话框的【定义设计变量】窗口。

提示

在【结果测量】对话框中，选择要为优化响应抽取的解算方案及结果类型，注意几何优化不支持将模型子集选择设置为有限元的结果测量。由于 NX8.5 版本汉化的问题，【定义约束】类型中的【上部】和【下部】，其实应为【上限】和【下限】，几何优化使用分析的结果（通常是位移或应力）作为输入来评估约束，在每次迭代过程中，软件都会将每个约束属性的值与其限制值进行比较，如果某一约束值超出限制阀值，模型则被视为处于无效状态，优化返回上一个有效状态并为设计变量尝试使用不同的值。在定义约束中可以约束重量、体积和频率。此外，可以使用结果测量命令抽取位移、应力及反作用力作为约束。

6）切换到【几何优化】对话框的【定义设计变量】窗口，如图 4-27 所示，单击【创建设计变量】按钮，弹出图 4-28 所示【定义设计变量】对话框，在【设计变量】中选择【草图尺寸】按钮，单击【草图约束】列表框中的【SKETCH_000 草图（1）】，选择【约束尺寸】中出现的【Bracket_support"::height_to_support = 12】选项，在【上限】中输入【30.0000】，在【下限】中输入【10.0000】，单击【应用】按钮；选择【约束尺寸】中

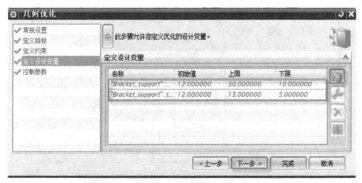

图 4-27 【几何优化】对话框 - 定义设计变量

出现的【Bracket_support"::thickness=12】选项，在【上限】中输入【15.0000】，在【下限】中输入【5.0000】，如图4-29所示。单击【确定】按钮，返回到【定义设计变量】窗口，发现刚定义的2个设计变量信息出现在对话框中，单击【编辑】按钮可以对设计变量进行修改，完成2个设计变量的定义操作。

图4-28 设计变量草图约束尺寸定义1

图4-29 设计变量草图约束尺寸定义2

提示

在图4-28所示的【定义设计变量】对话框中的【设计变量】中包括【截面属性】、【壳属性】、【特征尺寸】、【草图尺寸】和【表达式】5个选项。其中，单击【特征尺寸】按钮可在【特征】列表框中显示建模时主要的特征尺寸，单击【表达式】按钮可在【表达式】列表框中显示出建模时主要的表达式，均可以作为设计变量来使用。

7）单击【几何优化】对话框中的【下一步】按钮，进入【几何优化】对话框的【控制参数】窗口，如图4-30所示，默认所有选项的系统参数，单击【完成】按钮，完成几何优化的所有项目和参数设置。

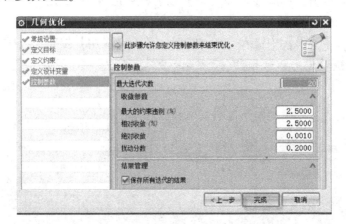

图4-30 【几何优化】对话框-控制参数

8）右击几何优化解算方案【Setup 1】并从弹出的快捷菜单中选择【属性】■命令，弹出【属性】信息窗口。在信息窗口中仔细检查以确保优化设置的正确性，检查无误后关闭对话框。当然，还可以根据优化设计的要求，对上述设计目标、约束条件和设计变量进行编辑、增添和删除等操作。

提示

图4-30所示的【几何优化】对话框中的【控制参数】窗口是用来向优化器告知解法所需要的精度的，其中【最大的约束违例（%）】是为了使解法实现收敛，控制所许可的约束限制最大违例程度；【相对收敛（%）】是控制优化被认为已收敛时的最后两次迭代的百分比更改；【绝对收敛】是控制优化被认为已收敛时的最后两次迭代的实际更改；【扰动分数】是定义在优化的前几次迭代采样过程中设计变量的可更改量。注意：如果收敛准则的值较小，则意味着需要较多的迭代才能使优化收敛，如果满足了相对或绝对收敛参数要求，则认为优化已经收敛。【最大迭代次数】用来指定优化过程的最大运行次数，该优化将在达到该数字时停止，而与优化是否收敛无关。

（2）优化求解及其结果查看

1）在【仿真导航器】窗口分级树中右击【Setup 1】节点，从弹出的快捷菜单中选择【求解】■命令即可提交作业解算。注意到系统弹出了Excel电子表格，同时开始进行迭代计算。系统每完成一次计算，模型就会依据计算结果自动更新网格，并开始下一次的迭代计算，如此反复迭代，试图收敛于一个解。

2）稍等，完成计算作业，并切换到Microsoft Excel工作程序显示优化结果，该表包括【优化】、【目标】和【"Bracket_support"::height_to_s】及【"Bracket_support"::thickness = 1】4个工作表格。其中，【优化】工作表主要显示设计目标、设计变量和约束条件迭代过程中的各个数值及其变化情况，如图4-31所示。在该表中最后一次迭代的结果即为本模型优化计算的结果，其中设计目标的重量值为【1861.791】；【"Bracket_support"::height_to_support】尺寸优化为【24.67584】，【"Bracket_support"::thickness】尺寸优化为【8.411853】，因此，模型优化的趋势是：斜边支撑上移，两侧直角边板变窄。

优化历史记录								
基于 Altair HyperOpt								
设计目标函数结果								
最小值 重量 [mN]	0	1	2	3	4	5	6	7
	2619.879	2594.022	2981.897	2168.992	1775.671	1911.867	1879.837	1861.791
设计变量结果								
名称	0	1	2	3	4	5	6	7
"Bracket_support"::height_to_support=12	12	16	12	14.4	14.54742	17.28	20.5632	24.67584
"Bracket_support"::thickness=12	12	12	14	9.72	7.776	8.50025	8.413329	8.411853
设计约束结果								
Result Measure	0	1	2	3	4	5	6	7
下限 = -0.200000 [mm]	-0.07642	-0.07682	-0.05266	-0.13311	-0.24874	-0.19304	-0.19887	-0.19905
对设计作出小更改，运行已收敛。								

图4-31　【优化】工作表

提示

在【目标】工作表中会有本次优化计算是否收敛的提示信息，如果没有达到收敛，需要检查上述优化参数设置是否合理。如果设置参数合理，可以通过增加迭代次数并进行重新计算，同时等待电子表中所有内容的显示全部结束后再去关闭它。表格中红色部分显示失败的设计约束结果。

3）选择电子表格的【目标】选项，出现图 4-32 所示的模型重量（Y 轴）和迭代次数（X 轴）的迭代过程。可以看出，经过第 4 次迭代后，结果基本平缓，逐渐收敛于某个重量值了。

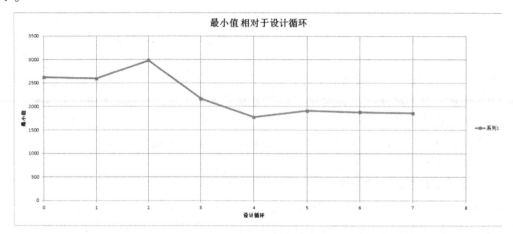

图 4-32 【目标】工作表

4）选择电子表格的【"Bracket_support"::height_to_support】和【"Bracket_support"::thickness】选项，出现如图 4-33 和图 4-34 所示的迭代设计循环过程。可以看出，【"Bracket_support"::thickness】和【目标】迭代过程的趋势是相一致的。

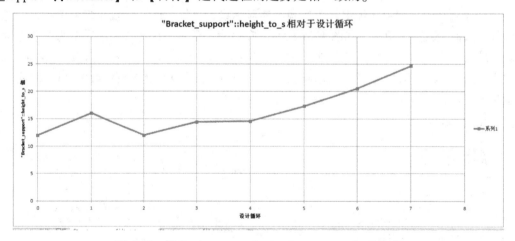

图 4-33 【"Bracket_support"::height_to_support】工作表

5）关闭 Microsoft Excel 程序，再次右击【Setup 1】节点，从弹出的快捷菜单中选择【求解】命令即可发现【优化电子标准】命令已经激活。执行该命令，即可重复上述查看结果的操作步骤。

6）注意图形窗口的三角托架模型，和上述设计变量有关的尺寸已经发生了变化，如图 4-35 所示。可以进一步调用【分析】和【测量距离】命令，测量出相应的变化尺寸，在此不多赘述。

7）双击出现的【结果】节点，并切换到【后处理导航器】窗口，可以发现在【Bracket_support_ sim1】节点下面新增了【Setup 1】及其 8 个迭代计算子节点，如图 4-36 所示，展开第 1 个迭代计算子节点【设计循环 0】，可以发现相应的子节点名称和【Solution 1】相应的子节点相同。

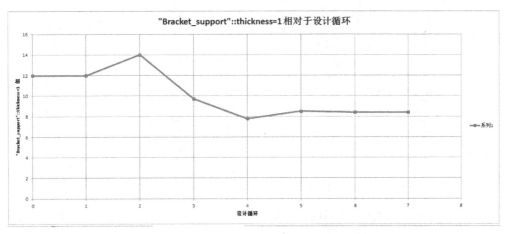

图 4-34 【"Bracket_support"::thickness】工作表

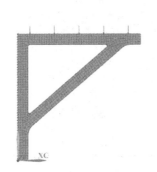

图 4-35 优化后的三角托架有限元模型

图 4-36 设计优化分析结果

8）依次展开【设计循环 1】、【位移 - 节点的】和【Y】节点，双击【Y】节点即可在图形窗口出现第一次迭代后模型在 Y 轴方向上的位移云图；按照同样的方法，可以依次查看各个迭代过程中的位移云图和应力云图，图 4-37 和图 4-38 所示为第 1 次和第 7 次迭代后模型在 Y 向上的位移云图，可以和模型没有优化前在 Y 向上的位移云图（如图 4-18 所示）进行比较。

9）在工具栏中单击【动画】 按钮，弹出【动画】对话框，在【动画】下拉列表框中选择【迭代】，如图 4-39 所示，其他播放参数保留默认设置。单击【播放】 按钮，在图形窗口中可观察到随着迭代计算模型自动更新的全过程，也可以将该迭代过程采用 GIF 格式动画记录并保存下来，单击【取消】按钮，退出【动画】对话框。

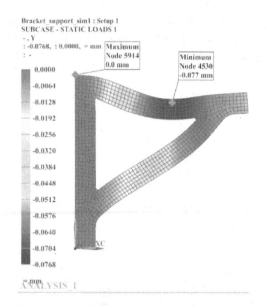

图4-37 设计循环1下的Y向位移分析结果   图4-38 设计循环7下的Y向位移分析结果

图4-39 迭代动画的设置

10）单击工具栏中的【返回到模型】 按钮，退出【后处理】显示模式，在资源条上单击【仿真导航器】 按钮，在【仿真导航器】窗口分级树中，双击出现的【Bracket_support. prt】节点，即可返回到三维建模环境；在资源条上单击【部件导航器】 按钮，在工具栏中依次单击【开始】和【建模】按钮，在【模型记录历史】中双击【草图（0）】节点即可进入到草绘图环境。可以发现草绘图形状和尺寸均发生了变化，达到了优化的目的。具体形状和尺寸可以和图4-3所示的草绘图进行比较。读者可以自行完成，在此不赘述。

本实例模型的静力分析结果及优化结果、迭代过程变形和应力输出结果请参考随书光盘Book_CD\Part\Part_CAE_Finish\Ch04_Bracket_support 文件夹中的相关文件, 操作过程的演示请参考视频文件 Book_CD\AVI\Ch04_ Bracket_support. AVI。

4.5 本章小结

本实例以三角托架为优化对象，以重量最小为优化目标（轻量化），确定位移响应的最小极限值作为约束条件，以模型中的两个草绘图尺寸作为设计变量，介绍了优化的概念和步骤。在上述优化的基础上，还可以进行如下的操作。

1）对约束条件进行编辑，增加应力约束条件，并对设计变量的数量和范围进行修改，重新对模型进行优化操作。

2）根据设计的要求修改约束目标，将"重量最小"修改为"应力最小"，重新对模型进行优化操作，求解出最佳优化结果。

3）进一步利用系统提供的【全局灵敏度】分析功能，确定各个设计变量相对于设计目标更加优化的变量值，这有利于迭代计算更加可靠的收敛并减少计算时间。

随着有限元法和优化计算理论的不断进步和应用，优化技术已经不局限于某几个结构尺寸了，逐渐向拓扑几何、形貌形状和自由尺寸等方面发展，也会渗透到产品设计的各个阶段。可以预见，优化技术一定会成为企业产品自主创新设计的驱动力。

第 5 章　结构静力学和疲劳分析实例精讲——叶轮叶片分析

本章内容简介

首先利用 UG NX 高级仿真中的静力学【SOL 101 Linear Statics – Global Constraints】解算模块，以叶轮叶片为分析对象，依次创建有限元模型和仿真模型，计算出该模型的位移和应力值，以此作为疲劳分析的名义值。然后通过创建耐久性仿真方案，依次选取应力准则、应力类型和疲劳寿命准则，分别计算两种工作转速下的结构疲劳寿命。通过查看结构的疲劳寿命、疲劳损伤程度、疲劳安全系数及强度安全系数等指标来评判该结构的疲劳性能。

5.1　基础知识

5.1.1　疲劳分析概述

疲劳是产品/零件失效最为常见的方式之一。疲劳的种类较多，常见的有频域疲劳、机械疲劳、腐蚀疲劳、高温疲劳、热疲劳和微动疲劳等，其中机械疲劳包括应力疲劳、应变疲劳和接触疲劳三种方式。引起疲劳失效的机理和因素比较复杂，因此，必须遵循客观规律，按照严格的分析程序进行失效分析和疲劳预测。近年来，将有限元法和疲劳机理分析相结合的计算机仿真技术，无疑为解决实际中的疲劳问题提供了经济、有效的分析和评判方法。

疲劳寿命被学者 H. O. Fuchs 定义为"零件由于循环加载而逐渐疲劳，导致裂纹的扩展，最终导致结构断裂而破坏"。结构疲劳分析是一种工具，用于在各种简单或复杂加载条件（也称疲劳载荷循环）中评估设计结构的强度或者耐久性。进行软件疲劳解算后，计算结果通过云图、等值线图，显示在出现裂纹之前结构可承受循环载荷的持续时间和经历过循环疲劳载荷后的残余寿命情况。

疲劳计算是基于线性结构裂纹损伤累积（MINER 线性累计）的原理，根据应力 – 寿命（S – N）曲线图或者应变 – 寿命（E – N）曲线图来估计该零件的疲劳寿命的，计算过程中将输入数据处理成峰顶或者峰谷，对循环周期进行计数，从而计算出结构的疲劳寿命。其中应力幅与平均应力对疲劳强度与寿命的影响最大，一般认为载荷的加载速度与疲劳失效无关。有关疲劳的理论和分析方法请参考有关专业书籍，本书编写宗旨在于提高软件运用水平和操作能力，理论方面的内容不再赘述。

5.1.2　疲劳分析主要参数

在创建好有限元模型的基础上，进行后续的疲劳分析需要提供材料疲劳属性参数和定义疲劳载荷变量特性。在疲劳解算过程中，载荷变量还要和其他疲劳判据（疲劳寿命准则）相结合，才能完成疲劳解算从而来评估结构的耐久性。下面对疲劳分析的主要参数和选项进行简介。

（1）材料疲劳属性

材料疲劳属性参数是疲劳分析计算的基础，这些参数是通过实验手段将标准试样施加动态周期载荷（拉伸、弯曲和扭转），直到出现裂纹或者断裂时得到的。机械产品中的常见材料疲劳属性参数由疲劳强度、疲劳强度指数、疲劳塑性系数和疲劳塑性指数4个参数组成，如表5-1所示。借助这些参数，才可以对相应材料的产品/零件做疲劳性能的模拟计算和评估分析。

表5-1 常见材料的疲劳属性参数

英文材料名称	对应中文材料	疲劳强度 /MPa	疲劳强度指数	疲劳塑性系数	疲劳塑性指数
AISI_310_SS	不锈钢310	1660	−0.155	0.553	−0.553
AISI_SS_304 – Annealed	不锈钢304	1267	−0.139	0.174	−0.415
AISI_Steel_1005	碳素钢	440	−0.088	0.311	−0.538
AISI_STEEL_4340	优质合金结构钢	1917	−0.099	1.122	−0.72
Iron_Cast_G40	铸铁	645	−0.078	0.037	−0.457
Magnesium_ Cast	镁合金铸铁	831	−0.149	0.089	−0.451
Titanium_Ti – 6Al – 4V	钛合金	187	−0.088	0.26	−0.721
Waspaloy	镍基合金	151	−0.076	0.147	−0.591

当然，软件在进行结构疲劳计算时，除了上述4个疲劳材料属性参数之外，还需要弹性模量、泊松比、屈服强度和抗拉强度等材料属性参数一起参与计算。另外，软件采用应力寿命准则计算疲劳寿命时，疲劳塑性系数和疲劳塑性指数是不参与计算。

（2）疲劳载荷变量

疲劳分析的目的就是模拟零件在一段时间内可以承受重复的、周期变化的载荷，循环中随时间而变的载荷称为载荷变量。载荷变量包括周期函数、循环次数和缩放因子3个参数。

1）载荷的半周期或者全周期函数。半周期载荷函数是指结构初始时处于静止状态或者应力释放状态，结构被简单地加载至最大应力，然后卸载返回到平衡状态，如图5-1所示；全周期载荷函数是指结构加载过程类似于正弦波，结构初始时处于静止状态或者应力释放状态，然后被加载至最大正应力，再卸载或应力释放，再一次加载至最大负应力，最后再卸载到平衡状态，如图5-2所示。

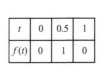

t	0	0.5	1
$f(t)$	0	1	0

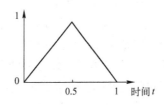

图5-1 半周期载荷函数

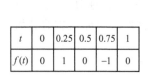
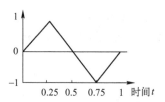

图 5-2　全周期载荷函数

2）循环次数是指零件承受半周期或者全周期循环载荷的周期次数。

3）缩放因子用于线性地缩小或者放大应力的结果值，使用缩放因子可以避免对不同加载值执行重复解算，是一种快速而简便的方式。

实际操作中可以定义一组载荷变量，也可以定义两组或更多载荷，比如可以定义零件承受的实际疲劳载荷变量如下：首先按名义应力值经历 1000 次循环，然后按 3 倍名义应力值经历 50 000 次循环，最后按 1.5 倍名义应力值经历 100 000 次循环，这里的名义应力值需要通过线性静力学解算得到。

（3）疲劳寿命准则

因为疲劳试验数据是从试件的单轴弯曲试验数据得来的，因此需要把有限元计算得到的多轴应力转化为等价的单轴应力。NX Nastran 提供的评估疲劳寿命的准则及其使用场合如表 5-2 所示。

表 5-2　疲劳寿命准则及其使用场合

序　号	准 则 名 称	使 用 场 合
1	Smith – Watson – Topper 准则	基于应变（考虑平均应力的影响）、一般场合
2	最大主应变准则	基于主应变、低循环场合
3	最大剪应变准则	基于剪应变、低循环场合
4	应力寿命准则	主应力高循环场合

其中，高循环场合是指零件在低于其屈服强度的循环应力作用下，施加 100 000 次以上交变载荷而产生疲劳的情况；低循环场合是指零件在接近或者超过其屈服强度的循环应力作用下，施加 100 ~ 100 000 塑性交变载荷而产生疲劳的情况。

在高循环场合中，疲劳过程由弹性应变起主导作用；在低循环场合中塑性应变逐渐成为疲劳破坏的主导因素，使应力 – 寿命曲线随应力大小的提高趋于平坦，此时难于采用应力描述实际寿命的变化，此时就产生了 E – N 曲线来描述疲劳过程。

（4）疲劳评估选项

疲劳解算结束后，其分析结果包括结构强度（应力安全因子）、疲劳强度（疲劳安全因子）和疲劳寿命这 3 个指标。下面对这 3 个指标进行简介。

1）应力安全因子（Stress Safety Factor, SSF）

应力安全因子用于衡量零件的总体强度，是作为无单位标量而生成的一个疲劳结果，由应力判据（也称应力准则）除以某一应力类型的应力值（或有效应力）计算得到。其中应力判据可以选择抗拉极限强度或者屈服强度；应力类型或有效应力可以选择 Von Mises 应力、Tresca（特雷斯卡）应力、最大主应力（Max Principal）或最小主应力（Min Principal）。

应力安全因子决定结构的破坏程度，SSF 值大于 1 是可以接受的，而 SSF 值小于 1 预示结构由于强度不足而遭到破坏。显然，如果计算过程中发现仅仅是结构加载就会导致结构强度不足，则不需要进一步评估疲劳，建议重新进行结构设计。

2）疲劳安全因子（Fatigue Safety Factor，FSF）

疲劳安全因子由疲劳应力判据（疲劳应力准则）除以应力幅值计算得到，作为无单位标量而生成的一个疲劳结果，用来估算疲劳强度，预测结构的任何部分是否会由于周期载荷而被破坏。

疲劳安全因子分析结果反映了与疲劳负载循环中所定义的循环载荷条件相对应的疲劳安全因子。在设计中，疲劳安全因子必须大于1。另外要注意：

- 疲劳安全因子趋于无限大的结构区域，已经足够安全；
- 疲劳安全因子小于或者等于1的结构区域，在给定的疲劳载荷周期的反复作用下，最终会遭到破坏；
- 疲劳安全因子的值较低，意味着该区域结构承受的疲劳载荷周期中交变应力的范围大。

3）疲劳寿命（Fatigue Life）

疲劳寿命用于评估零件按指定的上述4个疲劳寿命准则，施加若干周期载荷循环次数后是否仍然可用。不同的寿命准则是采用不同的S－N曲线来进行计算的，通过对结构在刚开始产生裂纹时疲劳循环的次数进行统计，从而计算出疲劳寿命，最终疲劳寿命采用实际的标量结果（出现裂纹之前的疲劳工作循环次数）来表示。

5.1.3 疲劳分析操作流程

采用 UG NX 高级仿真对零件结构进行疲劳分析，是基于静态、瞬态或随机事件的耐久性分析。本实例中首先要指定材料的疲劳属性，完成线性静力学的解算，计算得到的应力和应变值作为疲劳分析的名义值，然后创建耐久性事件和解算方案，进行求解及对分析结果进行后处理查看，整个操作流程可以归纳为图5-3。

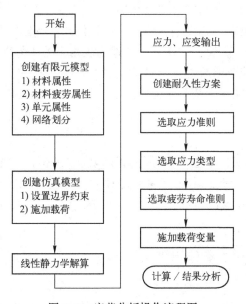

图5-3　疲劳分析操作流程图

5.2　问题描述

图 5-4 为某大型离心压缩机叶轮叶片的实际模型。压缩机叶轮叶片的主要破坏形式之一是疲劳破坏。该叶轮叶片的特点是叶片为整体压铸或采用焊接的联结方式，材料为 AISI_STEEL_4340（屈服强度为 1178 MPa，抗拉强度为 1240 MPa），中间叶轮孔面安装在转轴上，分别考察工作转速为 29 384 r/min，33 800 r/min 工况下的径向与切向的位移以及应力强度情况。首先计算该结构线性静力学中的 Von Mises 应力和应变值，判断结构在

图 5-4　叶轮叶片实际模型

此工况下是否处于弹变阶段，然后按照最大应力值的工况，根据一般的疲劳寿命准则计算以下条件的疲劳寿命。

1）假设该模型受到 1 倍名义应力值载荷，作用周期为 1 000 000 次循环，计算结构的疲劳寿命，分别按照强度安全因子、疲劳安全因子和疲劳寿命等评价指标进行查看。

2）在上述基础上，再增加 1.5 倍名义应力值载荷，作用周期为 500 000 次循环，计算结构的疲劳寿命，和上述单疲劳载荷变量条件下的疲劳寿命进行比较。

5.3　问题分析

1）疲劳计算必须有材料的疲劳属性参数（通过大量测试并统计得到数据，并经历众多工程项目的应用和验证）作为基础，因此，还在创建有限元模型的过程中，除赋予模型密度、杨氏模量、泊松比等线性静力学计算参数外，必须指定相应的疲劳属性参数。

2）疲劳计算采用应力 - 寿命曲线和应变 - 寿命曲线，并且选取的疲劳寿命准则一般是基于应变响应值的，因此在解算结构的静力学时，需要激活其应变输出请求，这样计算出的应力和应变响应值一起作为后续疲劳计算的依据。

3）在计算疲劳寿命之前，需要根据静力学计算结果，判断零件在工况下是处于弹性变形阶段还是接近于塑性变形阶段，这样可以合理选取相应的疲劳寿命准则。

4）可以利用软件提供的【新建疲劳载荷变量】功能，在一次疲劳解算方案中，允许增添多个疲劳载荷变量，为在复杂载荷工况条件下计算结构的疲劳寿命提供了条件。

5.4　操作步骤

打开随书光盘 part 源文件 Book_CD\Part\Part_CAE_Unfinish\Ch05_Impeller\impeller.prt，调出图 5-4 所示的叶轮主模型。本实例先通过静力学【SOL 101 Linear Statics - Global Constraints】解算模块计算出模型的位移、应力和应变响应值，再借助耐久性解算模块分析模型在工况下的疲劳性能。

5.4.1　结构静力学分析操作步骤

（1）创建有限元模型

1）依次单击【开始】和【高级仿真】按钮，在【仿真导航器】窗口的分级树中，右

击【Impeller.prt】节点，从弹出的菜单并选择【新建 FEM】命令，弹出【新建部件文件】对话框，【新文件名】下面的【名称】选项默认为【Impeller_fem1.fem】，通过单击按钮，选择本实例高级仿真相关数据存放的【文件夹】，单击【确定】按钮。

2）弹出【新建 FEM】对话框，如图 5-5 所示，【求解器】和【分析类型】中的选项保留默认设置，单击【确定】按钮，进入创建有限元模型的环境，如图 5-6 所示。注意在【仿真导航器】窗口分级树上出现了相关的数据节点。

图 5-5 【新建 FEM】对话框

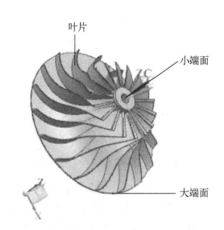

图 5-6 FEM 模型关联的叶轮 CAD 部件

3）单击工具栏中的【材料属性】按钮，弹出【指派材料】对话框，如图 5-7 所示。在图形窗口选中模型，单击对话框【材料】列表框中的【AISI_STEEL_4340】，单击列表框下面的【显示指定材料的材料属性】按钮，弹出该材料的信息窗口，主要参数如图 5-8 所示。注意查看该窗口【耐久性/可成形性】选项下的各个项目参数，关闭该信息窗口，单击【确定】按钮，退出【指派材料】对话框。

图 5-7 材料属性参数

图 5-8 AISI_STEEL_4340 材料信息

4）单击工具栏中的【物理属性】 按钮，弹出【物理属性表管理器】对话框，如图5-9所示。在【类型】下拉列表框中选取【PSOLID】，默认名称为【PSOLID1】，单击【创建】按钮，弹出【PSOLID】对话框，在【材料】下拉列表框中选取上述操作设置的【AISI_Steel_4340】子项，其他选项均保留默认设置，单击【确定】按钮，如图5-10所示，随后关闭【物理属性表管理器】对话框。

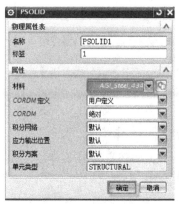

图5-9　【物理属性表管理器】对话框　　　　图5-10　设置物理属性表参数

5）单击工具栏中的【网格收集器】 按钮，弹出【网格收集器】对话框，如图5-11所示。在【单元族】下拉列表框中选取【3D】，在【收集器类型】下拉列表框中选取【实体】，在【物理属性】的【实体属性】下拉列表框中选取上述设置的【PSOLID1】，【网格收集器】的名称默认为【Solid（1）】，单击【确定】按钮。

6）单击工具栏中的【3D四面体网格】 按钮右侧的下拉按钮，弹出【3D四面体网格】对话框，在窗口中选择叶轮叶片三维模型，【单元属性】的【类型】默认为【CTETRA（10）】，单击【单元大小】右侧的【自动单元大小】 按钮，对话框中出现【15.2】，手动将其修改为【10】，【目标收集器】中【网格收集器】选项为上述设置的【Solid（1）】，其他选项按照系统默认，如图5-12所示，单击【确定】按钮，划分的结果如图5-13所示。

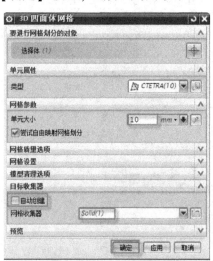

图5-11　【网格收集器】对话框　　　　图5-12　【3D四面体网格】对话框

单击【3D_mesh（1）】节点查看得单元总数为 20 080 个。由于形状较为复杂，如果还需要提高计算精度，建议使用网格控件。

7）单击工具栏中的【单元质量】 按钮，弹出【单元质量】对话框，在窗口中选择划分好的网格模型作为【选择对象】，如图 5-14 所示。单击【检查单元】按钮，在窗口顶端弹出的【信息】中出现【0 个失败单元，4 个警告单元】，失败单元多在叶片的上端边缘，不影响模型的使用。

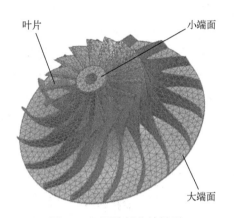

图 5-13　网格划分效果图　　　　　图 5-14　【单元质量】对话框

（2）创建仿真模型

1）在【仿真导航器】窗口分级树中，右击【Impeller_fem1.fem】节点，从弹出的菜单中选择【新建仿真】命令，弹出【新建部件文件】对话框。在【名称】中将【Impeller_fem1_sim1.sim】修改为【impeller_sim1.sim】，单击【确定】按钮。保存到前面模型所在文件夹中。

2）单击弹出的【新建仿真】对话框中的【确定】按钮，弹出【解算方案】对话框，如图 5-15 所示。默认【分析类型】为【结构】，【解算方案类型】为【SOL 101 Linear Statics – Global Constraints】，单击【确定】按钮，进入仿真模型环境。同时注意在【仿真导航器】窗口分级树中增加了相应的节点。

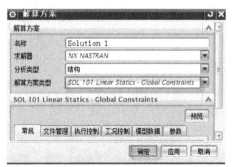

3）选择工具栏【约束类型】 中的【用户定义约束】 命令，弹出【用户定义约束】对话

图 5-15　【解算方案】对话框

框。在图形窗口单击模型一侧的端面，在【位移 CSYS】下拉列表框中选择【圆柱坐标系】，单击图形窗口中模型的中间圆孔上端面的外圆棱边，如图 5-16 所示。在【自由度】对话框中将【DOF1】、【DOF2】和【DOF3】切换为【固定】，其他 3 个【DOF】均为【自由】，单击【确定】按钮，如图 5-17 所示，完成模型边界约束条件的定义操作。

4）单击工具栏中的【载荷类型】 按钮右侧的下拉按钮，选择其中的【离心】 命令，弹出【Centrifugal Inertia（1）】对话框，其中【选择对象】和【方向】的 2 个子项自动确认了，不过必须调整指定矢量的方向使其和模型的轴向一致，【指定点】设定为叶轮模型小端面的圆心，在【角速度】文本框内输入【29384】，单位切换为【rev/min】，单击【应用】按钮，如图5-18所示。在新出现的对话框中调整指定矢量的方向使其模型的轴向一致，【指定点】设定为端面的圆心，在【角速度】文本框内输入【33800】，单位切换为【rev/min】，单击【确定】按钮，完成模型离心力载荷的定义操作，如图5-19所示，同时注意在【仿真导航器】窗口的分级树中增加的相应节点。

图5-16 【用户定义约束】对话框

图5-17 【自由度】设置

图5-18 定义工作转速1

图5-19 定义工作转速2

（3）求解及其解算参数的设置

1）在【仿真导航器】窗口的分级树中右击【Solution 1】节点，从弹出的快捷菜单中选择【新建子工况】命令，弹出【解算步骤】对话框，如图5-20所示。名称和其他选项保留默认设置，单击【确定】按钮，将【载荷容器】中的【Centrifugal Inertia（2）】拖曳到子工况【Subcase - Static Loads 2】中，同时将子工况【Subcase - Static Loads 1】中的【Centrifugal Inertia（2）】右键选择移除，设置好的求解工况各个节点显示如图5-21所示。

图5-20　【解算步骤】对话框

图5-21　显示各子工况载荷节点

2）右击【Solution 1】节点，从弹出的菜单中选择【编辑】命令，弹出【解算方案】对话框，勾选【常规】下的【单元迭代求解器】复选框，将其激活；单击【工况控制】选项卡，单击【Output Requests】右侧的【创建模型对象】按钮，弹出【结构输出请求】对话框，在【属性】中单击【应变】按钮，激活【启用STRAIN（应变）】请求选项，该选项各个参数保留默认设置，单击【确定】按钮返回至【解算方案】对话框，再单击【确定】按钮退出【编辑解算方案】对话框。

3）右击【Solution 1】节点，从弹出的快捷菜单中选择【求解】命令，弹出【求解】对话框。单击【确定】按钮，系统开始求解，稍等完成分析作业后，如图5-22所示。关闭各个信息窗口，双击出现的【结果】节点，即可进入后处理分析环境，图5-23为显示后处理窗口的各个计算指标节点。

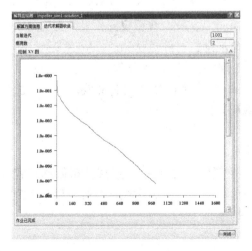

图5-22　解算监视器

图5-23　显示后处理节点

4）在【后处理导航器】窗口依次展开【Solution 1】，选择【Subcase – Static Loads 1】展开【应力 – 单元节点的】，如图 5-23 所示，双击【Von Mises】节点，右击【Post View 1】，从弹出的快捷菜单中选择【设置结果】命令，将视图坐标系切换为【柱工作坐标系】，在工具栏上单击【新建注释】和【拖动注释】按钮，即可在图形窗口显示出该叶轮叶片在子工况 1 下的 Von Mises 应力云图，如图 5-24 所示。从云图可以看出：最大应力值为822.335 MPa，小于该材料的屈服强度 1178 MPa，因此可以判断在该工况下模型处于弹性变形阶段；最大应力集中在叶片和本体的底部交汇处，局部区域有应力集中现象。

5）按照上述的方法选择【Subcase – Static Loads 2】并展开【应力 – 单元节点的】，双击【Von Mises】节点，右击【Post View 1】，从弹出的快捷菜单中选择【设置结果】命令，将视图坐标系切换为【柱工作坐标系】，在工具栏上单击【新建注释】和【拖动注释】按钮，即可在图形窗口显示出该叶轮叶片在子工况 2 下的 Von Mises 应力云图，如图 5-25 所示。从云图可以看出：最大应力值为 1088.079 MPa，已经接近该材料的屈服强度 1178 MPa，但可以判断在该工况下模型仍处于弹性变形阶段；最大应力集中在叶片和本体的底部交汇处，局部区域有应力集中现象。

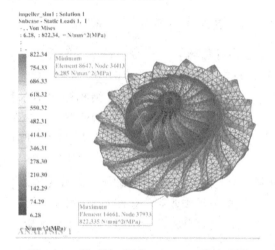
图 5-24　子工况 1 下的 Von Mises 应力云图

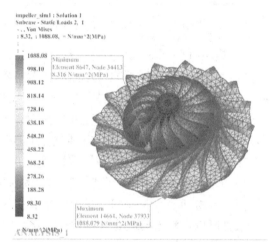
图 5-25　子工况 2 下的 Von Mises 应力云图

显然，在该静力计算结果中，包括了最大剪切应力、最大剪切应变、最大主应力、最大主应变等名义值，后续疲劳分析时根据不同的寿命准则，软件自动选取相应值参与计算。

6）单击工具栏中的【返回到模型】按钮，退出【后处理导航器】窗口，完成此次计算任务的操作。以上述两种工况计算的 Von Mises 应力和应变作为名义值参与后续的疲劳分析计算，下面开始对结构进行疲劳寿命的计算和分析。

5.4.2　单个载荷变量疲劳分析的操作

下面在上述结构线性静力学分析的基础上，按照图 5-3 所示的疲劳分析操作流程，依次选取应力准则、疲劳寿命准则，定义单个的载荷变量，计算结构在该疲劳条件下的疲劳寿命，通过各种结果显示方式来评估该结构的疲劳性能。

（1）创建工况 1 的疲劳分析解算方案

1）在【仿真导航器】窗口分级树中右击【impeller_sim1. sim】节点，依次从弹出的快捷菜单中选择【新建解算方案过程】→【耐久性】命令，弹出【耐久性】对话框，如图 5-26 所示。【耐久性求解过程名称】默认为【Durability 1】，单击【确定】按钮，注意到【仿真导航器】窗口的分级树中出现相应的数据节点。

2）右击【Durability 1】节点，依次从弹出的快捷菜单中选择【新建事件】→【静态】命令，弹出【静态耐久性事件】对话框，如图 5-27 所示，【事件名称】默认为【Static Event 1】，【静态解列表】默认为【Solution 1－SOL 101 SCS】。

图 5-26 【耐久性】对话框   图 5-27 【静态耐久性事件】对话框

3）单击【强度】下的【编辑强度设置】按钮，弹出图 5-28 所示的对话框，【名称】默认为【Strength 1】，选择【极限应力】作为【应力准则】，【强度输出】默认为【强度安全系数】，单击【确定】按钮。

4）单击【疲劳】下的【编辑疲劳设置】按钮，弹出图 5-29 所示的【疲劳】对话框，【名称】默认为【Fatigue 1】，选择【Smith Waston Top】作为【疲劳寿命准则】，在【疲劳寿命输出】中同时勾选【事件损伤】与【事件寿命】复选框，在【输出】中选择【Gerber】作为应力修正方法，默认输出【疲劳安全系数】，单击【确定】按钮。

图 5-28 【强度】对话框   图 5-29 【疲劳】对话框

提示

【Smith Watson Top】通过对 S – N 曲线和 E – N 曲线方程引入平均应力的影响，从而使这种疲劳判据的运用更具有普遍性。

5) 右击【Static Event 1】，从弹出的快捷菜单中选择【新建激励】 命令，弹出图 5-30 所示对话框，在【载荷图样】中选择【Subcase – Static Loads 1】，在【图样类型】中选择第一个按钮 【半个单位周期】，其他参数保留默认设置，单击【确定】按钮，最终出现的疲劳分析节点如图 5-31 所示。

图 5-30　【载荷图样】对话框

图 5-31　新建静态耐久性节点

提示

【半个单位周期】 是指载荷从零增加到正值最大再减小为零，而【完整单位周期】 是指载荷从零增加到正值最大后减小为零，又增加到负值最大后减小为零这样的一个过程。

6) 右击【Durability 1】节点，从弹出的快捷菜单中选择【求解】 命令，弹出【耐久性求解器】对话框，如图 5-32 所示。单击【确定】按钮，系统开始求解，等完成分析作业后，关闭各个信息窗口，即可完成【Durability 1】解算任务。双击得出的结果【Durability 1】，进入结果查看窗口。

(2) 查看疲劳分析结果

1) 在【后处理导航器】窗口的分级树中，依次展开【疲劳寿命 – 单元节点】、【疲劳损伤 – 单元节点】、【疲劳安全系数 – 单元节点】和【强度安全系数 – 单元节点】4 个节点，如图 5-33 所示。

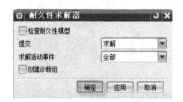

图 5-32　【耐久性求解器】对话框

图 5-33　疲劳解算结果

2) 双击【疲劳寿命 – 单元节点】下面的【标量】节点，在图形窗口即可出现模型在疲劳工况下的疲劳寿命云图，如图 5-34 所示。可以看到，靠近叶片和主体交汇处区域上的寿命最小，也意味着这些区域容易遭受破坏。为了进一步形象地区分模型上哪些区域的疲劳寿命最短，采取下面的结果查看方式。

3）在图5-34所示的疲劳寿命云图基础上，右击相应的【Post View 2】节点，从弹出的快捷菜单中选择【编辑】命令，弹出【后处理视图】对话框，单击【图例】选项卡，在【频谱】下拉列表框中选择【红灯】，勾选【翻转频谱】复选框，如图5-35所示，单击【确定】按钮。在图形窗口中可以看到，结构容易产生疲劳的区域全部用红颜色进行渲染，如图5-36所示，这样的视图非常直观。

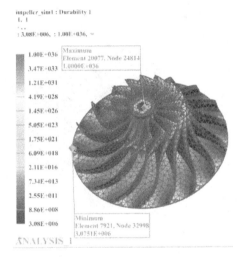

图5-34 疲劳寿命分析结果云图

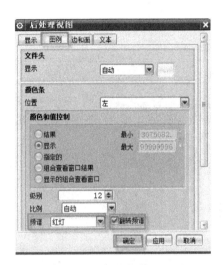

图5-35 【后处理视图】对话框

4）再将【后处理视图】对话框【图例】选项卡下的【频谱】调整回【结构】，取消勾选【翻转频谱】复选框，双击【疲劳损伤-单元节点】下面的【标量】节点，在图形窗口即可出现模型在疲劳工况下的疲劳损伤云图，如图5-37所示。从图中可以看出，在29 384 r/min转速下叶片与叶轮的底部结合处容易出现疲劳损伤破坏。

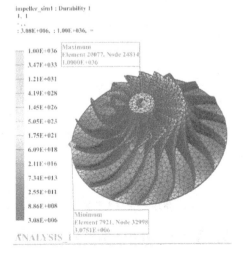

图5-36 调整过颜色的疲劳寿命分析结果

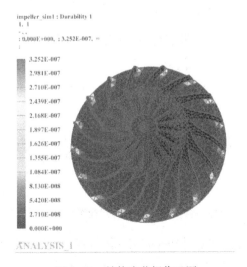

图5-37 结构疲劳损伤云图

5) 双击【疲劳安全因子】下面的【标量】节点，在图形窗口即可出现模型在疲劳工况下的疲劳安全系数云图，如图5-38所示。从此图中可以看到，所有靠近叶片和主体交汇处区域上的单元疲劳安全系数较小，说明这些区域的结构最易产生裂纹和破坏。

6) 双击【强度安全系数】下面的【标量】节点，在图形窗口即可出现模型在疲劳工况下的强度安全系数云图，如图5-39所示。从此图中可以看到，强度安全系数越小，结构此处的部位在该载荷作用过程中的应力水平越高，在设计时需要加以注意。

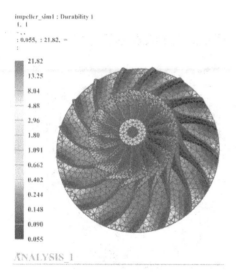

图5-38　疲劳安全系数的分析结果　　　　图5-39　强度安全系数显示结果

(3) 创建工况2的疲劳分析解算方案并查看分析结果

1) 右击【Durability 1】节点，从弹出的快捷菜单中选择【克隆】命令，然后按照上面所述的方法创建工况2的疲劳分析解算方案，在【载荷图样】中选择【Subcase – Static Loads 2】，其他参数设置与上述方法一致，不再赘述，如图5-40所示。增加的疲劳分析计算方案节点如图5-41所示。

图5-40　工况2疲劳载荷图样设置　　　　图5-41　新建耐久性2解算方案节点

2) 右击【Durability 2】节点，激活该解算方案，选择【求解】命令进行求解。

(4) 查看工况2的疲劳分析结果

1) 按照步骤 (2) 中所述的方法，在【后处理导航器】窗口依次展开【疲劳寿命－单元节点】、【疲劳损伤 – 单元节点】、【疲劳安全系数 – 单元节点】和【强度安全系数 – 单元节点】下的 4 个【标量】节点，分别如图 5-42、图 5-43、图 5-44 和图 5-45 所示。

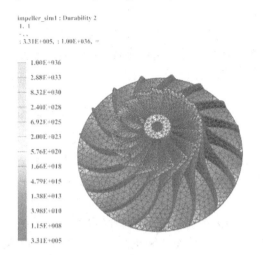

图 5-42　疲劳寿命分析结果

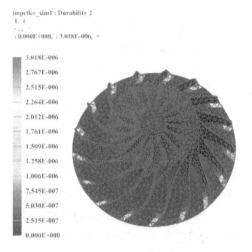

图 5-43　疲劳损伤分析结果

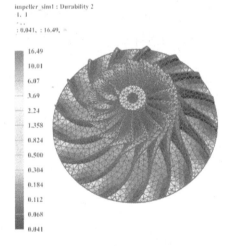

图 5-44　疲劳安全系数分析结果

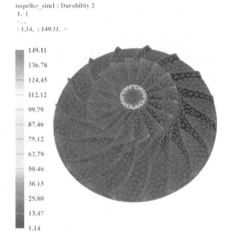

图 5-45　强度安全系数分析结果

2）将所得疲劳结果与步骤（2）中所得的疲劳分析结果进行比较，得出在 33 800 r/min 转速工况下的疲劳寿命比在 29 384 r/min 转速工况下的疲劳寿命低一个数量级，疲劳损伤高一个数量级，疲劳安全系数与强度安全系数均有所下降。说明 33 800 r/min 转速工况与 29 384 r/min 转速工况相比：不仅在结构上导致其应力值接近材料的屈服强度，在结构的寿命周期上也会导致其疲劳寿命周期的降低，在设计时应引起注意并加以改善。

3）单击工具栏中的【返回到模型】按钮，退出【后处理导航器】窗口，单击工具栏中的【保存】按钮，完成此次计算任务的操作。

本实例叶轮叶片模型中静力学解算结果、两种转速工况下的疲劳寿命分析输出结果的显示，请参考随书光盘 Book_CD\Part\Part_CAE_Finish\Ch05_Impeller\ 文件夹中的相关文件，操作过程的演示请参考视频文件 Book_CD\AVI\Ch05_ Impeller. AVI。

5.5 本章小结

本实例以叶轮叶片模型为对象，在解算结构线性静力学应力和应变响应值基础上，创建耐久性分析方案，采用无限寿命法进行结构的疲劳寿命设计，选取合理的疲劳寿命准则，分别计算了在两种工作转速下的结构疲劳寿命，通过多种评价指标预估了模型的疲劳性能。补充说明如下。

1）本实例还可以克隆多个线性静力学解算方案，在相同的工况条件和疲劳载荷变量前提下，修改不同的疲劳寿命准则进行计算，查看疲劳分析计算结果的变化情况。

2）如果叶轮叶片工作转速再增加，得出的应力超出了材料的屈服强度，那么该结构已经处于塑性变形阶段，这时需要选取应变准则（最大主应变或者最大剪应变寿命准则）来计算，才能较为可靠地评估结构的疲劳寿命。

3）本实例只进行了单一载荷作用下的疲劳寿命分析，在实际的产品设计和计算中，涉及的载荷可能有多个，可以在增加各种耐久性（静力、瞬态、随机）事件进行多载荷激励的疲劳分析。

4）特别需要说明的是，通过有限元法来计算产品/零件的疲劳性能，主要用来预测零件结构中强度不安全的区域，或者预判零件是否存在疲劳破坏的隐患，而实际中的零件由于材料的非线性、不均匀性或者存在其他的组织缺陷，要想准确判断它的疲劳寿命，还需要进一步通过获取大量试验的实测数据来验证。

第6章 接触应力分析实例精讲——行星轮过盈连接分析

本章内容简介

本实例介绍了 UG NX 高级仿真中【SOL 101 Linear Statics – Global Constraints】解算模块提供的线弹性【面对面接触】功能的基本特点和主要参数，以行星轮过盈连接中的 3 个接触面对为研究对象，计算和分析了不同过盈量大小对接触面的接触应力、接触压力等结果的影响，在此基础上计算了扭矩载荷对行星轮过盈装配后整体性能的影响，进一步评估过盈装配是否能提高行星轮装配体的整体性能。

6.1 基础知识

6.1.1 面接触概述

面接触作为一种连接方式在机械产品中非常常见，在机械产品的装配工艺中常使用过盈连接来提高装配体的连接性能；接触问题是一个极其复杂的问题，严格意义上，实际的接触问题具有非线性特点，但是为了简化问题、减小求解规模，如果接触面之间处于微小的弹性变化范畴，视为线性处理也能保证模拟接触状态的精度，这样的处理在机械工程上也有大量的应用背景。

UG NX 高级仿真中【SOL 101 LINEAR STATICS – GLOBAL CONSTRAINTS】解算模块提供的线弹性【面对面接触】命令可以用来定义两个面对之间的接触，接触单元是由求解器在分析接触的单元表面之间建立的一种瞬态单元，它只在分析过程的求解阶段存在，不能手动建立。另外，由于只有求解器才能设置接触单元，因此没有将它定义为一个单元类型；反过来讲，这也是 UG NX 将该命令归类在仿真环境的【仿真对象类型】中的原因。在使用该功能时需要了解以下几个方面。

1）线性【面对面接触】使用罚函数算法，定义的接触参数建模对象的类型取决于创建的是线性解算方案还是高级非线性方案。当使用线性静力学求解器时，接触分析只适用于小变形情况。在大变形情况下（如应力结果超过屈服强度的情况）必须使用非线性静力求解器。另外，该接触功能没有考虑冲击响应带来的影响。

2）在求解过程中，软件自动检查接触面对之间的间隙大小，如果间隙为 0，则接触单元闭合，生成了接触压力，也保证了面接触的传力性能。

3）接触功能只支持实体单元和壳单元，不支持一维单元，比如梁单元、杆单元等。

4）接触分析的结果输出包括接触力、接触应力、接触压力和接触摩擦压力 4 种类型，它们也是判断面接触连接性能的指标。

5）NX Nastran 提供用于 SOL 101 线性静态分析以及连续 SOL 103、105、111 和 112 中的接触功能。关于 SOL 601 和 701 的接触也是可用的，可以参考 UG NX 8.5 软件帮助文档中的《Advanced Nonlinear Theory and Modeling Guide》。面对面接触条件允许解算方案搜索并检测一对单元面何时开始接触。接触条件可防止面穿透，并允许具有可选摩擦效果的有限滑移。

6.1.2 面接触主要参数

在 UG NX 高级仿真操作过程中，关于面接触参数的定义主要有两处：一个是【面对面接触】对话框中的参数，如图 6-1 所示；另一个是和接触算法和控制策略相关的【Contact Parameters – Linear Global】（接触参数）设置对话框，如图 6-2 所示。

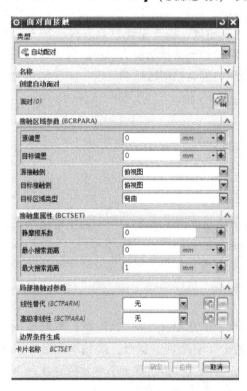
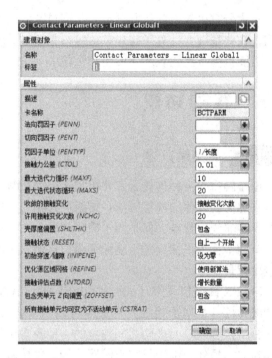

图 6-1 【面对面接触】对话框 　　图 6-2 【Contact Parameters – Linear Global】对话框

（1）【面对面接触】　命令定义的参数

在图 6-1 所示的【面对面接触】对话框中，包括【自动创建】和【手工创建】两种类型，其中【自动创建】用于接触面形状简单的场合，主要的参数如下。

1）静摩擦系数：指定接触面对之间摩擦系数的值，如果没有定义，则系统按照默认值。

2）偏置：偏置在物理上代表的是接触面对上的刚性铺层。例如，假设要模拟两个金属零件表面的互相接触问题，其中一个零件的表面还有陶瓷镀层，那么通过定义一个表面偏置，就可以在分析这两个零件接触的同时考虑这个陶瓷镀层对接触的影响，这里就是将陶瓷层视为一定厚度的刚性层处理了；偏置的另外一个用途就是模拟接触零件的过盈配合问题，计算时只要将配合处表面偏置定义为两个零件真实尺寸之差，即，过盈配合量即可。它包括

【源偏置】和【目标偏置】，可以根据源几何体和目标几何体的实际公差值进行设置。

3）接触侧：包括源区接触侧和目标区接触侧。在定义接触面对时，如果接触对中的区域是由自由表面或者由壳单元的表面组成，则必须指定接触判别时是采用表面的顶部（图 6-3 中的俯视图）还是底部，这些设置影响计算时的搜索距离；而对于自由表面，在指定源区域、目标区域和顶部、底部后，可以定义图 6-3 所示的 4 种不同顶部/底部组合形式，图中箭头表示表面的顶部。

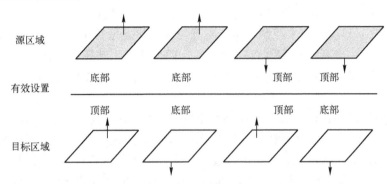

图 6-3　源区域和目标区域的顶部/底部配对

另外，在使用【面对面接触】功能时，需要注意以下几点。

1）一个接触区中的表面类型要一致，要么都是自由表面，要么都是封闭体积的表面。

2）接触面对之间的单元类型必须一致，比如都是实体单元或者都是壳单元，但类型相同而阶次不同的单元允许混合使用。

3）如果接触区由自由表面组成，软件自动认为表面材料边的正向作为表面的顶部，创建接触区之后，用箭头显示表面的顶部。

4）如果接触区由封闭体积表面组成，软件将认为表面向里的一侧为表面的顶部。

5）建立接触面时要确保单元面的法向指向对方，如果期望发生滑动，必须赋予摩擦系数的值。当建立同轴圆柱体间的接触面时，必须小心选择源面和目标面。通常的原则是：主接触面（源面）为外表面，从接触面（目标面）为内表面。

（2）接触算法相关的参数定义

使用面接触功能时，一般采用默认的接触算法和控制参数即可，用户不必调整这些参数，这些参数都与接触算法及其控制策略有关，但对于特定的接触分析，这些参数的调整是有必要的。图 6-2 为接触功能的控制参数对话框，在创建或者编辑解算方案时，在其【工况控制】的【全局接触参数】子项中进行定义，调整接触的参数有助于调整接触算法。接触算法的主要参数有。

1）最大迭代次数：该参数用来设置接触计算中最大迭代次数。接触计算迭代次数包括内循环次数和外循环次数，可以通过【最大迭代力循环】和【最大迭代状态循环】来分别控制。【最大迭代力循环】用来设置接触计算的内循环最大迭代次数，该循环保证接触体之间的零穿透；【最大迭代状态循环】用来设置接触计算的外循环最大迭代次数，该循环保证所有接触力为压力。

2）罚因子：该参数控制接触计算中的接触和滑动刚度，它由【法向罚因子】和【切向罚因子】这两个参数决定。【法向罚因子】控制接触表面之间的法向穿透刚度，一般说来，增大该参数值，可以减少穿透并提高收敛速度，当然，取值过大会导致不收敛；【切向罚因子】用来控制摩擦力的收敛，该项数值不为0时才起作用，一般设置该值为【法向罚因子】的1/100至1/10即可，默认值为10。

3）收敛的接触变化：该参数控制定义接触收敛准则的方法，包括【接触变化次数】和【活动接触的百分比】两个选项。其中，【接触变化次数】用来定义允许的接触变化次数，一般在20以内；【活动接触的百分比】用来指定在接触算法的每个外部环中活动接触单元数的百分比，系统将评估每个外循环迭代处的活动接触单元数量。

4）接触状态：该参数用来控制特定子工况的接触状态是否从上一个子工况的最终状态开始，包括【自上一个开始】和【自初始开始】两个选项。选择【自上一个开始】以便从上一个子工况的最终状态开始该状态，该选项为默认值；选择【自初始开始】一般从初始状态开始该状态。

5）初始穿透/缝隙：该参数用来控制生成的接触单元的初始穿透（凹陷）或者间隙的定义，包括3个选项。选择【根据几何体计算】，以便让系统按照对几何体建模的相同方法评估接触，同时需要对间隙或者凹陷进行校正，该选项为默认值；选择【忽略穿透/使用间隙】，以便让系统将凹陷重置为没有干涉的新初始条件；选择【设为零】，以便让系统将间隙或者凹陷重置为没有干涉的新初始条件。

6.2　问题描述

行星轮齿结构是机械设计中常使用的传动装置，如图6-4所示，有点像太阳系，中间的是太阳轮，在太阳轮的周围有几个围绕它旋转的行星轮，行星轮之间有一个共用的行星架。行星轮齿结构如图6-5所示。行星架中间固定在太阳轮中，行星轮安装在行星架上。

图6-4　行星轮系统实物模型

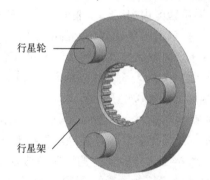

图6-5　行星轮结构模型

行星轮与行星架使用过盈装配工艺，过盈量为0.082mm，作用在3个行星轮外圆面上的扭矩为1500N·m，利用行星轮与行星架过盈接触面的相互挤压作用，在配合面内产生弹性变形而产生接触压力，工作时借此压力产生摩擦力来传递扭矩。过盈量越大，接触压力越大，传递能力越强，但过大的过盈量会造成金属接触面产生永久性的塑性变形，不仅难以拆卸，也会使接触面破损失去传递性能。因此，在具体设计时必须考虑过盈量对整个接触效果的影响，反过来需要针对不同额定扭矩和材料许用接触应力的要求，去考虑最佳的过盈量及接触长度（决定接触面积）和接触应力（决定接触压力）。

从图中看出，该结构共有 3 对面接触：分别是行星轮外圆面和行星架内圆面之间的过盈配合。行星轮及行星架都采用 Iron_40 材料，下面对计算问题进行如下简化。

1）假设行星轮是均匀地压入了行星架之间，可以认为 3 个行星轮与行星架内圆之间均属于过盈配合性质，设计时需要选取合理的过盈量，既保证有足够的接触压力来传递扭矩，又保证接触应力和接触压力小于材料的许用应力，满足过盈连接的设计规范。

2）过盈配合的最终目的是保证足够的接触压力来承受外载荷，行星轮主要承受的是扭矩载荷，本实例在给定过盈配合量的基础上，分析在行星轮上施加的扭矩对接触压力、应力分布状态的影响，从而为行星轮系统实施过盈联接提供理论和数据支撑。

6.3　问题分析

1）本实例的行星轮外圆面与行星架内圆面属于曲面接触，可以处理为【面对面接触】仿真对象类型，假设行星轮压入行星架接触圆的过程是平稳的，行星轮外圆面与行星架内圆面设有过盈量均为 0.082 mm 过盈配合，则半径方向的偏置量为 0.041 mm。

2）首先要考虑施加的过盈量产生的过盈接触压力要能抵抗所施加扭矩，防止行星轮在扭矩的作用下发生滑动。其次，要考虑在过盈量与扭矩的共同作用下，其过盈连接配合面的最大等效应力小于 180 MPa。行星轮系统材料为 Iron_40，屈服强度为 135 MPa，抗拉极限强度为 328 MPa，考虑使用的安全系数（本实例采用安全系数为 1.5），确定该结构设计时的许用接触应力为 200 MPa。如果分析结果超过此值，说明允许施加的过盈量或者外载荷过大，必须降低相应的过盈量或者外载荷大小。

3）本实例具有 3 个面对接触，求解规模相对较大，为了简化问题，整个行星轮系统划分网格时采用自动单元大小，同时考虑内套为研究对象，其单元大小适当细化。使用【自动搜索接触面】命令查找接触面对。

4）接触应力和接触压力是判断接触性能的主要指标，因此需要在解算方案的【结果输出请求】选项中激活【接触结果】选项。

6.4　操作步骤

打开随书光盘 part 源文件 Book_CD\Part\Part_CAE_Unfinish\Ch06_Planet Gear\Planet Gear.prt 文件，调出图 6-5 所示的行星轮系统主模型。

6.4.1　过盈量大小对接触性能的影响

（1）创建有限元模型

1）依次单击【开始】和【高级仿真】按钮，在【仿真导航器】窗口的分级树中右击【Planet Gear.prt】节点，从弹出的快捷菜单中选择【新建 FEM】命令，弹出【新建部件文件】对话框，【新文件名】下面的【名称】选项默认为【Planet Gear_fem1.fem】，单击按钮，选择本实例高级仿真相关数据存放的文件夹，单击【确定】按钮，如图 6-6 所示。

2）弹出【新建 FEM】对话框，【求解器】和【分析类型】中的选项采用默认设置，单击【确定】按钮，进入创建有限元模型的环境。注意在【仿真导航器】窗口分级树上出现了相关节点，如图 6-7 所示。展开【多边形几何体】，发现新增了 4 个子节点，分别单击这 4 个子节点，与图形窗口的几何体相对应，其中【shaft. prt. 8（1）】、【shaft. prt. 8（2）】、【shaft. prt. 8（4）】分别代表行星轮系统中的 3 个行星轮几何模型；【pcs2. prt. 22（3）】代表行星轮系统中行星架的几何模型。

图 6-6 【新建行 FEM】对话框

图 6-7 仿真导航器中新增的几何节点

3）单击工具栏中的【材料属性】按钮，弹出【指派材料】对话框。在图形窗口选中行星轮系统的 4 个几何模型，选择【材料列表】中【库材料】中的【Iron_40】，单击列表框下面的【显示指定材料的材料属性】按钮，弹出该材料的信息窗口并查看相关参数，关闭该信息对话框，单击【确定】按钮，如图 6-8 所示。

4）单击工具栏中的【物理属性】按钮，弹出【物理属性表管理器】对话框，如图 6-9 所示。【创建】的子选项的【类型】默认为【PSOLID】，【名称】默认为【PSOLID1】，【标签】默认为【1】，单击【创建】按钮，弹出【PSOLID】对话框，如图 6-10 所示。在【材料】下拉列表框中选取【Iron_40】子项，其他参数均为默认值，单击【确定】按钮，返回到【物理属性表管理器】对话框。

图 6-8 【指派材料】对话框

图 6-9 新建行星轮系统物理属性

5）单击工具栏中的【网格收集器】▦按钮，弹出【网格收集器】对话框，【单元拓扑结构】的各个选项保留默认设置，【物理属性】下的【类型】默认为【PSOLID】，在【实体属性】下拉列表框中选取上述设置的【PSOLID1】，网格名称默认为【Solid（1）】，单击【确定】按钮，完成创建行星轮系统的网格属性设置，如图6-11所示。

图6-10 【PSOLID】对话框

图6-11 新建行星轮模型的网格收集器

6）单击工具栏中的【3D 四面体网格】△按钮，弹出【3D 四面体网格】对话框。在图形窗口中选中行星轮系统的 4 个部件，单元类型默认为【CTETRA（10）】，单击【单元大小】右侧的【单元大小】彡按钮，在【单元大小】文本框内输入【27.4】，取消勾选【目标收集器】下面的【自动创建】复选框，将【网格收集器】右侧的选项切换为上述操作定义的【Solid（1）】，其他参数保留默认设置，如图6-12所示。单击【应用】按钮，完成行星轮模型的网格划分操作，其网格划分的效果如图6-13所示。

图6-12 【3D 四面体网格】对话框

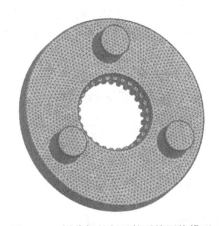

图6-13 划分好的行星轮系统网格模型

7）划分好网格单元后，在【仿真导航器】窗口中出现图6-14所示的 4 个部件网格体节点。在窗口菜单中选择【单元质量】◈命令，出现图6-15所示的【单元质量】对话框，选择已经划分好的行星轮系统 4 个网格体作为【要检查的单元】中【选定的】对象，单击【检查单元】按钮，检查划分好的网格质量。检查的信息可以在弹出的信息窗口中进行查看。在窗口上显示"0 个失败单元，8 个警告单元"。8 个警告单元对本次的分析精度没有大的影响，主要是因为行星轮系统理想体模型没有进行删除 3 个行星轮及行星架的圆倒角。

图6-14　新增网格节点

图6-15　【单元质量】对话框

提示

可以在【报告】中选择【警告】或【警告或失败】，将警告的单元或失败的单元显示出来。当然也可以选择【自动修复几何体】 ▧ 命令，利用其删除圆角的功能把不利于划分网格和影响网格质量的圆角删除，具体操作方法读者可以自己尝试一下。

（2）创建仿真模型

在【仿真导航器】窗口分级树中，右击【Planet Gear_fem1.fem】节点，从弹出的快捷菜单中选择【新建仿真】命令，弹出【新建部件文件】对话框，【名称】默认为【Planet Gear_fem1_sim1.sim】，选择合适的保存文件夹，单击【确定】按钮，再单击弹出的【新建仿真】对话框中的【确定】按钮，如图6-16中所示。单击弹出的【解算方案】对话框中的【确定】按钮，进入仿真模型环境。注意：也可以在该操作步骤的【工况控制】选项中设置有关面接触方案解算参数，并在【输出请求】中定义接触结果的输出选项，如图6-17所示。

图6-16　【新建仿真】对话框

图6-17　仿真解算方案设置与定义

（3）过盈接触面对的定义

1）在工具栏中单击【仿真对象类型】 ▦ 按钮右侧的下拉按钮，选择弹出的【面对面接触】■命令，弹出图6-18所示的【面对面接触】对话框，【类型】默认为【自动配对】，【名称】默认为【Face Contact（1）】；单击【创建自动面对】中的■按钮，弹出图6-19所示的【Create Automatic Face Pairs】对话框，在图形窗口中选取整个行星轮系统的158个面作为搜索的对象，默认搜索条件【属性】参数，单击【确定】按钮，在图6-18中的【创建自动面对】中出现【面对3】，表示有3对面被选中，可以在图形窗口中进行查看选中的接触面对。【静摩擦系数】中输入【0.3】，如图6-20所示，单击【局部接触对参数】中【线性替代】右侧的【创建建模对象】■按钮，弹出图6-21所示的对话框，在【法向罚因子（PENN）】中输入【1】，【切向罚因子（PENT）】中输入【0.1】，单击【确定】按钮，关闭接触参数设置对话框。单击【确定】按钮，完成【面对面接触】参数的设置。

图6-18 【面对面接触】对话框

图6-19 搜索自动接触面对

图6-20 设置摩擦系数及接触参数对话框

图6-21 局部接触参数定义

提示

【面对面胶（粘）合】■命令主要是把两个接触面连接在一起，同时防止它们在相互之间出现任何方向上的相对运动，要模拟实际的接触状态，还缺少接触单元，无法定义过盈量，也得不到接触压力、接触应力、接触力等接触结果，因此在处理接触问题上，它的模拟效果不如【面对面接触】■命令。

在自动定义接触面时，要充分考虑面与面的接触间隙，保证搜索的距离公差。静摩擦系数可以查找相关的设计资料来取定。一般来说，采用罚函数法的接触算法，法向罚因子是切向罚因子的10倍。接触参数可以使用局部接触参数，也可以在解算方案中进行设置。

2）在图形窗口检查各个面接触的符号，发现有一对面接触的箭头方向与其他两个接触面对方向不同，如图6-22所示；可以在菜单中选择该面对，右击选择【编辑】命令，单击【交换区域】╳按钮，即可改变接触的方向。调整好的接触面对如图6-23所示。

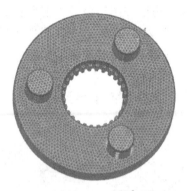 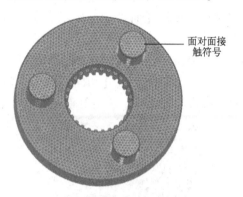

面对面接触符号

图6-22　接触对接触方向检查　　　　图6-23　接触对接触方向调整

（4）施加边界条件

选择工具栏【约束类型】┝中的【固定约束】▦命令，弹出【固定约束】对话框，如图6-24所示。在视图窗口单击左侧视图，选择套索◌命令，选择行星架内环部分，如图6-25所示，单击【确定】按钮，完成行星轮系统边界约束的定义。

 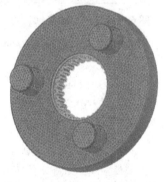

图6-24　【固定约束】对话框　　　　图6-25　选择固定约束的对象

（5）求解及其接触参数的设置

1）在【仿真导航器】窗口的分级树中，右击【Solution 1】节点，从弹出的菜单中选择【编辑】🔧命令，弹出【解算方案】对话框，单击【预览】下面的【工况控制】选项卡，如图6-17所示，单击【输出请求】右侧的【创建模型对象】🗐按钮，弹出【Structural Output Requests1】对话框，选中【接触结果】选项卡，勾选【启用BCRESULTS】复选框，如图6-26所示，单击【确定】按钮，返回至【解算方案】对话框。

2）单击【全局接触参数】右侧的【创建模型对象】🗐按钮，弹出图6-27所示的【Contact Parameters – Linear Global1】对话框，在【法向罚因子（PENN）】中输入【1】，【切向罚因子（PENT）】中输入【0.1】，其他接触参数保留默认设置，单击【确定】按钮，返回至【解算方案】对话框，再次单击【确定】按钮，完成求解参数的设置。

图 6-26 接触结果设置

图 6-27 全局接触参数设置

3）在【仿真导航器】窗口中右击【Solution 1】节点，从弹出的菜单中选择【求解】命令，弹出【求解】对话框，单击【确定】按钮，依次出现【模型检查】、【分析作业监视器】和【解算监视器】3 个对话框，其中【解算监视器】对话框包括【解算方案信息】、【稀疏矩阵求解器】和【接触分析收敛】选项卡，其中【接触分析收敛】选项卡显示计算过程的收敛状态，如图 6-28 所示。如果上述面接触设置参数正确，计算会顺利进行，注意面接触分析的计算规模相对较大，计算的时间较长。

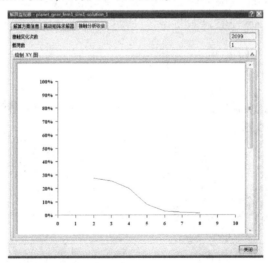

图 6-28 接触分析收敛监视器

4）稍等，出现【完成分析作业】的提示后，关闭各个信息窗口，双击出现的【结果】节点，进入后处理分析环境。

（6）接触结果的查看

1）在【后处理导航器】窗口的分级树中，可以注意到增加了接触分析结果的类型：【接触牵引－节点的】、【接触力－节点的】和【接触压力－节点的】，如图 6-29 所示，可以展开各自的子节点查看相应的分析结果。

2）右击【云图绘图】中的【Post View1】，从弹出的快捷菜单中选择【设置结果】，弹出图6-30所示的【平滑绘图】对话框，在【坐标系】下拉列表框中选择【绝对圆柱坐标系】，其他选项参数保留默认设置，单击【确定】按钮，将后处理中模型的坐标系调整为【绝对圆柱坐标系】。

图6-29　接触结果相关节点　　　　　　　图6-30　更改后处理坐标系

3）展开【位移 - 节点的】，双击【幅值】，查看在过盈接触状态下的行星轮系统接触部位的整体变形情况，如图6-31所示。可以看出，靠近约束的部位变形较小，远离约束的部位变形较大。在窗口命令中选择【标识】❓命令，弹出【标识】对话框，在图形窗口依次单击行星架上与某一行星轮接触的内圆表面，在中间部位点取4个节点，在列表框中查看【平均值】的值为0.032 mm左右，如图6-32所示。

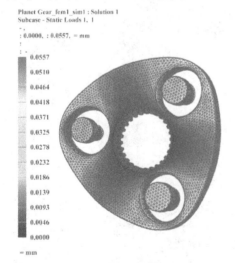

图6-31　接触部位变形情况　　　　　　　图6-32　查询接触部位的平均变形

4）展开【应力 - 单元的】，双击【Von Mises】，查看在过盈接触状态下的行星轮系统接触部位的Von Mises应力情况，如图6-33所示。可以看出，在接触圆面的边缘出现应力最大值，是由于网格划分的原因，并不真实，需要查看接触面主要区域的应力情况。在窗口命令中选择【标识】❓命令，弹出【标识】对话框，在图形窗口依次单击行星架上与某一

行星轮接触的内圆表面，在中间部位点取 4 个节点，在列表框中查看【平均值】的值为
87.751 MPa 左右，如图 6-34 所示。

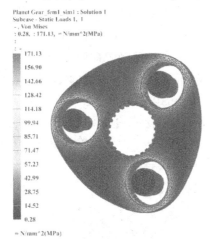

图 6-33　行星轮系统在过盈接触
　　　　　状态下的应力

图 6-34　行星轮系统在过盈接触状态
　　　　　下的单元平均应力

提示

读者也可以利用【标识】 命令查看自己关心部位的变形及应力情况，还可以查看不
同方向的（R、T 向）的变形以及其他应力情况，在此不再赘述。

5）展开【接触力 - 节点的】，双击【幅值】节点，在图形窗口中出现整个模型的接触
力云图，如图 6-35 所示。可以看出，同样在接触源面的边缘出现最大值，需要查看主要接
触区域的接触力情况。在窗口命令中选择【标识】 命令，弹出【标识】对话框，在图形
窗口中依次单击行星架上与某一行星轮接触的内圆表面，在中间部位点取 4 个节点，在列表
框中查看【平均值】的值为 423.414N 左右，在【Post View1】的【3D 单元】中单独选取
【3d_mesh（1）】节点。图 6-36 所示为某一行星轮的接触力显示图。还可以借助窗口中的
【动画】功能，查看变形的过程以及接触力的变化情况。

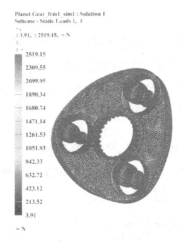

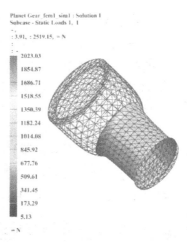

图 6-35　行星轮系统在过盈接触状态
　　　　　下的整体接触力

图 6-36　行星轮在过盈接触状态
　　　　　下的接触力

提示

读者也可以在【Post View1】的【注释】中选择显示【Maximum】和【Minimum】并对其显示方式进行编辑，可参考前几章的后处理内容，在此不多介绍。

6）展开【接触压力 – 节点的】节点，双击【标量】子节点，在图形窗口出现整个行星轮系统的接触压力云图，如图6-37所示。可以看出，同样在接触源面的边缘出现最大值，需要查看主要接触区域的接触力情况。在窗口命令中选择【标识】❓命令，弹出【标识】对话框，在图形窗口依次单击行星架上与某一行星轮接触的内圆表面，在中间部位点取4个节点，在列表框中查看【平均值】的值为41.836MPa左右。在【Post View1】的【3D单元】中单独选取【3d_mesh（1）】节点，图6-38所示为其中一个行星轮的接触力显示图。还可以借助窗口中的【动画】功能，查看变形的过程以及接触力的变化情况。

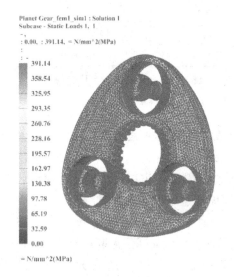

图6-37　行星轮系统在过盈接触状态
　　　　下的整体接触压力

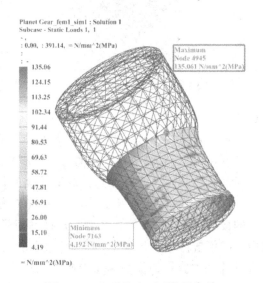

图6-38　行星轮在过盈接触状态
　　　　下的接触压力

通过对上述分析结果的查看和初步评估，得到如下结论：

a）存在应力集中现象，最大接触力及接触压力出现在行星轮外圆与行星架内圆接触的棱边附近，行星轮最大接触压力为135.06MPa，但没有超过设计规定的许用接触压力150MPa。

b）行星轮与行星架的接触压力分布比较均匀，平均值为42MPa左右，证明上述施加的过盈量不会对接触面造成潜在的破坏，但是在行星轮压入行星架过程中，边缘有塑性变形的可能。

7）单击工具栏中的【返回到模型】❓按钮，退出【后处理导航器】窗口；在资源条上单击【仿真导航器】🔲按钮，返回到仿真模型环境，在行星轮上施加扭矩，计算和评估出在过盈配合状态下施加扭矩工况下的行星轮系统的变形及应力情况。

6.4.2　过盈状态下扭矩载荷对行星轮系统性能的影响

（1）克隆解算方案

在【仿真导航器】窗口分级树中右击【Solution 1】节点，从弹出的快捷菜单中选择

【克隆】📑命令，右击出现的【Copy of Solution 1】节点，从弹出的快捷菜单中选择【重命名】📝命令，修改为【Solution 2】，注意该节点呈现蓝颜色，说明它处于激活和可操作状态，同时它的解算设置参数和【Solution 1】是相一致的。

（2）施加扭矩载荷

1）右击【Solution 2】节点下面的【Subcase - Static Loads 1】子节点，从弹出的快捷菜单中选择【激活】🖼️命令，注意到【Subcase - Static Loads 1】节点显示为蓝颜色，说明可以对该选项进行操作。

2）右击【Subcase - Static Loads 1】节点下面的【载荷】子节点，从弹出的快捷菜单中选择【新建载荷】命令，再选择弹出的【扭矩】🖼️命令，如图6-39所示。

3）弹出【Torque（1）】对话框，如图6-40所示，【名称】默认为【Torque（1）】，【选择对象】中选择行星轮3个外圆柱面作为选择对象，在【扭矩】的【幅值】中输入【1500】，单位选择【N. m】，单击【确定】按钮，完成扭矩载荷的施加。在【仿真导航器】窗口中新增加的载荷节点如图6-41所示，施加扭矩载荷后行星轮系统的有限元模型如图6-42所示。

图6-39 新建载荷节点

图6-40 【Torque（1）】对话框

图6-41 子工况中新增加的扭矩载荷

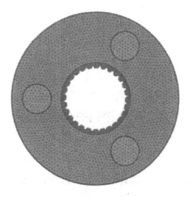

图6-42 行星轮扭矩载荷施加效果图

（3）求解

1）在【仿真导航器】窗口中右击【Solution 2】节点，从弹出的快捷菜单中选择【求解】命令，弹出【求解】对话框，单击【确定】按钮，依次出现【模型检查】、【分析作业监视器】和【解算监视器】3个对话框。其中，【解算监视器】对话框包括【解算方案信息】、【稀疏矩阵求解器】和【接触分析收敛】3个选项卡，等待分析作业完成。

2）出现【完成分析作业】的提示后，关闭各个信息窗口，双击出现的【结果】节点，进入后处理分析环境，请注意在【后处理导航器】窗口增加的有关数据节点名称。

（4）后处理结果查看

1）右击【云图绘图】中【Post View 2】，选择【设置结果】，在【坐标系】下拉列表框中选择【整体圆柱坐标系】选项，其他选项参数保留默认设置，单击【确定】按钮，将后处理模型显示的坐标系调整为整体圆柱坐标系。

2）展开【位移－节点的】，双击【幅值】，查看过盈接触与施加扭矩载荷共同作用下行星轮系统接触部位的整体变形情况，如图6-43所示。可以看出，靠近约束的部位变形较小，远离约束的部位变形较大。在【3D单元】中抑制【3d_mesh（1）】、【3d_mesh（2）】和【3d_mesh（3）】，单独显示行星架模型，查看行星架的变形情况，如图6-44所示。

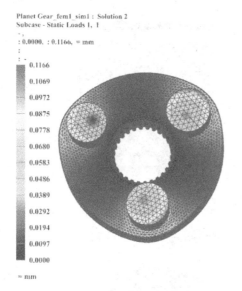

图6-43　行星轮系统整体变形图　　　　　图6-44　行星架变形图

3）展开【应力－单元的】，双击【Von Mises】，查看过盈接触与施加扭矩载荷共同作用下的行星轮系统接触部位的Von Mises应力情况，如图6-45所示。可以看出最大值为169.43 MPa，出现在配合接触的边缘；如图6-46所示，在行星轮与行星架接触的外圆面上最大值为58.42 MPa。

4）展开【接触压力－节点的】，双击【标量】节点，在图形窗口出现整个行星轮系统的接触压力云图，如图6-47所示，最大值为383.58 MPa，同样出现在接触源面的边缘。在【Post View 2】的中【3D单元】中单独选取【3d_mesh（4）】节点，图6-48所示为行星轮的接触压力显示图。还可以借助【动画】功能，查看变形的过程以及接触力的变化情况。

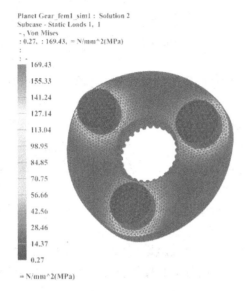

图6-45 行星轮系统整体应力结果

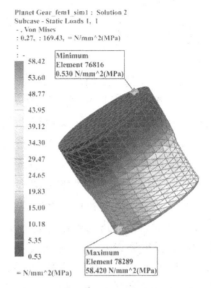

图6-46 行星轮应力结果

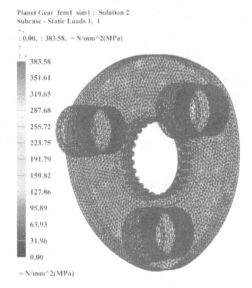

图6-47 行星轮系统整体接触压力结果

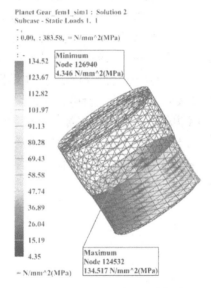

图6-48 行星轮接触压力分析结果

5）单击工具栏中的【返回到模型】 按钮，退出【后处理导航器】窗口，单击工具栏中的【保存】 按钮，完成此次计算任务和初步评估的操作。

通过与前面只有过盈配合分析结果的比较，我们知道，随着扭矩载荷的施加，面接触之间的接触力、接触应力和接触压力都有减小的趋势，但不明显，可见：配合中施加合理的过盈量具有良好的动力传递功能。

本实例以行星轮过盈连接为对象，其他的显示模式和显示结果请参考随书光盘 Book_CD \Part \Part_CAE_Finish\Ch06_Planet Gear \文件夹中的相关文件，操作过程的演示请参考视频文件 Book_CD\AVI\Ch06_Planet Gear. AVI。

6.5　本章小结

在机械产品设计中，常使用过盈连接来连接圆柱形或锥形接触表面的零件，过盈装配连接（常称为压入配合连接）是靠零件预先变形造成的弹性力来实现的，接触表面的摩擦力可以防止零件间的相互滑移，因此可以承载相当大的静载荷与动载荷，承载能力主要取决于过盈量。在设计过盈连接时，既要考虑满足连接不松动的要求，也要满足零件的强度条件。

传统的过盈配合安全核算是采用第三强度理论的当量弯矩法，这种方法反映了连接零件在某一时刻和某一位置承受载荷的力学特性，但反映不了连接部件整体的力学特性，特别是接触面间的复杂受力工况，传统计算方法显得力不从心了。而采用有限元技术可以对连接部件的整体应力和受力过程进行全程分析，分析结果精度高，操作方便。

本实例以行星轮系统中的行星轮与行星架连接的 3 个接触面对为研究对象，采用 UG NX 高级仿真中【面对面接触】功能，计算了设置过盈量对锥面接触应力、接触压力等结果的影响程度，也算了扭矩载荷对接触性能的影响程度。

1）严格来讲，接触分析都是高度非线性的，在本例中因使用线性静力的求解方案，故将接触分析简化为线性处理，这也是处理非线性问题的常规简化方法。读者在后面的分析中可根据分析类型使用不同的处理方法。在此基础上，还可以利用 UG NX 高级仿真的【AD-VNL601，106】模块提供的高级非线性面接触功能，分析行星轮从初始状态通过压力装入行星架时动态接触应力的分布状况，具体操作请参考本书第 11 章的内容。

2）在接触的有限元分析中，读者既可以利用给定的过盈量，根据接触分析得到的接触压力来判定既有过盈量条件下零件能否承受所施加的外载荷，也可以在给定外载荷情况下，根据接触分析接触来验证和选取合适的装配过盈量。具体判定方法可以参见相关的机械设计资料，或者本书后面的参考文献。

3）在上述分析的基础上，还可以进一步对接触长度和接触面积等与几何尺寸有关的参数进行合理的选取和优化，以在满足接触功能的前提下使得整体结构的总体力学及承载性能达到最佳。

第7章 屈曲响应分析实例精讲——二力杆失稳分析

本章内容简介

本实例在介绍屈曲分析知识的基础上，以汽车底盘常用的转向拉杆二力杆作为分析对象，基于小变形线弹变理论，利用 UG NX 高级仿真提供的【SOL 105 Linear Buckling】解算方案，计算其模型的特征值和失稳形状，从而推算出结构屈曲响应的临界作用载荷。分析计算的屈曲特征值与理论计算结果进行比较，为学习和掌握 NX 中屈曲分析提供了可借鉴的方法和手段。

7.1 基础知识

7.1.1 屈曲响应分析概述

受一定载荷（以压载荷为主）作用的结构（常指薄壁或者细长类杆/轴/桁架等整体刚度相对较弱的结构）处于稳定的平衡状态，当载荷达到某一值时，再增加微小增量，则结构的平衡位置将发生很大的变化，结构由原来的平衡状态经过不稳定的平衡状态而达到一个新的稳定平衡状态。这一过程就是结构失稳或屈曲，相应的载荷称为屈曲载荷或临界载荷。

在实际中，屈曲主要表现为两种形式：快速通过（Snap–Through）失稳和分叉（Bifurcation）失稳。快速通过失稳形式表现为从一个平衡位置快速通过，跳跃到另一个平衡位置，也称为后屈曲，如图7–1所示。除此之外，结构在局部高压应力作用下的起皱和表面重叠现象也是一种局部失稳形式。另一种失稳形式常用分叉来描述，失稳出现在两个或多个平衡路径的交点，交点即为分叉点，表征屈曲失稳的初始位置，如图7–2所示。

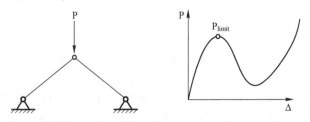

图7–1 快速通过失稳示意图

采用有限元软件分析屈曲可以确定结构开始变得不稳定时的临界载荷和屈曲模态形状。目前，对屈曲问题的分析大致有两类：一类是通过特征值分析计算屈曲临界载荷，根据是否考虑非线性因素对屈曲载荷的影响，这类方法可细分为线性屈曲分析和非线性屈曲分析；另一类是利用综合 Newton – Raphson 迭代的弧长法来跟踪确定加载方向，跟踪失稳路径的增量，非线性方法能有效地分析非线性屈曲和失稳问题。

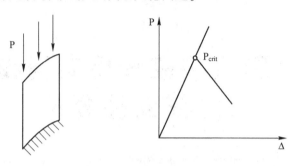

图 7-2 分叉失稳示意图

线性屈曲分析可用于预测一个理想弹性结构的理论屈曲强度，相当于《材料力学》教材中的弹性屈曲分析方法。但是，由于结构初始缺陷和非线性使得很多问题的屈曲行为实际上不在弹性屈曲强度处发生，因此特征值屈曲分析的计算结果相对保守，采用非线性屈曲分析则可以有效模拟实际的失稳现象。

屈曲分析在实际工程中有着广泛的应用，如汽车底盘的转向拉杆、多连杆式悬架中的控制臂、制动操作机构中的踏板臂、建筑桥梁行业中使用的屈曲约束支撑、大型钢结构（如塔式起重机、游乐设备）细长构件、汽车覆盖件蒙皮等都需要作屈曲失效分析。实际工程中多采用线性屈曲分析，非线性屈曲分析（也称为后屈曲分析）由于比较复杂，应用不多，但在飞机蒙皮等项目分析中有着深入的应用。

从软件操作角度看，线性屈曲分析是非线性屈曲分析的基础，并且在进行非线性屈曲分析之前可以利用线性屈曲分析，先了解屈曲模态形状，预测屈曲载荷的上限。因此，本实例只针对第一种方法中的屈曲问题进行分析和讨论，采用 UG NX 高级仿真提供的【SOL 105 Linear Buckling】特征值屈曲解算功能，介绍其操作流程和运用方法，为进行后续的非屈曲分析打下基础。

7.1.2 线性屈曲响应分析理论基础

线性屈曲分析又称特征值屈曲分析，它以完善（无初始缺陷）结构为研究对象，并以小位移线弹理论假定为基础，即，在结构受载荷变形过程中忽略结构形状的变化，结构的临界屈曲最小载荷 Pcr_i，其计算公式为：

$$Pcr_i = \lambda_i P_\alpha \tag{7-1}$$

其中：P_α 为作用载荷，λ_i 为特征值。特征值的计算公式为

$$|[K_\alpha] + \lambda_i [K_d]| = [0] \tag{7-2}$$

其中：K_α 为系统线性刚度矩阵，K_d 为系统微分刚度矩阵。线性屈曲有限元计算的实质就是计算结构在线性刚度矩阵基础上加上微分刚度影响后的弯曲最小临界载荷。

另外，从公式（7-1）看出：为了得到正确的 Pcr_i 值，作用载荷 P_α 的数值可以是任意的。例如，如果 P_α 增大到原来的 10 倍，用方程（7-2）求解的 λ_i 值会缩小到原来的十分之一，也就是说，它们的乘积保持不变。如果作用载荷为单位载荷，则特征值就是表示屈曲临界载荷，特征矢量就是屈曲的模态形状，一般对结构低阶屈曲特征值及屈曲振型，如第1个

特征值和特征矢量感兴趣。

7.2 问题描述

本实例以汽车用二力杆作为分析对象,如图 7-3 所示。它一端安装在销轴上,可以绕销轴转动,一端受压力 1000 N,二力杆使用的材料为 Steel,屈服强度为 130 MPa,抗拉强度极限为 262 MPa,分析屈曲稳定性并计算该二力杆结构的第 1 阶屈曲特征值及第 1 阶屈曲载荷。

图 7-3　二力杆几何模型示意图

7.3 问题分析

1) 二力杆结构是由两端的圆环和中间的细长杆焊接而成的,它们通过几何建模直接构建成一个整体,不存在装配关系,需要在圆环中心处建立刚性连接,以便施加约束和载荷。

2) 施加约束时使用局部圆柱坐标系,释放沿轴向转动的自由度,约束其余自由度。

3) 建立刚性连接时,先在圆心处插入网格点,然后将网格点以蛛网连接到圆环的半圆曲面,建立 RBE2 杆单元,将约束与载荷施加到建立的网格点上。

7.4 操作步骤

(1) 建立二力杆的 FEM 模型

1) 准备几何模型。

在三维建模环境中打开文件 Book_CD\Part\Part_CAE_Unfinish\Ch07_Bar\Bar.prt,调出二力杆三维实体模型,如图 7-3 所示。

2) 新建有限元模型。

依次单击【开始】和【高级仿真】按钮,在【仿真导航器】窗口的分级树中右键单击【Bar.prt】节点,从弹出的快捷菜单中选择【新建 FEM】命令,弹出【新建部件文件】对话框。将【新文件名】下面的【名称】选项中的【fem1.fem】修改为【Bar_fem1.fem】,通过单击按钮📁选择本实例高级仿真相关数据存放的【文件夹】,单击【确定】按钮。

3) 确定分析类型。

弹出【新建 FEM】对话框,【求解器】和【分析类型】中的选项保留默认设置,如图 7-4 所示,单击【确定】按钮,进入创建有限元模型的环境。

4) 指派材料。

单击工具栏中的【指派材料】🖫按钮,弹出【指派材料】对话框,选中二力杆模型作为【选择体】对象,单击【材料】列表框中的【Steel】,如图 7-5 所示,单击【确定】按钮。

图7-4 新建二力杆FEM模型

图7-5 二力杆仿真模型指派材料

5）新建物理属性。

单击工具栏中的【物理属性】 按钮，弹出【物理属性表管理器】对话框，【创建】子选项【类型】默认为【PSOLID】，【名称】默认为【PSOLID1】，【标签】默认为【1】，单击【创建】按钮，弹出【PSOLID】对话框。在【材料】下拉列表框中选取【Steel】子项，其他参数均为默认值，单击【确定】按钮，如图7-6所示。

6）新建网格收集器。

单击工具栏中的【网格收集器】 按钮，弹出【网格收集器】对话框。【单元拓扑结构】的各个选项保留默认设置，【物理属性】下的类型默认为【PSOLID】，在【实体类型】列表框中选取上述设置的【PSOLID1】，网格名称默认为【Solid（1）】，如图7-7所示，单击【确定】按钮。

图7-6 【PSOLID】对话框

图7-7 【网格收集器】对话框

7）模型中几何体简化处理。

首先用【合并面】功能将二力杆几何模型共有多边形的几何面沿共有边进行合并，有利于后面的【拆分面】及网格划分。单击窗口上的【模型清理下拉菜单】 按钮，弹出图7-8所示的下拉菜单，选择【合并面】命令，弹出【面合并】对话框，如图7-9所示。选择图7-10、图7-11中内圆和外圆的表面分界线段，发现图中的线段将消失，最后单击【确定】按钮。图7-12为完成面合并的效果。

图7-8　模型清理下拉菜单

图7-9　【面合并】对话框

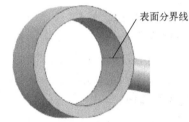

图7-10　要合并的内圆面

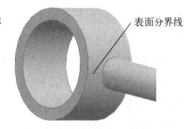

图7-11　要合并的外圆面

图7-12　合并后的效果图

8）有限元模型几何体处理——拆分面。

考虑到二力杆模型载荷与约束都是施加在半圆处，为方便在半圆处建立刚性连接，将销轴连接的内圆面分割成半圆面，后面划分的网格在此基础上建立。

a）在图7-8所示的下拉菜单中选择【拆分面】命令，弹出【拆分面】对话框，如图7-13所示，【类型】选择【通过点来分割面】，【在边上选择起始位置】中选择内圆边的1/4象限点（俗称四分点），【在边上选择结束位置】选择对面端面内圆边对应的1/4象限点，如图7-14所示，单击【应用】按钮。

图7-13　【拆分面】对话框

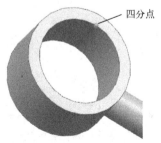

图7-14　建立拆分内圆面线段-1

b）按照上述方法，建立图7-15所示的同一内圆面对应的分割线，单击【应用】按钮。

c）同理，完成二力杆另外一侧连接内孔面的分割。可以右击分割好的半圆面，从弹出的菜单中选择【编辑显示】命令，在【常规】的【颜色】里可以选择将分割后的半圆面定义为其他颜色显示，如图7-16所示，以区别要建立刚性连接的区域。

图7-15　建立拆分内圆面线段-2

图7-16　拆分好的内圆面效果图

提示

在选择内圆边的1/4象限点时，可以将窗口中【启用捕捉点】上⊙四分点选择功能激活，其他的点类型处于不激活状态，这样比较方便选择内圆边的1/4象限点。

9）插入刚性连接点。

在主菜单中单击【插入】按钮，在下拉菜单中依次选择【模型准备】→【点】命令，弹出【点】对话框，如图7-17所示，【类型】默认为【自动判断的点】，在【点位置】上选择二力杆一端圆孔的圆孔边在图形窗口工具栏中的【启用捕捉点】过滤中选中⊙，然后选中二力杆一端的圆心点，此时出现图7-17所示的点输注的【X】、【Y】、【Z】轴的坐标值，将【Y】轴坐标值修改为【-1.5】，其他选项保留系统默认的参数，单击【应用】按钮；在【点位置】上选中二力杆另一端圆孔的圆孔边，在【启用捕捉点】过滤类型中选中⊙，出现如图7-18所示的【点】对话框，输入【X】、【Y】、【Z】轴的坐标值，将【Y】轴坐标值修改为【1.5】，其他选项保留系统默认的参数，单击【确定】按钮，插入点的效果如图7-19所示。

图7-17　插入一端圆孔的连接点

图7-18　插入另一端圆孔的连接点

图7-19　插入刚性连接点的效果图

10）网格划分。

单击工具栏中的【3D 四面体网格】△按钮，弹出【3D 四面体网格】对话框，如图 7-20 所示。在图形窗口中单击二力杆模型，【类型】默认为【CTETRA（10）】，单击【单元大小】右侧的【自动单元大小】⚡按钮，自动划分【单元大小】为【6.68】，将其修改为【3】，【单位】默认为【mm】，取消勾选【目标收集器】下面的【自动创建】复选框，将【网格收集器】右侧的选项切换为上述操作定义的【Solid（1）】，其他参数保留默认设置，单击【确定】按钮，完成二力杆模型的网格划分和参数设置操作。划分模型效果如图 7-21 所示。

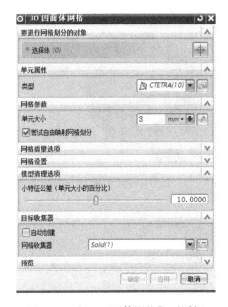

图 7-20 【3D 四面体网格】对话框   图 7-21 二力杆 FEM 模型效果图

11）建立 1D 刚性连接。

在工具栏中单击【1D 连接】❋按钮，出现图 7-22 所示的对话框。在【类型】中选中【点到面】，在【源】中选中视图窗口中二力杆一侧圆孔插入的连接点，在【目标】中选中与连接点对应的半圆内表面，在【连接单元】的【单元属性】中选择【RBE2】类型，在【目标收集器】中勾选【自动创建】复选框，如图 7-22 所示，单击【应用】按钮，所建立的刚性连接效果如图 7-23 所示。按照上面所述的方法，建立二力杆另一端圆孔半圆内表面的 1D 连接，最终模型的效果如图 7-24 所示。

至此，有限元模型准备完毕，可以进入仿真分析环境，建立包含边界约束和施加载荷条件的仿真模型了。

提示

本例中使用 R 型单元，R 型单元是一个在节点或者与节点相连接标量点的运动分量之间施加固定约束的单元，在数学中相当于一个或几个多点约束方程（MPC）。每个约束方程都可将相关的一个自由度表示为独立自由度的线性函数。RBE2 和 RBE3 单元是 NX Nastran 单元库中最常用的 R 型单元，其中 RBE2 是最常使用的刚性 R 型单元。在非线性屈曲分析中使用刚性的 RBE2 单元时要格外小心，因为没有计算较大位移的影响导致屈曲分析的结果不正确。本例中使用 RBE2 进行线性屈曲分析，模拟合成载荷的计算与约束的施加。

图 7-22 【1D 连接】对话框

图 7-23 二力杆一端圆孔 1D 连接效果图

图 7-24 二力杆两端圆孔 1D 连接的效果图

（2）建立二力杆仿真模型

1）新建仿真文件。

在【仿真导航器】窗口分级树中右击【Bar_fem1. fem】节点，从弹出的快捷菜单中选择【新建仿真】 命令，弹出【新建仿真】对话框，将【新文件名】的【名称】中修改为【Bar_sim1. sim】，将文件保存到相关文件夹中，单击【确定】按钮。

2）新建线性屈曲解算方案。

弹出【新建仿真】对话框，各选项保留默认设置，单击【确定】按钮。弹出【解算方案】对话框，在【解算方案类型】下拉列表框中选择【SOL 105 Linear Buckling】解算类型，如图 7-25 所示，预览参数保留默认设置，单击【确定】按钮。在【仿真导航器】窗口的分级树中显示了相应的数据节点，如图 7-26 所示。

3）施加约束条件。

a）选择工具栏中【约束类型】 中的【用户定义约束】 命令，弹出【UserDefined (1)】对话框，如图 7-27 所示。【名称】默认为【UserDefined (1)】，在【模型对象】中选择二力杆一端圆孔建立的刚性连接点作为选择对象，在【方向】选项的【位移 CSYS】中切换为【圆柱坐标系】，弹出图 7-28 所示的对话框，将【类型】切换为【对象的 CSYS】。在窗口中单击该端圆孔的外环周边，即可建立一个圆柱坐标系，在相应模型上出现了该坐标系的符号，如图 7-29 所示。

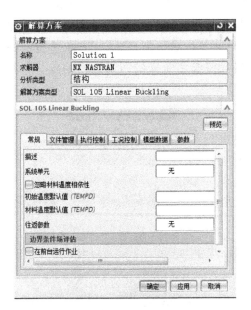

图7-25　建立线性屈曲的解算方案

图7-26　建立仿真模型后的节点

图7-27　一端圆孔刚性连接的约束设置

图7-28　局部圆柱坐标系的设置

b)【自由度】选项的【DOF2】和【DOF6】默认为【自由】，其他4个自由度切换为【固定】，单击【应用】按钮，完成二力杆一端圆孔刚性连接约束的定义。

c)按照上述的方法和操作步骤，参照图7-30进行相关选项的设置，完成二力杆另一端圆孔刚性连接约束的定义。

4)施加载荷。

单击工具栏中的【载荷类型】按钮右侧的下拉按钮，在下拉菜单中选择【力】命令，弹出【Force（1）】对话框，如图7-31所示，【名称】默认为【Force（1）】，【类型】选项保留默认设置，在【模型对象】中选择二力杆一端圆孔建立的刚性连接点作为【选择对象】，在【力】文本框中输入【1000】，单位默认为【N】，选择【指定矢量】选项，选择【-ZC】方向，单击【确定】按钮，完成屈曲分析作用载荷的定义，载荷施加效果如图7-32所示。

图7-29 局部圆柱坐标系的设置结果   图7-30 另一端圆孔刚性连接的约束设置

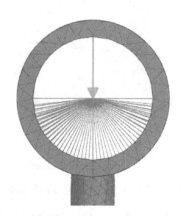

图7-31 【Force（1）】对话框   图7-32 载荷施加的结果

提示

在线性屈曲分析中，如果要得到屈曲失稳载荷，载荷施加的大小并不是很重要，可以为单位载荷或具体数值；在UG NX 8.5高级仿真中，在子工况【Subcase - Buckling Loads】可以定义具体的载荷，在分析结果中可以得到该载荷的线性静力分析；在子工况【Subcase - Buckling Method】可以得到屈曲分析的特征值，将得到的特种值与施加的载荷相乘即得到相应的屈曲失稳载荷。

（3）线性屈曲响应仿真模型的求解

1）在【仿真导航器】窗口的分级树中，单击图 7-26 所示的【Solution 1】节点下的子工况【Subcase - Buckling Loads】节点，弹出图 7-33 所示的【解算步骤】对话框，可以对临界纵向载荷进行编辑和定义，本实例默认对话框中的所有参数。

2）右击图 7-26 所示的子工况【Subcase - Buckling Method】节点，从弹出的快捷菜单中选择【激活】命令，再次右击该节点并从弹出的快捷菜单中选择【编辑】命令，弹出图 7-34 所示的【解算步骤】对话框，可以对屈曲方法进行定义和编辑。在对话框中单击【Lanczos 数据】右侧的【编辑】按钮，可以对得出的屈曲特征值的模态数进行编辑。

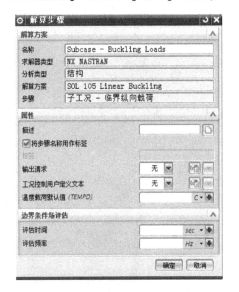
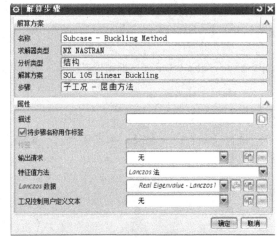

图 7-33　子工况屈曲临界纵向载荷定义　　　图 7-34　子工况屈曲方法定义

3）右击【Solution 1】节点，从弹出的快捷菜单中选择【求解】 命令，弹出【求解】对话框，单击【确定】按钮。

4）依次出现【模型检查信息】、【分析作用监视器】和【解算监视器】3 个对话框，其中【解算监视器】包括【解算方案信息】、【稀疏矩阵求解器】和【特征值抽取】3 个选项卡。等待出现【作业已完成】的提示信息后，关闭各个信息对话框。双击出现的【结果】节点，进入后处理分析环境。

（4）屈曲计算结果的查看

1）在【后处理导航器】窗口展开【Solution 1】节点，其中包括【Subcase - Bulking Loads】和【Subcase - Bulking Method】2 个子节点，展开【载荷工况 2】各个子节点，如图 7-35 所示。可以查看子工况【Subcase - Bulking Loads】下的屈曲载荷作用下结构的位移及应力情况，以及子工况【Subcase - Bulking Method】下的屈曲失稳的特征值及相应的屈曲失稳形式。

2）单击展开子工况【subcase - Bulking Loads】下的相应子节点，打开【位移 - 节点的】，双击【Z】节点，如图 7-36 所示；双击【位移 - 节点的】下的【幅值】节点，图 7-37 所示，即为结构在 1000 N 载荷下的整体变形情况。双击【应力 - 单元的】下的【Von Mises】节点，图 7-38 所示，即为结构在 1000 N 载荷下的 Von Mises 应力情况。

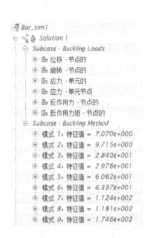

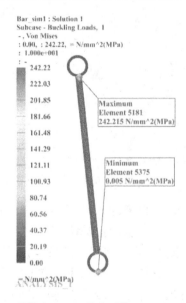

图 7-35 Solution 1 节点子工况结果列表   图 7-36 结构在屈曲载荷载荷下的 Z 向位移结果

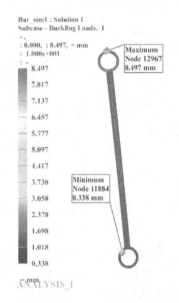

图 7-37 结构在 1000 N 载荷下的整体变形情况   图 7-38 结构在 1000 N 载荷下的 Von Mises 应力情况

3）单击展开子工况【subcase – Bulking Method】下的相应子节点，可以查看分析得到的特征值情况。从图 7-35 可以看出：第 1 模式对应的临界载荷为 7070 N（1000 N×7.07），第 2 模式对应的临界载荷为 9715 N（1000 N×9.715）。展开【模式 1，特征值 = 7.07】节点下的【位移 – 节点的】，双击【Z】，得到特征值为 7.07 情况下的 Z 向位移的屈曲失稳形式，如图 7-39 所示；双击【幅值】，得到特征值为 7.07 情况下结构整体的屈曲失稳形式，如图 7-40 所示；双击【应力 – 单元的】节点下的【Von Mises】，得到特征值为 7.07 情况下结构整体的 Von Mises 应力情况，如图 7-41 所示；打开【模式 2，特征值 = 9.715】节点下的【位移 – 节点的】，双击【幅值】，得到特征值为 9.715 情况下结构整体的屈曲失稳形式，如图 7-42 所示。

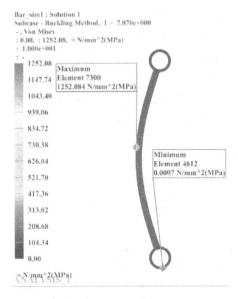

图 7-39　特征值为 7.07 情况下的
Z 向位移的屈曲失稳形式

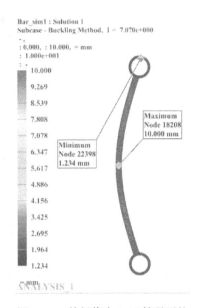

图 7-40　特征值为 7.07 情况下的
整体屈曲失稳形式

图 7-41　特征值为 7.07 情况下的整体 Von
Mises 应力情况

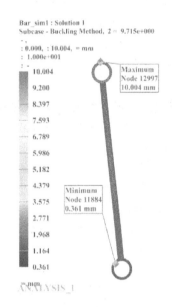

图 7-42　特征值为 9.715 情况下
的整体屈曲失稳形式

4）查看每一个模式的屈曲失稳形式及应力情况，可以单击工具栏中的【动画】按钮来查看结构的动态失稳情况，弹出的【动画】对话框如图 7-43 所示。将【动画】选项切换为【迭代】，【开始载荷工况】、【结束载荷工况】和【结束迭代】选项保留默认设置，单击【播放】按钮。演示出 10 个模式的失稳形状连续变化过程后，退出动画演示功能。

5）保存计算结果，单击工具栏中的【返回到模型】按钮，退出【后处理】显示模式，完成后处理分析结果的查看。

图7-43 【动画】对话框

提示

  对于同一个结构模型，结构屈曲响应的特征值结果与屈曲失稳形状和作用载荷的大小无关，在一定的范围内，其特征值对应的失稳形状一般不发生变化，但是结构形状和尺寸的变化达到一定范围后，不仅仅结构的特征值会变化，失稳形态也会发生变化。

  从上述分析解算结果来看，当作用载荷超过弹变范围后或分析得出的应力结果超出了材料的屈服极限，线性弹性静态解算结果不能反映实际变形情况，而需要采用非线性静态解算来模拟实际状况。

  本实例中其他计算结果和显示模式请参考随书光盘 Book_CD\Part\Part_CAE_Finish\Ch07_Bar\文件夹中的相关文件，操作过程的演示请参考视频文件 Book_CD\AVI\Ch07_Bar.AVI。

  最后简单说明一下利用解算监视器查看相关信息方面的内容。在成功写入待解算文件后，解算监视器将显示有关当前解算进度的实时信息，可以监视解法是否收敛，估计解算所需的剩余时间等，所显示的信息取决于模型参数设置和解算类型。表7-1所示为解算监视器常见的信息类型及其运用场合。

表7-1 解算监视器的信息类型及其运用场合

序号	信息类型	运用场合
1	解法信息监视器	该监视器对所有 NX Nastran 解法显示，在写入 .f04 文件时显示内容
2	稀疏矩阵解算监视器	该监视器对使用稀疏矩阵解算器的所有解法显示
3	迭代解算器收敛监视器	在启用迭代解算器，执行线性静态分析（SOL 101）时将显示该监视器
4	接触分析收敛监视器	在执行包括接触的线性静态分析（SOL 101）时将显示该监视器
5	特征值抽取监视器	在使用 Lanczos 方法抽取特征值以便用于结构模态分析时将显示该监视器，支持的解法包括 SEMODES 103、SEMODES 103－响应仿真、SEBUCKL 105 等
6	非线性历史记录监视器	在执行非线性分析时将显示该监视器，支持的解法包括 NLSTATIC 106、ADVNL601/106 和 ADVNL601/129 等
7	载荷步收敛监视器	在执行非线性分析时将显示该监视器，支持的解法包括 NLSTATIC 106、ADVNL601/106 和 ADVNL601/129 等

（5）线性屈曲仿真分析与理论计算比较

按照本例中所使用的约束形式，立杆失稳临界载荷的计算公式见公式7-3（两端铰支连接的梁的屈曲临界载荷计算公式参考《材料力学》第四版，刘鸿文著），分析结果与 NX Nastran 计算结果的对比如表7-2所示。可见误差可以控制在3%以内，误差原因是没有考虑二力杆两端圆孔形状和大小对整体屈曲响应计算结果的影响，验证了分析结果的准确性。

$$P_{cr} = \frac{n^2\pi^2 \cdot E \cdot I}{L^2} \tag{7-3}$$

表 7-2　分析结果与理论计算结果的第一阶临界失稳载荷对比

分类方法	第一阶临界失稳载荷/N	误差（％）
NX Nastran 有限元分析	7070	2.33%
理论公式计算	7239	0

7.5　本章小结

本实例以汽车底盘用二力杆模型为分析对象，基于小变形线弹变理论，利用 UG NX 高级仿真提供的【SOL 105 Linear Buckling】解算模块，计算其模型的屈曲特征值和失稳形态，从而推算出结构屈曲响应的临界作用载荷。介绍了对结构进行线性屈曲分析的步骤、流程及必要的几何处理方法。读者在进行实际项目的线性屈曲分析时需要注意下面的几个问题。

1）本例中所使用的模型是简单的一个部件，没涉及装配体的屈曲分析；相对单个零部件来说，需要考虑各个部件之间的装配接触关系，可以使用关联 FEM 装配模型的方法，仔细考察连接与接触关系对结构刚度的影响，进而确认结构的失稳载荷。

2）实际工程中常使用的是结构的低阶屈曲失稳载荷，通常来说，只关心第一阶屈曲失稳载荷，所以在进行线性屈曲分析时，在子工况屈曲方法设置中可以定义要求解的低阶特征值数量，以减少计算的时间，提升计算的效率。

3）当线性屈曲已经不能满足工程实际需要或研究范围时，要进行深入的非线性屈曲分析，读者可以参考 NX 自带的学习资料；当屈曲载荷分析得到的静力结果（位移和应力）已经超出本身所允许的刚度和强度范围时，建议采用非线性方法进行几何非线性及材料非线性的分析。

4）在屈曲分析过程中处理几何体模型的简化时，如使用刚性连接，一定要注意所使用的刚性连接是否改变了结构的整体刚度，如果对整体结构刚度有影响，就会直接影响求解结果的准确性和精确性。同时，屈曲分析受约束条件的影响较大，所以在施加边界条件时一定要符合实际的情况。

第8章　固有频率计算和分析实例精讲——压缩机曲轴分析

本章内容简介

本实例以压缩机曲轴单个零部件的结构模态为分析对象，在介绍有限元法模态分析的基础上，构建该结构有限元模型和仿真模型，分别求解该结构的自由模态与约束模态，得到相应条件下的模态参数，包括各阶固有频率与振型，为进一步进行结构动力学分析提供必要的基础参数。

8.1　基础知识

8.1.1　有限元法模态分析理论基础

结构动力学分析对任何涉及非静力结构的设计都是一个很重要的部分，能够确保产品和关键零部件的固有频率不会与输入频率或者外界强迫作用的激励频率一致，这些外界强迫作用是十分常见的，例如，切削力激励对机床主轴结构性能的影响、主轴系统自身不平衡量对高速切削工件加工质量的影响等。模态分析是动力学分析的基础，在工程中有着广泛的应用，如车辆的 NVH 分析与测试、火电机组的模态故障诊断、精密仪器的避振设计等。

结构动力学有限元分析的实质就是将一个弹性连续体的振动问题，离散为一个以有限个节点位移为广义坐标的多自由度系统的振动问题，最终归结为求特征值问题，其运动微分方程可以表示为：

$$[M]\{\ddot{x}\} + [K]\{x\} = 0 \tag{8-1}$$

上式中：$[M]$ 表示构件的总体质量矩阵；$[K]$ 表示构件的总体刚度矩阵；$\{x\}$ 表示节点位移列阵，$\{\ddot{x}\}$ 表示节点位移对时间的二阶导数。

上式的解可以假设为如下形式：

$$\{x\} = \{\phi\}\sin\omega(t - t_0) \tag{8-2}$$

上式中：$\{\phi\}$ 为 n 阶向量；ω 是向量 ϕ 的振动频率；t 是时间变量；t_0 是由初始条件确定的时间常数。

将（8-2）式代入（8-1），得到如下特征方程：

$$([K] - \omega^2[M])\{\phi\} = 0 \tag{8-3}$$

求解上述方程，可以确定 ϕ 和 ω，可以得到 n 个特征解：

$$(\omega_1^2, \phi_1), (\omega_2^2, \phi_2), \cdots, (\omega_n^2, \phi_n) \tag{8-4}$$

其中特征值 ω_1，ω_2，$\cdots$，ω_n 代表构件的 n 个固有频率，或称之为特征频率，并且满足：

$$0 \leqslant \omega_1 < \omega_2 < \cdots < \omega_n \qquad (8-5)$$

特征向量 ϕ_1，ϕ_2，$\cdots$，ϕ_n 代表构件的 n 个固有振型，对应的幅值可以按照以下确定：

$$\phi_i^{\mathrm{T}} M \phi_i = 1 \quad (i = 1, 2, \cdots, n) \qquad (8-6)$$

这样确定的固有振型又称之为正则振型，与固有频率对应的特征向量称之为模态振型。当构件振动时，在任意时刻，构件的振型为它的各阶模态的线性组合。

可见，和静力学有限元分析方法相比，动力学分析在应用振动理论建立动力学方程时，在单元分析中除须形成刚度矩阵外，还须形成质量矩阵和阻尼矩阵，在整体分析中除了求解特征值问题，还要求解后续的动力响应，以及进行结构动力学修改或者优化计算。

结构模态分析是结构动力学分析的基础，其实质是求解外载荷为零时动力学方程的特征值，通过求解特征值可以得到多阶固有频率和相应的振型。模态阶数和模态振型数是相对应的，有一个固有频率，就有一个模态振型与之对应，模态的振型阶次越高，与该模态频率对应的变形就越小。通常来说，结构前几阶的模态对结构的动力性能影响极大，如第一阶模态导致部件产生最大的变形，因此进行结构模态的有限元分析时只需计算前几阶的模态即可。

8.1.2 结构模态分析操作流程

模态分析操作流程和线性静力学分析操作流程的前处理相类似，只不过不需要设置外加载荷；如果不施加边界约束条件，就意味着求解结构的自由模态参数，如果施加边界约束条件，就是要求解结构的约束工况模态参数。在 UG NX 高级仿真中结构模态分析的工作流程归纳如图 8-1 所示。

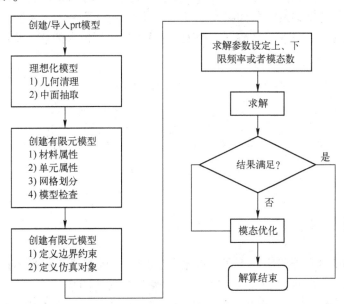

图 8-1　模态分析的工作流程图

NX Nastran 模态分析用于计算和评估结构的固有频率和自然模态（振型），计算时不考虑阻尼，和外载荷也不相关，它提供了跟踪法（Tracking Method）、变换法（Transformation Method）和兰索士法（Lanczos Method）3 种数值解算方法。其中跟踪法提供了逆幂法

（INV）和移位逆幂法（SINV）两种迭代解法；变换法包括吉文斯法（GIV）和修正的吉文斯法（MGIV）、郝斯厚德法（HOU）和修正的郝斯厚德法（MHOU）。它们有各自的适用场合，相比较而言，兰索士法为首先推荐的，表8-1给出了各类特征值解法的比较。

表8-1　NX Nastran 特征值解法的比较

	变　换　法		跟　踪　法		兰　索　士　法
应用场合	小的密的矩阵 许多特征值		大而稀疏的矩阵 许多特征值		非常大的特征值问题
会丢失模态数据吗？	HOU GIV	MHOU MGIV	INV	SINV	不会
	不会	不会	会	不会	
允许奇异质量矩阵吗？	否	是	是	是	是
得到的特征值数量	一次求解得全部特征值		一个，接近移位点		几个，接近移位点
计算量级	N^3		NB^2E		NB^2E

N：刚度矩阵的维数；　B：半带宽；　E：特征值个数

8.2　问题描述

　　图8-2为某一压缩机用的曲轴模型，曲轴是该类产品的关键零部件，为避免该产品在使用中出现过大的振动破坏情况，须对曲轴零部件进行模态分析。曲轴的正常工作转速在800r/min，在设计中根据实际的需要要求正常转速低于第一阶临界转速，曲轴使用的材料为40CrMoMn，曲轴的支撑约束情况如图8-2所示。使用局部圆柱坐标系，约束除沿轴线转动自由度外的其余5个自由度，计算曲轴结构自由模态与约束模态的前3阶固有频率和相应的振型。

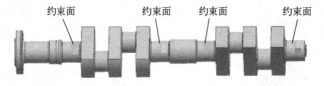

约束面　　　　约束面　　　　约束面　　　　约束面

图8-2　压缩机曲轴结构模型

8.3　问题分析

　　1）曲轴结构的几何模型上布置了一些油孔，法兰上也布置了一些小孔，为了制造方面及强度设计的需要，在阶梯轴的过渡结构上都设置倒角或倒圆角。这些小尺寸的几何特征给网格划分带来的不便，可以在理想化几何模型中进行处理，并不影响模态参数的计算。

　　2）可以按照先计算曲轴的自由模态，然后在此基础之上施加约束，计算约束模态的求解思路和计算自由模态的求解思路一致。UG NX 高级仿真计算结构模态的操作顺序和操作步骤和静力学分析过程相似，在几何体模型基础上，可以进行理想化模型操作，然后建立有限元模型（包括赋予材料属性、定义单元属性、划分网格等）。在仿真模型环境中，如果不定义边界约束条件，那么可以求解该结构的自由模态（6 个 DOF 均为自由）；如果定义了边界约束条件，那么可以求解该结构的约束工况模态。但是有一点相同的，那就是不必进行定义作用载荷操作。

8.4 操作步骤

8.4.1 曲轴结构自由模态的计算

打开随书光盘 part 源文件 Book_CD \ Part \ Part_CAE_Unfinish \ Ch08_Crank Shaft \ Crank Shaft. prt，调出图 8-1 所示的曲轴三维实体模型。

（1）创建有限元模型

1）依次单击【开始】和【高级仿真】按钮，在【仿真导航器】窗口分级树中右击【Crank Shaft. prt】节点，从弹出的快捷菜单中选择【新建 FEM】命令，弹出【新建部件文件】对话框。【新文件名】下面的【名称】默认为【Crank Shaft_fem1. fem】，单击按钮，选择本实例高级仿真相关数据存放的【文件夹】，单击【确定】按钮。

2）弹出【新建 FEM】对话框，【求解器】和【分析类型】中的选项保留默认设置，单击【确定】按钮，进入创建有限元模型的环境。注意在【仿真导航器】窗口分级树中，出现了图 8-3 所示的数据节点，展开和查看相关数据节点。

（2）优化（理想化）模型

1）在【仿真导航器】窗口分级树中右键单击【fem1_Crank Shaft_i. part】节点，从弹出的快捷菜单中选择【设为显示部件】命令（也可以直接双击该节点），进入优化模型的环境。

2）右击【fem1_Crank Shaft_i. part】节点，从弹出的快捷菜单中选择【提升】命令，在窗口图形中选择整个曲轴模型作为要提升的选择体，单击【确定】按钮。

3）在工具栏上单击【理想化几何体】按钮，弹出【理想化几何体】对话框，如图 8-4 所示。在窗口图形中选择整个曲轴模型作为【要求体】，勾选【用相连法选择的圆角】

图 8-3 仿真导航器中的节点

图 8-4 理想化几何体对话框

及【孔】复选框，在【直径】右侧的文本框中输入【20】，选择图8-5所示曲轴模型上的两个油孔，单击【确定】按钮，删除曲轴上两个贯通的油孔。

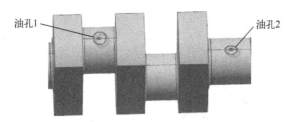

图8-5　要删除的油孔

4）经过步骤3）删除模型上的油孔后会发现，在油孔删除部位处还残留有前面的断线。选择【移除几何特征】 命令，选择图8-6所示的4个圆柱面作为移除对象，单击 按钮，完成移除后的几何体如图8-7所示。

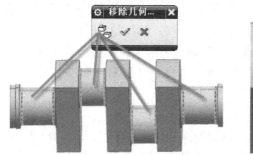
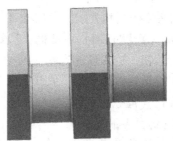

图8-6　移除几何特征-面操作　　　图8-7　移除后的几何体效果

提示

读者可以自己摸索如何删除法兰上的小圆孔及倒角，这里不多赘述。

（3）创建有限元模型

1）右击【fem1_Crank Shaft_i.part】节点，选择显示【Crank Shaft_fem1.fem】，回到有限元模型界面中。单击工具栏中的【指派材料】 按钮，弹出【指派材料】对话框，如图8-8所示。在图形窗口选中曲轴模型作为【选择体】，单击【新建材料】下的【创建】 按钮，弹出图8-9所示的【各向同性材料】对话框。在【名称-描述】中输入【40CrMoMn】，在【质量密度（RHO）】中输入【7.85e-6】，【单位】选择【kg/mm^3】，在【力学】性能【杨氏模量（E）】中输入【207000】，【单位】选择【N/mm^2（MPa）】，在【泊松比（NU）】中输入【0.254】，单击两次【确定】按钮，完成曲轴材料及其性能参数的定义。

2）单击工具栏中的【物理属性】 按钮，弹出【物理属性表管理器】对话框，如图8-10所示，【类型】默认为【PSOLID】，【名称】默认为【PSOLID1】，单击【创建】按钮，弹出【PSOLID】对话框，如图8-11所示。在【材料】选项中选取上述操作设置的【40CrMoMn】子项，单击【确定】按钮，返回到【物理属性表管理器】对话框，单击【关闭】按钮。

图 8-8 【指派材料】对话框　　　　图 8-9 【各向同性材料】对话框

图 8-10 【物理属性表管理器】对话框　　　图 8-11 【PSOLID】对话框

3）单击工具栏中的【网格收集器】 按钮，弹出【网格收集器】对话框，如图 8-12 所示。【单元族】选项默认为【3D】，【收集器类型】选项默认为【实体】，在【实体属性】选项中选取上述设置的【PSOLID1】，【名称】默认为【Solid（1）】，单击【确定】按钮。

4）单击工具栏中的【3D 四面体网格】 按钮，弹出【3D 四面体网格】对话框，如图 8-13 所示。在图形窗口选取曲轴模型作为【要进行网格划分的对象】，在【单元大小】中输入【30】，单位默认为【mm】，在【目标收集器】选项中勾选【自动创建】复选框，【网格收集器】默认为【Solid（1）】，单击【确定】按钮。

图 8-12 【网格收集器】对话框

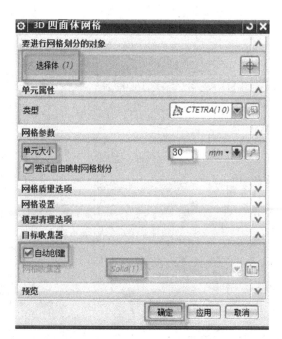

图 8-13 【3D 四面体网格 1】对话框

5）单击工具栏中的【单元质量】 按钮，弹出【单元质量】对话框，如图 8-14 所示。在图形窗口中选择曲轴网格模型作为选择对象，单击【检查单元】按钮，在弹出的【信息】对话框中提示有 22 个失败单元的信息，55 个警告单元，失败单元的位置基本都位于曲轴的倒圆上。在模态分析中所允许的失败网格不能超过网格总数的 1%，且不出现在关键部位，此例的结果对计算结果的精度影响不大，因此不必重新划分网格。

提示

一般情况下，对模态分析或屈曲分析来说，可以使用较为粗糙的单元；对于复杂模型的其他工况分析来说，网格划分后失败单位的数量不能超过单元总数的 1%；而对于简单的模型来说，应尽量采取措施避免出现失败单元。

（4）创建仿真模型

1）右击【仿真导航器】窗口分级树的【Crank Shaft_fem1. fem】节点，从弹出的快捷菜单选择【新建仿真】命令，弹出【新建部件文件】对话框，【名称】修改为【Crank Shaft_sim1. sim】，选择本实例高级仿真相关数据存放的【文件夹】，单击【确定】按钮，弹出【新建仿真】对话框，如图 8-15 所示，所有的选项都保留默认设置，单击【确定】按钮。

2）弹出【解算方案】对话框，如图 8-16 所示。【名称】修改为【Solution 1】，【解算方案类型】选择【SOL 103 Real Eigenvalues】。

3）单击【解算方案】对话框下面的【工况控制】选项卡，出现相应的选项及参数，如图 8-16 所示，【特征值方法】默认为【Lanczos 法】。单击【Lanczos 数据】右侧的【创建模型对象】 按钮，弹出图 8-17 所示的【Real Eigenvalue – Lanczos1】对话框，【所需模态数】默认为【10】，单击【确定】返回到【解算方案】对话框，单击【确定】按钮，完成模态分析的模态参数的设置操作。

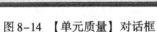

图 8-14　【单元质量】对话框　　　　　　图 8-15　【新建仿真】对话框

图 8-16　【解算方案】对话框

提示

在做自由模态分析时，因为前 6 阶模态会出现刚体位移，所以固有频率几乎是零；在计算约束模态时，可以根据所需得到的模态阶数，设置合适的求解参数。当对分析零部件的固有频率一无所知时，建议输入一个【所需的模态数】值，该值不要超过 10；当对分析零部件的固有频率范围心中有数时（一般为经验值，或者预先已通过试验模态分析进行测试得到），建议在【频率选项】的【上限】和【下限】中输入相应的预估值，便于提高计算效率。

4）注意到【仿真导航器】窗口分级树中新出现了相关的数据节点，如图 8-18 所示。

图 8-17　定义计算的模态参数　　　　　图 8-18　新建的仿真模型节点

5）单击工具栏中的【保存】■按钮，将上述操作成功的仿真模型和数据及时保存起来。

（5）求解自由模态

在【仿真导航器】窗口分级树中右击【Crank Shaft_sim1. sim】节点，从弹出的快捷菜单中选择【求解】命令，弹出【求解】对话框，单击【确定】按钮。依次弹出【模型检查】信息对话框、【作业监视器】对话框和【解算监视器】对话框。【解算监视器】对话框包括【解算方案信息】、【稀疏矩阵求解器】和【特征值提取】3 个选项卡，单击【特征值提取】选项卡，如图 8-19 所示。等计算完成出现【作业已完成】的提示后，再依次关闭各个对话框，双击【结果】命令窗口，出现图 8-20 所示的模态后处理结果。

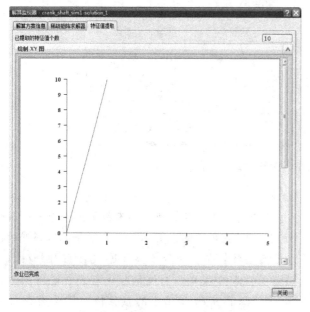

图 8-19　【解算监视器】对话框　　　　　图 8-20　自由模态后处理窗口效果

提示

只有在使用 Lanczos 方法抽取特征值计算模态时，【解算监视器】对话框才会出现【特征值提取】选项卡，支持的解法包括：SOL 103 Real Eigenvalues、SOL 103 Response Simulation、SOL 105 Linear Buckling、SOL 111 Modal Frequency Response 和 SOL 112 Modal Transient Response。提取的特征值数显示在该选项卡窗口的顶部，图形将根据移位点数绘制抽取的特征值数。当特征值数符合或超过请求的数量时，即认为提取计算已经完成。

（6）后处理及其动画演示

1）在【后处理导航器】窗口中，可以发现在【Crank Shaft_sim1. sim】的【Solution 1】前 6 阶模态非常接近零，是因为此次计算的是曲轴的自由模态，放开了 6 个自由度，因此在 6 个自由度方向中出现了刚体位移。读者可以单击查看相对某一自由度的刚体位移形式。从图 8-20 中可以看出：曲轴模型的第 1 阶固有频率为 56. 51 Hz，第 2 阶固有频率为 58. 71 Hz，第 3 阶固有频率为 137. 2 Hz。

2）展开【模式 7】下的【位移 – 节点的】节点，双击出现的【幅值】节点，在图形窗口中出现该弯管的位移云图，如图 8-21 所示，可以清楚地看到曲轴在此频率发生共振的位移变形情况。

图 8-21   第 7 阶模态振型（固有频率 = 56. 51 Hz）

3）展开【模式 8】下的【位移 – 节点的】节点，双击出现的【幅值】节点，在图形窗口中出现该弯管的位移云图，如图 8-22 所示，可以清楚地看到曲轴在此频率发生共振的位移变形情况。

图 8-22   第 8 阶模态振型（固有频率 = 58. 71 Hz）

4）展开【模式 9】下的【位移 – 节点的】节点，双击出现的【幅值】节点，在图形窗口中出现该弯管的位移云图，如图 8-23 所示，可以清楚地看到曲轴在此频率发生共振的位移变形情况。

图 8-23   第 9 阶模态振型（固有频率 = 137. 2 Hz）

5）在第 2）、3）、4）步骤中查看模态振型时，单击工具栏中的【播放】▶按钮，出现曲轴某阶模态下的振型变形演示过程，这就是分析某阶模态的振型演变过程。

6）单击工具栏上的【动画】按钮，弹出【动画】对话框，在【动画】选项中切换为【迭代】，单击【播放】▶按钮，即可清楚地观察到第 1 阶到第 10 阶模态振型的动态转换过程，单击【停止】■按钮，退出动画演示。

提示

动画是观看和分析模态振型的最好方法，可以从立体上判断在各阶固有频率下振型的形态（模型在激励频率作用下，所发生的拉伸、弯曲和扭转及其组合等空间变形的形态）、结构最为薄弱的区域和所在部位。

8.4.2 曲轴结构约束模态的计算

（1）施加约束条件

1）单击工具栏中的【返回到仿真】按钮，返回到仿真模型中。右击【Solution 1】节点，在弹出的菜单中选择【克隆】命令，会发现出现复制的新的解算方案【Copy of Solution 1】，右击该节点，从弹出的菜单中选择【重命名】命令，将其命名为【Solution 2】，右键选择【激活】命令。

2）在窗口工具栏中选择【约束类型】按钮的下拉按钮，或右击解算方案的【约束】并从弹出的快捷菜单中选择【新建约束】命令，选择弹出的【用户定义约束】命令，弹出【UserDefined(1)】对话框，如图 8-24 所示。按照图 8-1 所示的约束部位在图形窗口中选择相应的面（总共显示为 6 个面），在【方向】的【位移 CSYS】中切换为【圆柱坐标系】，在图形窗口再次选中曲轴端面一侧的圆周棱边，在模型上自动创建一个圆柱坐标系，原点为默认的圆周棱边中心，【自由度】下除【DOF 6】外其他 5 个自由度均设为【固定】图标，使得整个曲轴只能绕局部圆柱坐标系的 Z 轴转动，如图 8-25 所示，单击【确定】按钮。定义好约束条件的曲轴仿真模型如图 8-26 所示。

图 8-24　定义要约束的选择对象

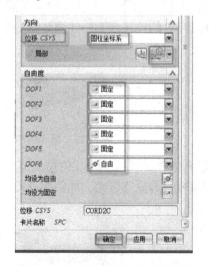

图 8-25　自由度的固定与自由设定

3）右击【Solution 2】节点下的【Subcase - Eigenvalue Method 1】子节点，从弹出的菜单中选择【编辑】命令，如图 8-27 所示。单击【Lanczos】右侧的【编辑】按钮，弹出相应的对话框，在【所需模态数】中输入【4】，定义提取前 4 阶的振型和模态参数，如图 8-28 所示。单击工具栏中的【保存】按钮，将上述操作成功的数据及时保存起来。

图 8-26　曲轴仿真模型的约束施加效果

图 8-27　修改子工况特征值数据提取定义

图 8-28　定义所需要的模态数

（2）求解约束模态

在【仿真导航器】窗口分级树中右击【Solution 2】节点，从弹出的菜单中选择【求解】命令，弹出【求解】对话框，单击【确定】按钮，依次弹出【模型检查】对话框和【分析作业监视器】对话框，再弹出【解算监视器】对话框，如图 8-29 所示。在图 8-30 所示【分析作业监视器】对话框中查看任务分析的进度，等出现【作业已完成】的提示后依次关闭各个对话框。

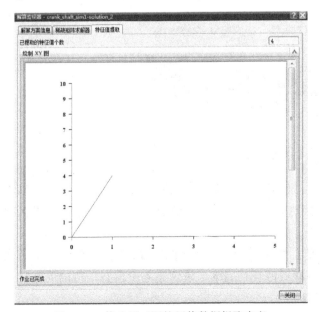

图 8-29　修改子工况特征值数据提取定义

图 8-30　【分析作业监视器】对话框

（3）后处理及其动画演示

1）在【仿真导航器】窗口分级树中，双击【结果】节点，进入【后处理导航器】窗口。可以发现在【Crank Shaft_sim1. sim】节点出现了【模式1，3.070e +002Hz】、【模式2，3.070e+002Hz】、【模式3，5.123e +002Hz】及【模式4，5.201e+002Hz】4个子节点，这就是在上述约束条件下曲轴前4阶模态及其对应的固有频率值，展开各个模式会出现各个模态的位移及其应力选项，如图8-31所示。

2）展开【模式1】下【位移－节点的】节点，双击出现的【幅值】节点，在图形窗口中出现该曲轴的振型位移云图，如图8-32所示，可以清楚地看到整个曲轴的振型位移的变形情况。按照此方法，可以查看【模式2】、【模式3】所对应的振型位移情况，如图8-33和8-34所示。

图8-31　约束模态后处理窗口效果

图8-32　第1阶模态振型（固有频率 = 307.01 Hz）

图8-33　第2阶模态振型（固有频率 = 307.5 Hz）

图8-34　第3阶模态振型（固有频率 = 512.3 Hz）

3）单击工具栏中的【播放】▶按钮，查看曲轴在受约束状态下前4阶模态振动位移动态变形的演示过程。可以看到曲轴在工作状态下受到外界激励产生共振时，发生的模态振型变化形式，具体的振型描述不再赘述。

4）单击工具栏上的【动画】按钮，弹出【动画】对话框。在【动画】选项中切换为【迭代】，单击【播放】▶按钮，即可清楚地观察到第1阶到第4阶模态振型的动态转换过程，单击【停止】■按钮，退出动画演示。

5）读者也可以单击工具栏中的【四视图】按钮，展示弯管前3阶模态的振型情况，在此不赘述，最后退出后处理仿真界面，具体操作请参考随书光盘中的视频文件。

提示

为了便于对计算结果进行比较，往往采用多视图【布局设置】 命令，根据需要选择合适的查看窗口的个数，最常用的是【二视图】 命令和【四视图】 命令。

本实例中其他计算结果和显示模式请参考随书光盘 Book_CD＼Part_CAE_Finish＼Part＼Ch08_Crank Shaft＼文件夹中的相关文件，操作过程的演示请参考视频文件 Book_CD＼AVI＼Ch08_Crank Shaft．AVI。

8.4.3 曲轴结构模态计算精度的对比

将曲轴模型在不同的软件（工程中常用的有限元分析软件有 NX Nastran、Ansys 和 Abaqus）中建立有限元模型，使用相同的材料及施加相同的约束条件并进行分析计算，得出的前 3 阶模态数据比较结果如表 8-2 所示。

表 8-2 不同软件对曲轴模型前 3 阶模态分析结果的比较（单位：Hz）

分析软件	自 由 模 态			约 束 模 态		
	第 1 阶	第 2 阶	第 3 阶	第 1 阶	第 2 阶	第 3 阶
NX Nastran	56.51	58.71	137.2	307.0	307.5	512.3
Ansys	55.22	57.53	133.6	336.4	336.5	544.5
Abaqus	56.0	58.4	136.4	312.6	314.1	523.2

从表中可以看出，三种软件对同一曲轴模型进行分析，得出的模态分析结果基本上一致，误差的原因有多种，有网格的多少、单元的质量、几何模型的简化、使用的计算方法，但是无论采用哪种软件，计算出来的模态结果都相差不大，这也可以作为验证计算结果的一种方法。

8.5 本章小结

1）本实例以曲轴的结构模态为分析对象，在建立同一个有限元模型后，设定不同的模态解算方案，分别计算了自由模态与约束模态，介绍了单个零部件进行模态分析的基本步骤和模态计算结果参数的查看方法。

2）对于精密设备或者带有旋转部件的设备中，需要对它们重要的零部件，特别是转子部件进行固有频率的计算，为了避免其旋转时产生过大的振动，必须预测转动频率是否接近它的任何一阶固有频率；通过模态分析得到的固有频率，可以计算其对应的临界转速，本例计算出的第一阶临界转速为 18 000 r/min，正常工作转速远远小于第一阶临界转速，设计中可以调整设计参数或改变设计结构、支撑条件改变其临界转速；也可以通过对它各个振型的分析，发现它的薄弱环节及其所在区域。

3）可以在本实例分析的基础上，利用系统提供的优化解算功能，以模型固有频率最大作为设计目标，在确定约束条件基础上，以曲轴某一部位的草图尺寸作为设计变量，对结构模态进行优化，当然还可以以某个固定频率值作为设计目标，或者以固有频率最小作为设计目标，这都需要和实际工程设计的具体要求结合起来。

4）结构模态分析是动力学分析的基础，它可以为后续的动态分析（瞬态分析、随机响应分析、响应谱分析、瞬态分析中时间步长 Δt 的选取等）提供指导和基本的模态数据。

5）实际中需要将有限元模态分析技术和试验模态分析技术结合起来，先通过有限元模态分析预估基本模态参数，为试验模态分析确定测试频率带宽，为布置测试点提供指导；而试验模态分析除了测试出结构的固有频率和振型外，还可以测试出相应的阻尼比，因此，需要将两种研究手段有机结合起来，才能更加准确地揭示结构自身的固有特性和振动规律。

第9章 装配体结构模态分析实例精讲——副车架分析

本章内容简介

本实例以某工程自卸车副车架结构为计算对象，进行车架连接装配体的模态分析，计算该装配结构在无约束条件下的自由模态参数与在约束条件下的约束模态参数，对识别装配体模型的自由与约束模态参数提供了可借鉴的方法，也为后续进行装配组件结构的动态响应分析提供了基础参数。

9.1 问题描述

在车辆设计中，副车架作为车身主要重量的直接承载体，在工程应用中承受多种复杂载荷，如承载卸料时举升作用产生的集中力与满载时传递全部受力到主车架，是决定整车寿命的关键结构部件，如图9-1所示。车架工作时产生的振动，会加速某些零部件的损坏，影响整体性能的发挥，增加运营与维护成本，因此副车架的模态分析、模态参数识别，对进行整车动力性能分析、降低整车振动、减少部件的疲劳失效有着重要的作用。

图9-2为本例中使用的车架模型，由副车架及安装在副车架上的举升装置装配而成，车架由钢结构件焊接而成，使用 Steel 材料，约束工况按照副车架安装到车辆主车架上的实际情况进行设定（副车架纵梁与主

图9-1 某自卸车车架与举升装置工作图

车架的连接设计通常采用 U 形夹紧螺栓或连接支架连接，使副车架与主车架纵梁紧密贴合，以发挥其增强作用），重点考察多个部件装配在一起的车架系统模态参数。要得到该车架的自由模态参数（前10阶）及该车架在工作状态下的模态参数（前4阶），具体计算工作如下所述。

（1）计算车架系统（焊接连接）自由条件下的结构模态（前10阶）

工程中的结构模态分析包括自由模态和工况模态两种类型，副车架系统作为一个必须和车辆主车架连接后才能正常工作的结构件，要计算符合实际边界约束条件的工况模态计算才有工程实际意义；但是还要对副车架系统进行自由模态分析，是因为自由模态除了能够反映

自身的一些固有特性外，无论是采用有限元法（FEM）还是采用实验模态分析（EMA），自由模态都比工况模态涉及的因素少，特别是实际中边界条件很难精确地用模型来模拟的，因此，采用自由模态结构分析得到的结果和结论更有利于后续的对比分析和模型修正。

在分析副车架系统的自由模态时，不需要设定模型的边界约束条件和载荷条件。

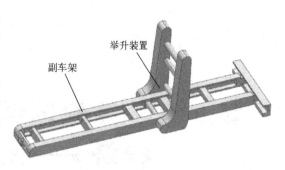

图9-2　副车架与举升装置装配体三维模型图

（2）计算车架系统（焊接连接）约束工况下的结构模态（前4阶）

在自由模态计算的基础上约束副车架与主车架连接面，计算车架系统实际工作条件下的模态参数。

9.2　问题分析

在第8章的实例中介绍了单个零部件的模态分析方法与思路，不同的是，本章分析的对象不再是单个零部件，而是由若干个零部件按照某种装配关系装配在一起的装配体。本章实例中使用的装配关系为粘结，主要模拟各个部件焊接在一起的效果，如果部件间存在滑移，需要接触关系中定义摩擦系数并设定非线性接触参数。在 NX Nastran 中定义装配有限元模型的方法有：

1）非关联 FEM 装配模型方法，使用 NX 装配应用模块，测量装配中部件间的静态间隙、距离和角度，定义部件间的各种连接关系。一般来说，在几何建模时就会使用 NX 的装配应用模块定义好各个部件的装配关系，在建立仿真模型时，调入定义好的装配体，建立有限元模型，通过定义各个部件的接触关系来模拟部件间的装配关系，本章实例就使用这个方法定义部件的装配接触关系。

2）FEM 装配方法：即，关联 FEM 装配模型方法，它的优势是 FEM 装配模型和 CAD 装配模型具有关联性，改变 CAD 模型中组件的相互位置关系，在 FEM 装配模型中将自动更新，这样的操作效率高。使用这种方法，需要预先在三维建模和装配环境中构建好装配几何模型，在高级仿真中依次构建好各个组件的 FEM 模型，利用关联 FEM 装配模型的功能将它们组装成一个 FEM 模型。

3）UG NX 8.5 版本的高级仿真支持带接触的递归域正则模态（RDMODES），递归域正则模态是使用结构化技术实现的并行功能，用于大型正则模态分析。在从前，提高计算性能的通用方法是以低于标准 Lznczos 方法的准确度计算较少的模态，现在则可以使用 RD-MODES 功能在正则模态解算方案（SOL 103）中包含接触条件。一般来说，在正则模态解算方案中包含接触条件时，会在已交汇线性静态接触解算方案的尾部添加接触刚度结果。在结合 RDMODES 和接触条件运行时，会在解算方案的静态部分执行自动多级静态凝聚，这样会在降阶中出现接触迭代，在 UG NX 8.5 版本中，解算方案的模态和静态部分的 RDMODES 性能均有提升。

结构的模态频率只和它的质量与刚度有关，而在几何尺寸、材料属性确定的情况下，影响结构模态频率的就只有刚度。一般来说，刚度与材料的弹性模量、部件间的接触关系、所受的约束等因素有关，这些因素的改变会改变结构的模态参数。目前，NX 中还不能计算施加预应力或预载荷条件下的结构模态，读者分析实际项目时要注意模态分析的使用范围。

9.3 操作步骤

9.3.1 结构自由模态的求解

（1）建立副车架系统的 FEM 模型

1）在三维建模环境中打开文件 Book_CD\Part\Part_CAE_Unfinish\Ch09_Frame\Truck frame.prt，窗口中出现图 9-2 所示的车架装配主模型。

2）依次单击【开始】和【高级仿真】按钮，在【仿真导航器】窗口分级树中右击【Truck frame.prt】节点，从弹出的快捷菜单中选择【新建 FEM】命令，弹出【新建部件文件】对话框，【新文件名】下面的【名称】默认为【Truck frame_fem1.fem】，单击按钮🗁选择本实例高级仿真相关数据存放的文件夹，单击【确定】按钮。

3）弹出【新建 FEM】对话框，【求解器】和【分析类型】中的选项保留默认设置，单击【确定】按钮，进入创建副车架系统 FEM 模型的环境，如图 9-3 所示。注意到【仿真导航器】窗口的分级树中出现了新增加的仿真数据节点，如图 9-4 所示。

图 9-3 【新建 FEM】对话框

图 9-4 新增加的仿真数据节点

4）单击工具栏中的【指派材料】🔧按钮，弹出【指派材料】对话框，在图形窗口选中副车架系统模型，【选择体】中出现【选择体（6）】，在【材料列表】中选择【库材料】，在【材料】列表框中选择【Steel】，单击【确定】按钮，如图 9-5 所示。

5）单击工具栏中的【物理属性】🔧按钮，弹出【物理属性表管理器】对话框，【创建】子选项【类型】默认为【PSOLID】，【名称】默认为【PSOLID1】，【标签】默认为【1】，单击【创建】按钮，弹出【PSOLID】对话框。在【材料】下拉列表框中选取【Steel】子项，其他参数均为默认值，单击【确定】按钮，返回到【物理属性表管理器】对话框，单击【关闭】按钮，如图9-6所示。

图9-5 【指派材料】对话框

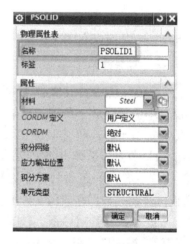

图9-6 【PSOLID】对话框

6）单击工具栏中的【网格收集器】▦按钮，弹出【网格收集器】对话框，【单元拓扑结构】的各个选项保留默认设置，【物理属性】下的类型默认为【PSOLID】，在【实体属性】下拉列表框中选取上述设置的【PSOLID1】，默认网格【名称】为【Solid(1)】，单击【确定】按钮，完成网格收集器的设置，如图9-7所示。

7）单击工具栏中的【3D四面体网格】△按钮，弹出【3D四面体网格】对话框，如图9-8所示，在图形窗口中选择副车架系统模型的6个部件，默认单元类型为【CTETRA(10)】，单击【单元大小】右

图9-7 【网格收集器】对话框

侧的【自动单元大小】⚡按钮，【单元大小】的文本框内自动输入【77.1】，将其修改为【30】，【目标收集器】下面的【网格收集器】出现上述操作定义的【Solid(1)】，其他参数为默认设置，单击【确定】按钮，完成副车架系统模型的网格划分操作，效果如图9-9所示。在【仿真导航器】窗口分级树中显示的有关副车架系统有限元模型的节点情况如图9-10所示。

8）单击工具栏上的【单元质量】按钮，弹出【单元质量】对话框，在图形窗口中选择副车架的6个网格节点，单击【检查单元】按钮，如图9-11所示，检查完毕后在窗口上显示"失败11个单元，0个警告单元"。在图形窗口中查看失败单元的位置，发现失败单元出现在车架的吊钩处，此处的圆角造成失败网格的出现。单击【单元质量】按钮右侧的

下拉按钮，在下拉菜单中选择【有限元模型汇总】 按钮，在信息中可以看到"部件中的单元总数为81830"，可见失败网格占总体网格的比例不足千分之一，因而忽略并不影响模态求解结果的精度。保存创建的数据，这样完成了副车架系统FEM模型的创建。

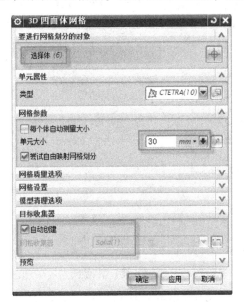

图9-8 【3D四面体网格】对话框

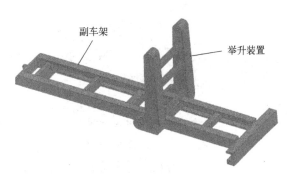

图9-9 副车架系统网格划分后的效果图

图9-10 副车架FEM模型节点

图9-11 副车架单元质量检查

（2）创建FEM的仿真模型

1）右击【Truck frame_fem1.fem】节点，从弹出的快捷菜单中【新建仿真】 命令，弹出【新建仿真】对话框。【名称】默认为【Truck frame_fem1_sim1.sim】，选择本实例高级仿真相关数据存放的文件夹，单击【确定】按钮，如图9-12所示。

2）弹出创建【解算方案】对话框，在【解算方案类型】中切换为【SOL 103 Real Eigenvalues】，如图9-13所示。单击【确定】按钮，弹出【解算步骤】对话框，如图9-14所示，所有选项参数都保留默认设置，单击【确定】按钮，进入仿真模型环境。

图9-12 【新建仿真】对话框

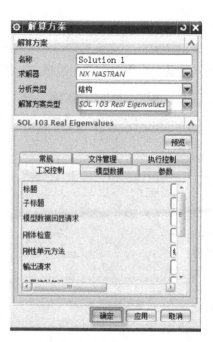

图9-13 【解算方案】对话框

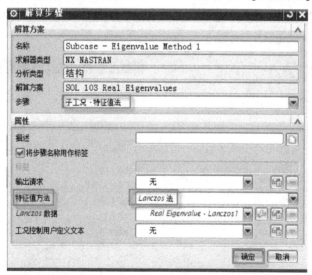

图9-14 【解算步骤】对话框

3）在工具栏中单击【仿真对象类型】 按钮，选择弹出的【面对面粘合】 命令，弹出【面对面粘合】对话框，如图9-15所示，【类型】默认为【自动配对】，单击【创建自动面对】下面的【创建面对】 按钮，弹出【Create Automatic Face Pairs】对话框，如图9-16所示。【属性】中的参数选项保留默认设置，单击【确定】按钮，回到【面对面粘合】对话框，其他参数保留默认设置，单击【确定】按钮，完成副车架系统所有部件的装配连接定义，定义好的装配关系如图9-17所示。

由于本次解算方案是计算车架自由状态下的模态参数，因此不必对模型进行边界约束条件的定义，下面直接进行结构模态的求解。

图 9-15 【面对面粘合】对话框

图 9-16 【Create Automatic Face Pairs】对话框

（3）自由模态解算参数的设置及求解

1）在【仿真导航器】窗口分级树中右击【Solution 1】节点，从弹出的快捷菜单中选择【编辑】🔧命令，弹出【解算方案】对话框。单击【解算方案】下面的【工况控制】选项卡，如图 9-18 所示，【特征值方法】默认为【Lanczos 法】，单击【Lanczos数据】右侧的【创建模型对象】🔩按钮，弹出【Real Eigenvalue – Lanczos3】对话框，如图 9-19 所示，默认【频率选项】中的【所需模态数】为【10】，单击【确定】按钮。

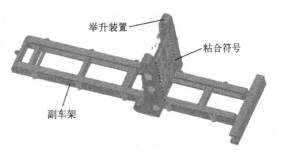

图 9-17 定义好接触关系的副车架系统

图 9-18 【解算方案】对话框

图 9-19 修改所需模态数量

2）返回到【解算方案】对话框，注意【Lanczos 数据】选项的内容发生了变化，单击【确定】按钮，完成解算参数的设置操作。

提示

NX Nastran 中对于实特征值，共提供 7 种实特征值提取方法，其中常用的提取方法有：Householder 方法、修正的 Householder 方法、增强的逆幂法和 Lanczos 法。这些方法是对固有频率和模态进行求解的数值方法。之所以有这 7 种方法，是因为没有一种方法能够妥善解决所有问题。在 NX Nastran 中建议使用 Lanczos 法提取实特征值，因为它结合了跟踪法和变换法的优点，效率高，而且当在指定的范围内不能提取特征值时，可以发布诊断消息。利用此方法可以计算出精确的特征值和特征矢量。而且，Lanczos 法充分利用了稀疏矩阵方法，稀疏矩阵方法能够充分提高计算速度并降低磁盘空间的使用率。因此，对于中到大型模型，建议使用 Lanczos 法。

3）右击【Solution 1】节点，从弹出的快捷菜单中选择【求解】命令，弹出【求解】对话框，单击【确定】按钮。稍等，窗口出现【模型检查信息】、【分析作用监视器】和【解算监视器】3 个对话框，其中【解算监视器】对话框包括【解算方案信息】、【稀疏矩阵求解器】和【特征值提取】3 个选项卡，等待出现图 9-20 所示【作业已完成】的提示后，关闭各个【信息】对话框，如图 9-20 所示。双击出现的【结果】节点，即可进入后处理分析环境。

（4）自由模态结果分析

1）在【后处理导航器】窗口出现了结构自由模态计算结果，如图 9-21 所示。其中【模式 1】至【模式 6】的特征值均接近 0，它们分别代表刚性体在 6 个方向上自由度对应的模态值，依次展开【模式 1】、【位移 – 节点的】和【x】。双击【x】节点，在图形窗口出现结构变形云图，如果单击工具栏上的【动画】按钮，可以查看结构在受到外界激励下，在空间变形的运动方向，也称之为第 1 阶模态的模态形状，或者第 1 阶主振型。具体的振型形式和描述，可以借助动画功能进行查看和评价。

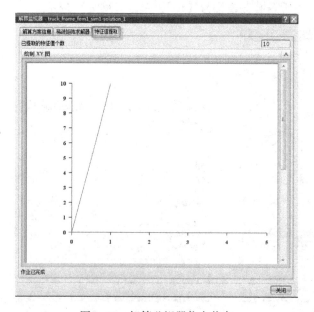

图 9-20　解算监视器信息状态

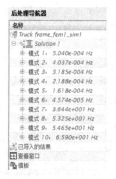

图 9-21　自由模态结果情况

2）从【模式7】开始的模式是描述自由模态的模态参数的。从图9-21中可以看出，该结构自由模态的第1阶固有频率为36.44 Hz，第2阶固有频率为53.25 Hz，第3阶固有频率为54.65 Hz。

3）展开【模式7】、【位移－节点的】，双击【幅值】节点，窗口出现模型在第1阶固有频率36.44 Hz共振时的变形云图，如图9-22所示。

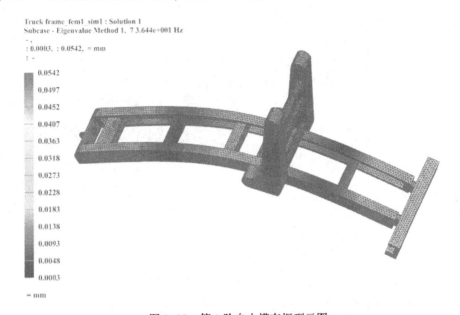

图9-22　第1阶自由模态振型云图

4）展开【模式8】、【位移－节点的】，双击【幅值】节点，窗口出现模型在第2阶固有频率53.25 Hz共振时的变形云图，如图9-23所示。

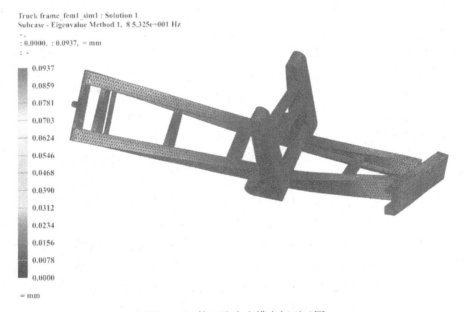

图9-23　第2阶自由模态振型云图

5）展开【模式9】、【位移－节点的】，双击【幅值】节点，窗口出现模型在第3阶固有频率54.65 Hz 共振时的变形云图，如图9-24 所示。

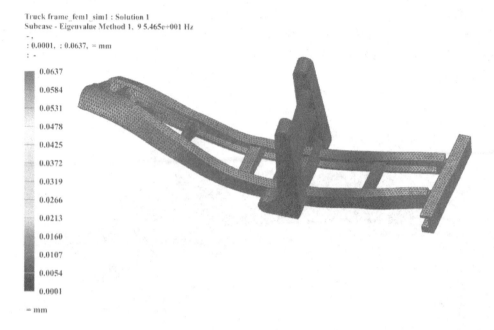

图9-24　第3阶自由模态振型云图

6）单击工具栏中的【保存】█按钮，保存上述操作成功的计算结果；单击工具栏中的【返回到模型】█按钮；单击资源条上的【仿真导航器】█按钮，返回到仿真模型环境。

9.3.2　结构约束模态的求解

在上述车架自由模态分析基础上，下面进行工况（约束）条件下的结构模态分析，查看副车架系统结构在约束条件下的模态参数（固有频率和模态形状）的变化。

1）在【仿真导航器】窗口分级树中右击【Solution 1】节点，从弹出的快捷菜单中选择【克隆】█命令，右击复制的【Copy of Solution 1】节点，从弹出的快捷菜单中选择【重命名】█命令，将此名称修改为【Solution 2】，如图9-25 所示，注意该节点处于激活状态。

2）右击【约束】节点，从弹出的快捷菜单中选择【新建约束】█和【固定约束】█命令，弹出【固定约束】对话框，如图9-26 所示，并在【类型过滤器】中切换为【多边形面】，在窗口单击副车架底部2根纵梁的底面，单击【确定】按钮，完成副车架系统模型边界约束的定义，如图9-27 所示。

3）右击【Subcase－Eigenvalue Method 1】节点，从弹出的快捷菜单中选择【编辑】█命令，弹出【解算步骤】对话框，如图9-28 所示。将【名称】中【Subcase－Eigenvalue Method 1】修改为【Subcase－Eigenvalue Method 2】，单击【Lanczos 数据】右侧的下拉按钮，在下拉菜单中选择【Real Eigenvalues－Lanczos 2】，单击右侧的【编辑】█按钮，弹出【Real Eigenvalues－Lanczos 2】对话框，如图9-29 所示。将【频率选项】中的【所需模态数】修改为【4】，单击两次【确定】按钮，完成所求模态参数的修改。

图 9-25　复制节点并修改名称

图 9-26　【固定约束】对话框

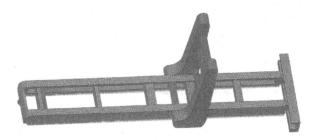

图 9-27　副车架固定约束效果图

图 9-28　设置解算步骤与方法

图 9-29　修改所需模态的阶数

　　4）右击【Solution 2】节点，从弹出的快捷菜单中选择【求解】 命令，弹出【求解】对话框，单击【确定】按钮。稍等，窗口出现【模型检查信息】、【分析作用监视器】和【解算监视器】3 个对话框，其中【解算监视器】选项卡包括【解算方案信息】、【稀疏矩阵求解器】和【特征值提取】3 个选项卡，等待出现图 9-30 所示【作业已完成】的提示后，关闭各个信息对话框。双击出现的【结果】节点，进入后处理分析环境。

5）在【后处理导航器】窗口出现了结构约束模态计算结果，如图9-31所示，显示出副车架系统结构在约束状态下的第1至第4阶的频率值，分别为第1阶固有频率97.20 Hz，第2阶固有频率为118.8 Hz，第3阶固有频率为157.5 Hz，第4阶固有频率361.5 Hz。

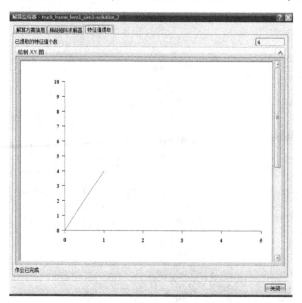

图9-30　约束模态解算监视器信息

图9-31　约束模态
计算结果情况

6）展开【模式1】、【位移－节点的】，双击【幅值】节点，窗口出现模型在第1阶频率97.20 Hz共振时的变形云图，如图9-32所示。按照此方法分别可以查看结构在第2阶，第3阶频率共振时的振型云图，分别如图9-33和图9-34所示，还可以通过动画功能演示随着阶数的增加，整个模型的动态变形过程。

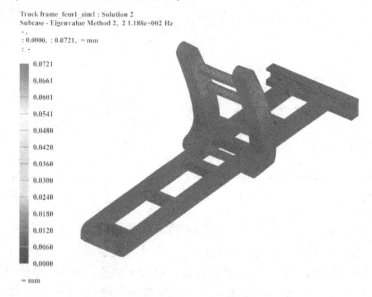

图9-32　第1阶约束模态整体振型云图

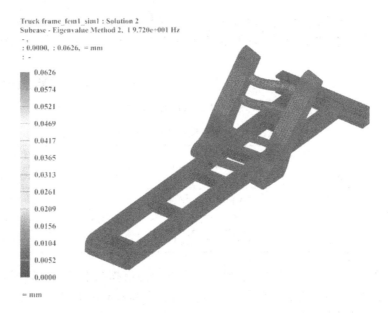

图 9-33　第 2 阶约束模态整体振型云图

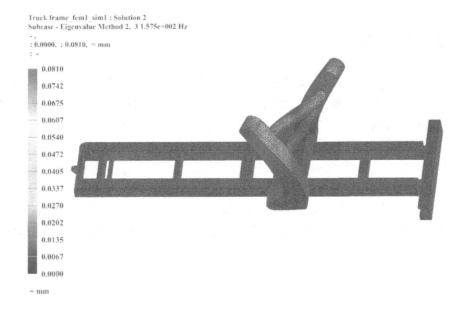

图 9-34　第 3 阶约束模态整体振型云图

提示

从分析得到的模态振型云图中可以得到有效信息，比如装配模型中哪些部件结构容易发生振动，可以在设计时通过修改结构形状、尺寸或连接方式，有效地进行避振或减振设计。

7）单击工具栏中的【保存】 按钮，保存上述操作成功的计算结果；单击工具栏中的【返回到模型】 按钮；单击资源条上的【仿真导航器】 按钮，返回到仿真模型环境。

本实例中其他计算结果和显示模式请参考随书光盘 Book_CD\Part\Part_CAE_Finish\Ch09_frame\文件夹中的相关文件，操作过程的演示请参考视频文件 Book_CD\AVI\Ch09_frame.AVI。

8）通过上述对副车架系统的自由模态与约束模态分析，先对这两种分析方法得到的结构进行对比和总结，两种方法得到的频率和振型描述如表9-1所示。

表9-1 自由模态与约束模态的频率和振型结果对比

工 况	自 由 模 态		约 束 模 态	
	频率/Hz	振型描述	频率/Hz	振型描述
第1阶	36.44	副车架前后端上下弯曲	97.2	举升装置左右弯曲
第2阶	53.25	副车架扭转	118.8	举升装置前后弯曲
第3阶	54.65	副车架弯曲+扭转	157.5	举升装置扭转

从上表中可以看出，同一个结构，在自由模态与约束模态下求解的频率与振型完全不同，因为约束的施加改变了系统的刚度，导致系统频率与振型发生变化；约束的不同会产生不同的模态结果。自由模态能反映系统本身结构的固有属性，而约束模态则更能反映结构在实际工况条件下的模态特性。

9.4 本章小结

1）本实例以工程车辆中副车架系统连接结构的模态分析为对象，重点介绍了装配体结构的模态分析处理方法，依次计算了结构的自由模态和工况模态，并且对比分析了两种模态方法对模态参数的影响，阐述了两种方法的使用区别。

2）介绍了装配体的两种处理方法，即，非关联 FEM 装配方法和 FEM 装配方法，再通过本实例非关联 FEM 装配模型的操作练习，在实践中灵活掌握它们的使用方法，可以为大型装配件的结构分析提供基础。

3）在上述基础上可以进行结构模态优化分析，比如以整个模型的重量最小为目标，以控制某个频率范围为约束条件，以非重要尺寸为设计变量，对整个模型进行修正和优化，具体可以参见第3章所述。

第10章 频率响应分析实例精讲
——机器人部件振动分析

本章内容简介

本实例利用 UG NX 高级仿真中的【SOL 111 Modal Frequency Response】模块，介绍了对机器人支腿上一个部件进行频率响应分析（扫频分析）的操作流程，重点要掌握在模态分析的基础上，如何创建进行频率响应分析的步骤、如何利用函数工具创建一个与频率相关的激励载荷、如何设定扫频分析的频率方法以及如何查看和评估频率响应的结果。

10.1 基础知识

第8章和第9章介绍的模态分析着重于分析结构本身的振动固有特性，没有考虑阻尼的影响。实际的结构都有阻尼，以承受动态载荷为主的动力响应分析需要考虑阻尼的影响。结构动力学主要研究结构在动载荷（与时间相关或频率相关）作用下，结构自身位移、应力、速度、加速度和频率等物理量的响应情况。有限元结构动力学是在动力学数学模型（不同的动力问题，其数学模型有所不同）基础上，采用模态分析法、直接时间积分法等数值计算方法来求解结构的动力响应。

NX Nastran 动力学功能包括正则模态、直接频率响应、瞬态频率响应、随机响应、响应谱和动力灵敏度等的计算和分析，可以考虑各种阻尼（如结构阻尼、材料阻尼和模态阻尼）效应的作用，它提供的解算器集合了 MSC. Nastran、I–deals 和 Adina 等知名有限元软件的动力学分析功能，分析类型及其含义如表 10–1 所示。

表 10–1　NX Nastran 提供的结构动力学解算器及其含义

序　号	解算器名称	含　　义
1	SOL 103 – 响应仿真	在模态分析的基础上直接进行瞬态、随机等响应仿真
2	SOL 108	直接频率响应
3	SOL 109	直接瞬态响应
4	SOL 111	模态频率响应
5	SOL 112	模态瞬态响应
6	SOL 129	非线性瞬态响应
7	SOL 601，129	高级非线性瞬态响应（隐式）
8	SOL 701	高级非线性动态分析（显式）

频率响应分析是把问题由时域转化为频域，用来计算结构对稳态振荡激励的响应，SOL 111 解算方案首先计算结构的正则模态，然后计算使用降阶模态表示的结构的频率响应。振荡激励的例子可以是旋转的机械、不平衡的轮胎和直升机的桨叶等。通常使用直接法或频率法来计算频率响应分析。这两种方法的使用可以参照表 10-2 所示的准则。

表 10-2　直接法与频率法建议使用准则

区　　分	直　接　法	频　率　法
小模型	✓	
大模型		✓
较少的激励频率	✓	
许多的激励频率		✓
高频率激励	✓	
非模态阻尼	✓	
较高的精度	✓	
线性分析	✓	✓
非线性分析	✓	✓
分析时间长	✓	
分析时间短		✓
反应谱分析	✓	
无阻尼		✓

通常，在模态频率响应中，模型规模越大，求解效率也越高，因为数值求解通常是对较小的非耦合方程系进行求解。如果固有频率和模态形状是在分析的早期阶段计算的，则模态法尤其优越。在这种工况下，只需执行一次重启动（请参阅 NX 帮助文件《动态分析中的重启动》）。使用模态法非常高效，即使对于数量庞大的激励频率也是如此。另一方面，模态频率响应分析工作的主要部分就是对模态进行计算。对于具有大量模态的大型系统，此运算的运算量与直接求解一样大，对于高频率激励尤其如此。为了在模态求解过程中捕获高频率响应，必须计算不太准确的高频率模态。对于具有较少激励频率的小模型，直接方法可能更高效，因为它直接对方程进行求解，而不首先计算模态。由于存在模态截断，直接方法通常比模态方法更准确。

在执行频率响应分析时，一个主要的考虑事项就是选择在哪个频率下进行求解。可以使用 6 个模型数据输入项来选择求解频率，如表 10-3 所示。切记，所指定的每个频率都导致在指定的激励频率下生成一个独立的解。

表 10-3　直接法与频率法建议使用准则

载荷频率	方法描述
FREQ	定义离散的激励频率
FREQ1	定义起始频率、激励增量和频率增量
FREQ2	定义起始频率、结束频率和对数间隔数
FREQ3[1]	定义给定范围内的模态之间使用的激励频率的数量
FREQ4[1]	使用有关某个范围内每个正则模态的跨距来定义激励频率
FREQ5[1]	将激励频率定义为给定范围中的所有频率，并将给定范围定义为正则模态的一部分

注：（1）仅适用于模态求解。

模态频率响应分析中的阻尼可以模拟结构的能量损耗特征。阻尼可以表现为粘性阻尼、材料内部摩擦、外部摩擦、结构铰接中的不连续变形等各种形式。由于很难准确地用数值模型计算阻尼，多数情况下采用实验法测定阻尼。阻尼可以表示为与运动速度成比例的粘性阻尼、与结构变形有关的结构阻尼、与运动质量有关的质量阻尼。在 NX Nastran 动力学分析中常用【% Viscous】和【% Hysteretic】两个参数来表达。工程中常使用阻尼比来定义动力分析中所需要的阻尼参数，一些常见结构的阻尼比参考值如表 10-4 所示。

表 10-4 一些常见结构的阻尼比参考值

常 见 结 构	阻尼比推荐值
金属零部件结构（线弹性材料）	<1%
金属装配体结构（线弹性材料）	3% ~7%
小直径的管路系统	1% ~2%
大直径的管路系统	2% ~3%
橡胶材料结构	5%

注：关于振动响应分析中的质量、阻尼，频率响应分析中使用的直接频率响应与模态频率响应及频率响应分析中的频率范围、频率分辨率等可以参考 NX 帮助文档或相关文献资料。

10.2 问题描述

机器人要求具备高速、重载、高精度及高灵活度等性能，尤其是高精度性能方面的要求，随着科学技术的发展变得越来越高。因此，振动分析是进行机器人产品设计必需的设计方法。本实例以机器人支腿骨架中的一个部件（骨架连接件）为模型，如图 10-1 所示，该部件简化为一个整体模型，所使用的材料为 Steel，分析该结构部件在受到与某外界激励频率相关的作用力情况下频率响应情况。

两侧圆孔
施加约束

两侧圆孔
施加载荷

a)   b)   c)

图 10-1 机器人支腿部件模型示意图

a）机器人 b）机器人支腿骨架 c）骨架连接件

图 10-1 所示的骨架连接件几何模型已经简化了小尺寸的圆孔、倒角等几何特征，部件的约束位置为图 10-2 所示的两个连接孔，施加固定约束；在图 10-2 所示的圆孔中心处施加外部激励，受 X、Y、Z 三个方向，幅值为 1000N 的载荷力，外部激励的频率为 0 ~ 200 Hz，考察在该激励作用下部件结构的动力响应情况。

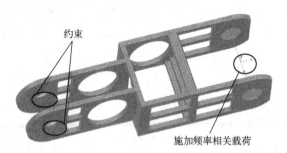

约束

施加频率相关载荷

图 10-2　骨架连接件的约束与载荷施加示意图

10.3　问题分析

1）动力学的解算过程相比静力学要复杂，在抓住主要分析指标的前提下尽量合理简化有限元模型，以降低解算规模和减少计算工作量。如果仿真模型中单元和节点数量较多，会大大增加计算成本，甚至会出现超出计算机硬件计算能力而不能解算的情况。

2）本实例的解算思路是：首先求解该部件在约束状态下的模态参数，主要考察约束模态下结构的前五阶频率值的数值范围，再求解该部件在外部激励载荷作用下的第 1 阶、第 2 阶的动力响应情况。

3）不同的结构，其物理阻尼参数不尽相同，实际中需要通过实测和比较的方法来获得该值。本实例使用模态阻尼，为简化计算，在 0 ~ 200 Hz 激励频率作用下，设定其结构的内阻尼参数为常值 0.08。

4）本例中采用模态频率响应解算器 SOL111，使用 FREQ1 载荷频率的求解方法，频率步长为 2 Hz，进行扫频分析。载荷施加点使用刚性连接方式，创建载荷施加于作用点。

5）按照解算要求确定希望得到的输出响应指标，在操作过程中仔细设定输入结果、输出结果和输入对象等内容，预先在解算方案的输出请求中进行相应的设置。

10.4　操作步骤

打开随书光盘 part 源文件 Book_CD \ Part \ Part_CAE_Unfinish \ Ch10_Robot arm \ robot arm. prt 模型，调出图 10-1 所示的骨架连接件主模型。

（1）创建有限元模型

1）依次单击【开始】和【高级仿真】按钮，在【仿真导航器】窗口分级树中右击【robot arm. prt】节点，从弹出的快捷菜单中选择【新建 FEM】命令，弹出【新建部件文件】对话框。在【新文件名】下面的【名称】选项中将【fem1. fem】修改为【robot arm_fem1. fem】，通过单击 按钮，选择本实例高级仿真相关数据存放的【文件夹】，单击【确定】按钮。

2）弹出【新建 FEM】对话框，【求解器】和【分析类型】中的选项保留默认设置，如图 10-3 所示，单击【确定】按钮，进入创建有限元模型的环境。

3）单击工具栏中的【指派材料】 按钮，弹出【指派材料】对话框，如图 10-4 所示。在图形窗口选中骨架连接件模型，【材料列表】中选择【库材料】，单击对话框【材料】列表框中的【Steel】，单击【确定】按钮。

图 10-3 【新建 FEM】对话框

图 10-4 【指派材料】对话框

4）单击工具栏中的【物理属性】 按钮，弹出【物理属性表管理器】对话框。在【类型】中选取【PSOLID】，如图 10-5 所示，单击【创建】按钮，弹出【PSOLID】对话框。在【材料】选项中选取上述操作设置的【Steel】子项，其他选项均为默认，如图 10-6 所示，单击【确定】按钮，关闭【物理属性表管理器】对话框。

图 10-5 体单元属性的设置

图 10-6 实体物理属性的设置

5）单击工具栏中的【网格收集器】 ▥ 按钮，弹出【网格收集器】对话框，如图10-7所示。在【单元族】选项中选取【3D】，在【收集器类型】选项中选取【实体】，在【属性】子项【实体属性】中选取上述设置的【PSOLID 1】，【网格收集器】的【名称】默认为【Solid(1)】，单击【确定】按钮。可以观察到，【仿真导航器】窗口分级树中建立的相应数据节点【3D 收集器】和其子节点【Solid(1)】，如图10-8所示。

图 10-7 【网格收集器】对话框

图 10-8 显示 3D 收集器节点

6）单击工具栏中的【3D 四面体网格】 △ 按钮，弹出图10-9所示的对话框，在图形窗口中选择部件几何体作为【选择体】，在【单元大小】中输入【5】，单位默认为【mm】，【目标收集器】默认为【Solid（1）】，其他选项均为默认，单击【确定】按钮，进行几何体网格的划分。

7）单击工具栏中的【单元质量】 ▨ 按钮，出现图10-10所示的对话框，在图形窗口中选择划分好的有限元网格模型作为【选择对象】，单击【检查单元】按钮，工具栏窗口上出现【0 个失败单元，0 个警告单元】网格检查信息，单击【关闭】按钮，关闭【单元质量】对话框，创建的骨架连接件的有限元网格模型如图10-11所示。

图 10-9 【3D 四面体网格】对话框

图 10-10 【单元质量】对话框

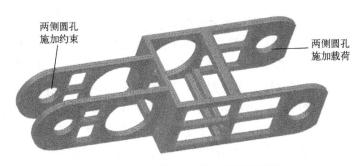

两侧圆孔
施加约束

两侧圆孔
施加载荷

图 10-11　创建骨架连接件有限元模型

8）创建网格点：依次选择菜单【插入】→【模型准备】→【网格点】命令，弹出【网格点构造器】对话框，如图 10-12 所示。在【类型】下拉列表框中默认选择【自动判断的点】选项，在图形窗口中选取图 10-13 所示的一侧圆孔的圆心点作为【选择对象】，选中后出现该点相应的坐标值，单击【应用】按钮，完成一个网格点的创建；按照同样的方法，进行图 10-14 所示的设置，建立图 10-15 所示的网格点，单击【确定】按钮，完成所需两个网格点的创建。

图 10-12　创建第 1 个网格点

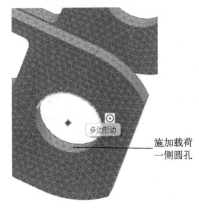

施加载荷
一侧圆孔

图 10-13　第 1 个网格点的选择

图 10-14　创建第 2 个网格点

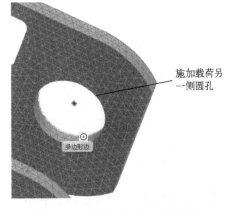

施加载荷另
一侧圆孔

图 10-15　第 2 个网格点的选择

提示

在选择网格点时，注意勾选【仿真导航器】窗口分级树中的【多边形几何体】节点，否则无法显示图 10-13 和图 10-15 所示的几何点。

9）创建刚性连接单元：单击工具栏中的【1D 连接】 ※ 按钮，弹出【1D 连接】对话框，如图 10-16 所示。在【类型】中切换为【点到面】选项，在【源】中选择创建的第一个网格点作为源点，在【目标】中选择第一个网格点所对应的圆孔内表面作为目标面，如图 10-17 所示；在【连接单元】的子项【单元属性】中，将【类型】切换为【RBE2】选项，其他选项保留默认设置，单击【应用】按钮，即创建好第一个刚性连接单元（俗称蜘网连接单元）。按照此方法创建第二个刚性连接单元，如图 10-18 所示。

图 10-16　【ID 连接】对话框

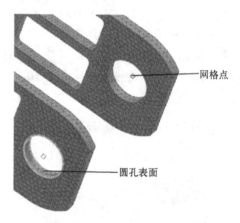

图 10-17　创建第一个刚性连接

10）单击菜单栏的【插入】按钮，选择【节点】→【节点之间】 ✐ 命令，弹出图 10-19 所示的对话框，依次选中上述所创建的两个网格点，单击【确定】按钮，完成中间节点的创建。

图 10-18　创建第二个刚性连接

图 10-19　创建节点之间的节点

11）单击工具栏中的【1D 连接】 ※ 按钮，弹出【1D 连接】对话框，如图 10-16 所示，将【类型】选择为【节点到节点】，在【源】选择图 10-17 所示的两个网格点作为源节点，在【目标】中选择图 10-19 所创建的中间节点作为目标节点，【单元类型】默认为【RBE2】，单击【确定】按钮，完成本例中所有刚性连接单元的创建。

（2）创建仿真模型

1）右击【仿真导航器】窗口分级树的【robot arm_fem1.fem】节点，从弹出的快捷菜单中选择【新建仿真】，弹出【新建部件文件】对话框，【名称】修改为【robot arm_sim1.sim】，选择合适的存放路径，单击【确定】按钮，弹出【新建仿真】对话框，所有的选项均保留默认设置，单击【确定】按钮，如图 10-20 所示。

2）弹出【解算方案】对话框，【名称】默认为【Solution 1】，【解算方案类型】选取为【SOL103 Real Eigenvalues】，如图 10-21 所示，单击【确定】按钮。弹出【解算步骤】对话框，如图 10-22 所示，【步骤】默认为【子工况-特征值法】，在【特征值方法】中选择【Lanczos 法】，单击【Lanczos 数据】右侧的【新建】按钮，弹出【Real Eigenvalue Lanczos1】对话框，如图 10-23 所示，在【所需模态数】中输入数值【5】，其他参数均保留默认设置，单击两次【确定】按钮，完成解算方案的设置，同时注意到【仿真导航器】窗口分级树中，新出现了相关的数据节点。

图 10-20 创建仿真模型

图 10-21 创建模态解算方案

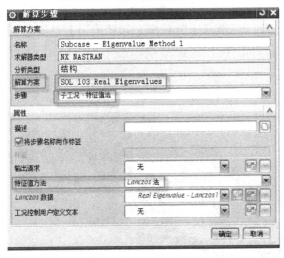

图 10-22 解算步骤设置

图 10-23 设置 Lanczos 特征值数据

3）单击工具栏中的【约束类型】按钮的下拉按钮，选择弹出的【固定约束】命令，弹出【固定约束】对话框，如图 10-24 所示。【名称】默认为【Fixed(1)】，在图形窗口中选择图 10-25 所示的模型上圆孔的 4 个半圆面作为【选择对象】，单击【确定】按钮，完成模型约束的设置。

图 10-24 【固定约束】对话框

图 10-25 固定约束位置

（3）求解结构模态和振型

1）在【仿真导航器】窗口分级树中右击【Solution 1】节点，从弹出的快捷菜单中选择【求解】命令，弹出【求解】对话框，单击【确定】按钮，等待【模型检查】完成，等待【分析作业监视器】出现【作业已完成】，在【仿真导航器】窗口分级树中也增加了【结果】节点，关闭所有信息窗口，这样就完成了仿真模型前 5 阶约束模态的解算。

2）双击【结果】，进入【仿真后处理导航器】树状列表窗口进行查看。展开【Solution 1】节点，5 个约束模态的频率值如图 10-26 所示。第 1 阶约束模态频率为 90.70 Hz，第 2 阶约束模态频率为 190.9 Hz。

3）展开【模式 1】节点，双击【位移 - 节点的】下面的【幅值】子项，得到该部件的整体振型位移云图，如图 10-27 所示。可以通过动画进行观看振动变形的过程，也可以查看到刚性连接部位出现左右摆动的变形，还可以观察其他阶数模态和约束模态的振型情况，限于篇幅，这里不再赘述。

图 10-26 约束模态频率值

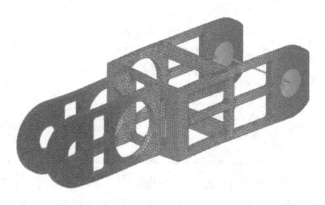

图 10-27 第 1 阶振型

4）单击工具栏中的【返回到模型】▨按钮，单击资源条上的【仿真导航器】▨按钮，进入仿真模型环境。在模态分析的基础上施加与频率相关的载荷，进行频率响应分析。

（4）创建仿真模型

1）右击【仿真导航器】窗口分级树中的【robot arm_sim1. sim】节点，从弹出的快捷菜单中选择【新建解算方案】，弹出【解算方案】对话框在【解算方案类型】中选择【SOL 111 Modal frequency Response】，如图10-28 所示。

2）弹出【解算步骤】对话框，【解算方案】中的全部选项均保留默认设置，如图10-29 所示。单击【扰动频率(2)】右侧的【创建扰动频率】▨按钮，弹出图10-30 所示的对话框，【名称】默认为【Forcing Frequencies – Modal1】，单击【创建】按钮，弹出图10-31 所示的对话框，进入扰动频率的设置。

图10-28 创建频率响应分析解算方案

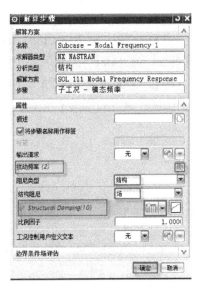

图10-29 创建解算步骤

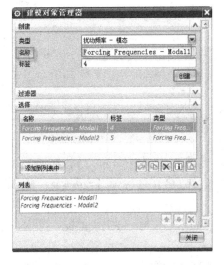

图10-30 【建模对象管理器】对话框

图10-31 创建扰动频率 – 模态 1

3）在【频率列表】下【频率列表窗体】下拉列表框中选择【FREQ1】，【第一频率】中输入【50】，单位为【Hz】，【频率增量】中输入【2】，单位为【Hz】，【频率增量数】中输入【75】，单击【确定】按钮，返回到图10-30所示的对话框。会发现在【选择】下面出现了刚才建立好的【Forcing Frequencies - Modal1】节点，选中并单击【添加到列表中】按钮，会发现【列表】中出现【Forcing Frequencies - Modal1】节点；再单击【创建】按钮，弹出图10-32所示的对话框。【名称】默认为【Forcing Frequencies - Modal2】，【频率列表窗体】中选择【FREQ】，【频率列表】中选择【Hz】，在窗口中输入【90】，单击【确定】按钮，返回到图10-30所示的对话框。会发现在【Forcing Frequencies - Modal1】节点下面出现了刚才建立好的【Forcing Frequencies - Modal2】节点，选中并单击【添加到列表中】按钮，会发现【列表】中出现【Forcing Frequencies - Modal2】节点，完成扰动频率的设置。

4）返回【解算步骤】对话框，【阻尼类型】默认为【结构】，在【结构阻尼】下拉列表框中选择【场】，在【指定场】下拉列表框中选择【表构造器】 ，弹出图10-33所示的对话框，【名称】默认为【Structural Damping（10）】，在【域】中输入【独立】变量为【频率】，【单位】为【Hz】，在输入行中输入【1，0.08】，并单击【接受编辑】 按钮，再输入【200，0.08】，单击【接受编辑】 按钮，单击【确定】按钮，返回到图10-29所示的【解算步骤】对话框，单击【确定】按钮，完成【Subcase - Modal Frequency 1】解算方案的设置。

图10-32 创建扰动频率-模态2

图10-33 创建结构阻尼

5）在【仿真导航器】窗口的分级树中，右击子工况【Solution 2】，从弹出的快捷菜单中选择【新建子工况】命令，按照上述的方法和参数建立名称为【Subcase - Modal Frequency 2】的子工况。

同样，按照上述的方法和参数建立名称为【Subcase - Modal Frequency 3】的子工况。

（5）施加频率相关载荷

1）单击工具栏中【载荷类型】 按钮右侧的下拉按钮，在下拉菜单中选择【力】

按钮，出现【力】对话框，如图 10-34 和图 10-35 所示，在【类型】中选择【组件】，【名称】默认为【Force（1）】，在图形窗口中选择创建好的第 3 个刚性连接节点作为选择对象，在【方向】的【CSYS】中默认使用【全局】坐标系，在【组件】的【幅值】中选择【场】，在【指定场】下拉列表框中选择【表构造器】 ，弹出图 10-36 所示的【表格场】对话框。在【名称】中输入【Magnitude_X】，在【域】下面的【独立】下拉列表框中选择【频率】作为自变量，单位为 Hz，在【数据点】下面的空行中输入【0，1，1，1】，输入完成后勾选 ，即出现在表格中；同样输入【200，1，1，1】，勾选 ，完成数据的输入，【插值】方法默认为【线性】，单击【确定】按钮完成函数表格的创建，返回到【力】对话框，在【比例因子】中【Fx】、【Fy】、【Fz】文本框中分别输入【1】、【0】、【0】，单击【确定】按钮，完成在第 3 个刚性连接节点上的 X 向载荷的施加，如图 10-37 所示。

图 10-34 力的施加 1　　　　图 10-35 力的施加 2

图 10-36 表格函数的创建

图 10-37 力的施加 3

2）选择【仿真导航器】窗口分级树中【载荷容器】节点下上述步骤创建的【Force(1)】，右键选择【克隆】，出现【Copy of Force(1)】节点，右键选择【编辑】命令，将【名称】修改为【Force(2)】，选择【幅值】中【场】所对应的【Magnitude_X】，单击右侧的【修改】 按钮，进入【表格场】对话框，将名称【Magnitude_X】修改为【Magnitude_Y】，单击【确定】按钮，返回到【Force(2)】对话框，在【比例因子】的【Fx】、【Fy】、【Fz】文本框中分别输入【0】、【1】、【0】，单击【确定】按钮，完成在第3个刚性连接节点上的 X 向载荷的施加，如图 10-38 所示。

按照上述的方法，建立【Force(3)】，如图 10-39 所示，完成与外部激励频率相关的力载荷的创建。

图 10-38　Force(2) 的创建

图 10-39　Force(3) 的创建

3）将【约束容器】下的【Fixed(1)】拖曳到【Solution 2】下的【约束】中，将【载荷容器】中的【Force(1)】、【Force(2)】、【Force(3)】分别拖曳到【Subcase - Modal Frequency 1】、【Subcase - Modal Frequency 2】、【Subcase - Modal Frequency 3】子工况节点中，如图 10-40 所示，创建好的 3 个子工况分别如图 12-41、图 12-42、图 12-43 所示。

图 10-40　显示子工况

图 10-41　子工况 1 仿真模型示意图

图10-42 子工况2仿真模型示意图

图10-43 子工况3仿真模型示意图

（6）求解结构频率响应

1）在【仿真导航器】窗口分级树中右击【Solution 2】节点，从弹出的快捷菜单中选择【求解】命令，弹出【求解】对话框，单击【确定】按钮，等待【模型检查】完成。等待【分析作业监视器】出现【作业已完成】提示信息，在【仿真导航器】窗口分级树中也增加了【结果】节点，关闭所有信息窗口。

2）双击【结果】后进入【后处理导航器】树状列表窗口进行查看。展开【Solution 2】节点，如图10-44所示，单击【Subcase - Modal Frequency 1】结果节点，如图10-45所示，展开频率21阶的节点，显示频率值为90 Hz时的【位移 - 节点的】分析结果，双击【幅值】，查看当外部载荷激励频率为90 Hz时，引起机器人骨架连接件产生共振的动态位移变化情况，如图10-46所示。

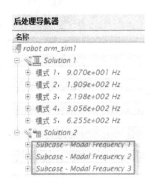

图10-44 频率响应分析结果

图10-45 子工况1分析结果查看

3）按照上述的方法，分别查看【Subcase - Modal Frequency 2】和【Subcase - Modal Frequency 3】子工况的分析结果，展开频率21阶的节点，显示频率为90 Hz时的【位移 - 节点的】分析结果，双击【幅值】，查看当外部载荷激励频率为90 Hz时，引起机器人骨架连接件产生共振的动态位移变化情况，分别如图10-47和图10-48所示。

4）单击【Subcase - Modal Frequency 1】结果节点，展开频率1阶，双击频率为50 Hz时的【位移 - 节点的】中的【幅值】分析结果，在【后处理导航器】中选择【云图绘图】中的【Post View2】，右击从弹出的快捷菜单中选择【新建图表】 ⊿命令，弹出图10-49所示的【图表】对话框，在【图表类型】中选择【交叉迭代】，将【名称】修改为【modal shape on node 75244】，单击【显示跟踪点】下面的【从模型中拾取】⊕按钮，弹出【节点

ID】对话框，如图 10-50 所示。选择施加激励载荷的节点，节点编号为【75244】，单击
【确定】✓按钮，【起点】和【终点】分别默认为【频率1, 5.000e+001 Hz】及【频率76,
2.000e+002 Hz】，单击【确定】按钮，在窗口中出现与频率相关的位移幅值变化情况。

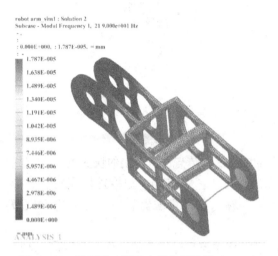

图 10-46　子工况 1 频率响应分析结果（90 Hz）　　　　　图 10-47　子工况 2 频率响应分析结果（90 Hz）

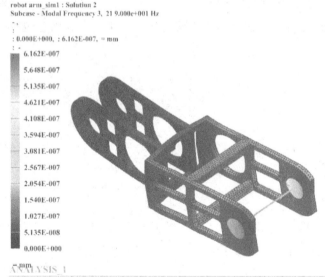

图 10-48　子工况 3 频率响应分析结果（90 Hz）

图 10-49　【图表】对话框

5）右击【Solution 2】解算结果的【图形】下的【modal shape on node 75244】节点，
如图 10-51 所示，从弹出的快捷菜单中选择【编辑】命令，出现【XY 函数编辑器】对话
框，如图 10-52 所示。在【创建步骤】中选择【XY 轴定义】▦图标，将【横坐标】的
【数据类型】选择为【周期】，【单位】为【工作周期】，将【纵坐标】的【数据类型】选
择为【位移】，【单位】为【mm】，展开下面的【更多 XY 轴定义】，将【X 轴标签】命名
为【step number】，【Y 轴标签】命名为【Displacement】，【Y 单位标签】中输入【mm】，单
击【确定】按钮。

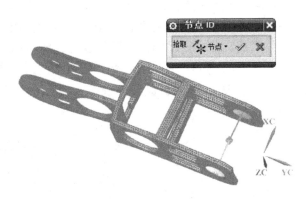

图 10-50　创建位移追踪点

图 10-51　图形结果节点　　　　图 10-52　【XY 函数编辑器】对话框

6）单击窗口工具栏中的【探测模式】 右侧的下拉按钮，选择【峰值探测模式】 命令，在窗口图表中对两个波峰进行标记，将【标记】拖曳到边上位置（便于观察即可），同样，在【数据跟踪】下拉菜单中选择【编辑/最小 – 最大值模式】 按钮，在图形中分别选择两个波峰值的标记，右击并从快捷菜单中选择【编辑标记】命令，弹出图 10-53 所示的对话框，将【文本样式】的字体大小调整为【4】，单击【确定】按钮。

7）此时发现，窗口中出现的图标还不够美观，再进行处理，便于清晰观察和存储图片。单击窗口工具栏中的【编辑】 按钮，使整个图表处于可编辑的状态。在图形窗口中选择【标题】，右击并从快捷菜单中选择【编辑标题】命令，弹出【标题选项】对话框，如图 10-54 所示。勾选【用户定义】复选框，输入【Displacement with frequence】，将【字体】大小调整为【4】，单击【确定】按钮；选择图表中右上方的【图例】方框，右击并从弹出的快捷菜单中选择【编辑图例】命令，弹出【图例选项】对话框，将【字体】大小调整为【4】，如图10-55所示，单击【确定】按钮；选择图表中曲线，右击并从弹出的快捷菜单中选择【编辑曲线】命令，弹出【曲线选项】对话框，将【线宽】选择为图10-56所示，单击【确定】按钮。

图 10-53　调整标记的字体

图 10-54　标题的编辑

图 10-55　图例的编辑

图 10-56　曲线的编辑

8）在图形窗口中选择【Y轴标签】，右击并从弹出的快捷菜单中选择【编辑 Y 标签】命令，弹出【Y轴选项】对话框，将【字体】大小调整为【4】，如图10-57所示，单击【确定】按钮；同样，选择【X轴标签】，右击并从弹出的快捷菜单中选择【编辑 X 标签】命令，弹出【X轴选项】对话框，将【字体】大小调整为【4】，如图10-58所示，单击

【确定】按钮；选择图表中曲线，右击并从弹出的快捷菜单中选择【编辑曲线】命令，弹出【曲线选项】对话框，将【线宽】选择如图 10-56 所示，单击【确定】按钮。分别单击右击并从弹出的快捷菜单中选择【Y 轴数量】和【X 轴数量】命令，在弹出的【Y 轴选项】对话框和【X 轴选项】对话框中将【字体】大小调整为【4】，分别单击【确定】按钮，如图 10-59、图 10-60 所示，最终美化好的图表如图 10-61 所示。

图 10-57　Y 轴标签的编辑

图 10-58　X 轴标签的编辑

图 10-59　Y 轴选项的编辑

图 10-60　X 轴选项的编辑

9）单击【Subcase – Modal Frequency 1】结果节点，展开频率21 阶，双击频率为90 Hz 时的【应力 – 单元节点】中的【Von Mises】分析结果，在【后处理导航器】中选择【云图绘图】中【Post View2】，右击并从弹出的快捷菜单中选择【新建图表】△命令，弹出图 10-62

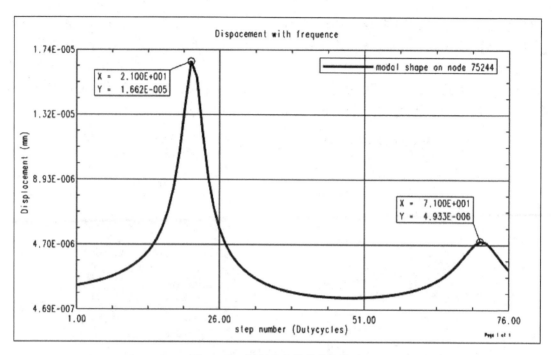

图 10-61　随频率变化的节点位移

所示的【图表】对话框。在【图表类型】中选择【交叉迭代】，将【名称】修改为【modal shape on node 45843】，单击【显示跟踪点】下面的【从模型中拾取】 ⊞ 按钮，弹出【节点 ID】对话框，如图 10-63 所示。选择施加激励载荷的节点，节点编号为【45843】，单击【确定】 ✅ 按钮，【起点】和【终点】分别默认为【频率 1，5.000e + 001 Hz】及【频率 76，2.000e + 002 Hz】，单击【确定】按钮，在窗口中出现与频率相关的位移幅值变化情况。

图 10-62　【图表】对话框

图 10-63　【节点 ID】对话框

按照生成随频率变化的节点位移图表的操作方法，设置随频率变化的节点应力（Von Mises）情况，分别将【标题】、【Y 轴标签】、【X 轴标签】修改为【von mises with frequence】、【Von mises】、【step number】，【字体】大小修改为【4】，如图 10-64 和图 10-65 所示，最终生成的随频率变化的节点位移图表如图 10-66 所示。

图 10-64　Y 轴标签的编辑

图 10-65　X 轴标签的编辑

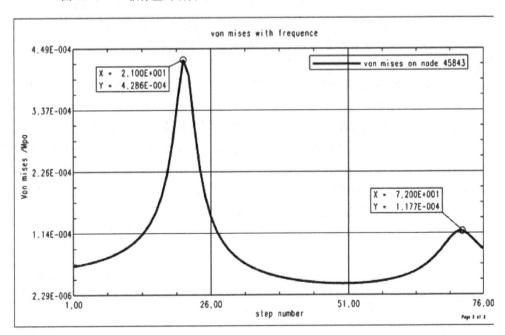

图 10-66　随频率变化的节点应力（Von Mises）

可以通过单击工具栏的【动画】按钮，选择【动画】的【迭代】方式查看相应分析工况从 50 Hz 到 200 Hz 频率范围内相关节点的位移及应力变化情况，在此不多赘述，可以参照前面介绍的模态分析结果查看方法。

读者可以通过设定【解算方案】下【工况控制】的【输出请求】选项，来评价在外部频率载荷激励条件下，其他感兴趣的节点或者单元在位移、速度、加速度和应力等响应值随激励频率变化的大小和趋势。

按照上述的方法，读者可以查看工况 2、工况 3 的节点或单元随激励载荷频率变化的频率响应分析结果。通过上述随频率变化的节点位移与应力的图表可以看出：当外部激励载荷频率接近部件第一阶固有频率时，激发并造成模型系统的共振现象，为产品的动力性能优化设计提供了必要的量化设计依据。

10）单击工具栏中的【返回到模型】![按钮]按钮，返回到仿真模型环境，单击【文件】菜单下【关闭】的【全部保存并关闭】按钮，保存分析的数据并退出该项目的仿真分析。

上述实例各个模型文件和输出结果请参考随书光盘 Book_CD \ Part \ Part_CAE_Finish \ Ch10_Robot arm \ 文件夹中的相关文件，操作过程的演示请参考随书光盘中的文件 Book_CD \ AVI \ Ch10_Robot arm . AVI。

10.5　本章小结

1）频率响应分析是产品动力性能设计经常使用的功能，在产品设计中有着广泛的应用。在进行结构频率动力响应分析操作时，主要考虑的问题有 5 个：一是构建的有限元模型在允许的范围内尽量简洁和有效，模型过繁或过大会造成分析不能进行；二是兼顾好节点/单元和约束条件的相互关系；三是确定结构分析的频率范围（固有频率的模态阶数），首先要进行模态分析，明确频响分析的目的，合理地设置分析频率范围及分析频率步长；四是输入的结构阻尼数值尽量符合实际情况，必要的时候可以通过试验模态获得；五是考虑好评价结构动态响应的主要指标，便于和软件提供的解算功能相结合。

2）频率响应分析的一个重要方面就是载荷函数的定义。在频率响应分析中，载荷必须定义为频率的函数。无论使用直接法还是模态法，都按照相同的方式定义载荷。在执行频率响应分析时，一个主要考虑的事情是选择在哪个频率下进行求解，建议读者在模态分析的基础上结合 FREQ（定义离散的激励频率）与 FREQ1（定义频率范围及步长）的方法进行求解。

3）和前面的静力学分析相比，动力学和振动的仿真分析更加依赖专业知识，UG NX 初学者在学习 UG NX 有限元动力响应的操作时，应及时补习相关的理论知识，软件应用与理论学习相互促进，最终借助软件工具，并结合相关试验手段来解决工程中的振动问题。

第11章　非线性分析实例精讲
——静压轴承装配分析

本章内容简介

本实例在介绍非线性分析的定义、基本类型、主要参数和基本操作步骤的基础上，利用 UG NX 高级仿真中的【SOL 601，106 Advanced Nonlinear Statics】结构非线性静态分析模块，以静压轴承装配模型的非线性接触作为研究对象，重点介绍了创建加载函数、定义加载步长、设置高级非线性接触参数、设置非线性解算主要参数的基本方法，介绍了整个结构非线性变形状况随步长变化过程的动画演示以及非线性结果查看和分析的方法，为确定合理的静压轴承装配工艺和满足静压轴承承载性能设计要求提供依据。

11.1　基础知识

11.1.1　非线性分析的定义

在日常生活中，结构非线性问题随处可见：图 11-1a 为无论何时用订书钉订书，金属

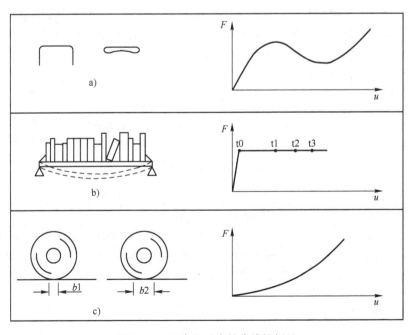

图 11-1　日常生活中的非线性例子

订书钉都将永久地弯曲成另一个形状；图 11-1b 为在一个木架上放置重物，随着时间的迁移它将越来越下垂；如图 11-1c 为在汽车或卡车上装货时，它的轮胎和下面路面间的接触面积将随货物重量的增加而变化。如果将这些例子中载荷和变形之间的关系用曲线画出来，会发现它们都显示了非线性结构的基本特征：结构的刚度不是恒定的，它随着变形大小而发生变化。

事实上，所有的工程结构问题都有一定程度的非线性问题存在，而线性分析只是一种近似和拟合处理，只要载荷施加、材料性质、接触状况或者结构的刚度是位移或者时间的函数，该问题就属于非线性范畴了。

11.1.2 非线性分析的类型

引起工程结构非线性问题的因素很多，主要归纳为几何结构非线性、接触边界条件非线性和材料非线性 3 个方面。

（1）几何非线性

几何非线性与分析过程中模型的几何形状或者尺寸变化有关，常见的情况有大位移（变形）或翻转、大应变、结构的屈曲和后屈曲及预应力结构等；还有机械工程中的冲压、锻压工件，它们都是由毛坯通过弹性变形后进入了不可恢复的塑性变形。

（2）接触边界非线性

许多普通结构都表现出一种与状态相关的非线性行为：比如，一根只能承受拉力的电缆可能是松弛的，也可能是绷紧的；转轴和衬套可能是接触（包括过盈配合）的，也可能是不接触的；齿轮的啮合，齿对之间的接触与分离；高速旋转的刀柄和主轴锥孔之间的接触也有松脱的趋势。这些结构的刚度由于系统状态的改变会在不同的值之间突然变化。

（3）材料非线性

非线性的应力-应变关系是引起结构非线性的常见原因，工程中许多因素可以影响材料的应力-应变关系，包括加载过程（比如在弹性-塑性之间的响应）、环境状况（比如温度的变化）、加载的时间总量（比如蠕变）。材料非线性可以是各向同性材料（弹塑性、超弹性）、正交各向异性材料和各向异性材料。

最新版本的 NX Nastran 提供的非线性分析类型如表 11-1 所示。

表 11-1 NX Nastran 提供的非线性分析类型

序 号	类 型	用 途
1	SOL 106	非线性静态分析
2	SOL 129	非线性瞬态响应分析
3	SOL 601，106	高级非线性静态，隐式求解
4	SOL 601，129	高级非线性动态，隐式求解，适用于对时间不敏感的低速非线性分析
5	SOL 701	高级非线性动态，显式求解，适用于高速状态的非线性分析，比如跌落试验仿真和钣金冲压成形分析

11.1.3 非线性分析的特点

和线性分析相比，非线性分析的计算时间和计算机存储量要大得多；另外，两者在数值计算方法和求解参数的设定上也有很大区别。了解非线性分析参数的含义有助于软件具体操作，主要参数归纳如下。

（1）载荷增量

对有限元求解的非线性问题，必须采用一系列带校正的线性近似来求解，即将载荷细分成一系列载荷增量，用户可以在每个载荷步内施加载荷增量，在每个增量求解完成后，继续下一个载荷增量之前，计算程序自动调整刚度矩阵以便反映结构刚度的非线性变化。矩阵刚度更新的方式包括自动更新、半自动更新和迭代控制方式，更新前的迭代次数也可以修改。

（2）载荷增量大小的选择

在非线性分析的加载过程中，选择合理的载荷增量步大小对完成分析并达到精度要求是非常重要的。较大的步长会使一个增量步中的循环计算次数增多，如果步长过大，还会导致结果精度下降甚至不收敛；而过小的步长会降低计算的效率。在软件操作过程中建议首次计算采用默认值，如果计算不收敛，则调整相关参数。

（3）收敛准则和收敛误差

在迭代过程中要设置收敛的误差值，当迭代误差小于用户设置的值时，则终止迭代。在设置误差之前，用户必须要确定收敛误差是建立在位移、载荷、功（工作）还是三者之中的任意组合的基础上。图11-2为【非线性参数】对话框中关于【收敛准则】的默认设置，其中误差的默认值为【0.01】。

（4）弧长法

求解包含各种非线性问题的常用方法，是逐个加载增量步来求解非线性力平衡方程，即在每个增量步内按给定的载荷增量或给定的位移增量，迭代出系统的平衡位置，从而追踪出结构真实的加载路径。

在增量加载分析中，包括按载荷控制的加载方式和按位移控制的加载方式，有时可以相互替代，比如对结构进行极限载荷分析时，由于极限载荷是未知的，采用载荷控制的加载方式按照事先规定的载荷增量步长加载时，一旦所施加载荷大于结构的极限载荷，就会使刚度矩阵奇异，导致求解失败。只能使用更小的载荷增量逐渐逼近极限载荷，才能获得极限载荷的近似值，但是这样操作需要反复多次才能试凑合理的加载步长，因此对于极限载荷分析问题，采用位移控制的加载方式分析更为有效。

实际中往往会有更加复杂的情形，由于实际结构可能会屈曲失稳，并且所能承受的载荷极限可能有多个，都是未知的，因此试图预先给定使结构保持稳定的最大载荷和位移值，然后按照载荷控制加载或者按照位移控制加载的分析方法往往是不现实的。

近年来发展而成的弧长法控制策略则提供了解决此类问题的有效方案，其基本思想是在由弧长控制的、包含真实平衡路径的增量位移空间中，通过制定合理的约束类型，由Newton－Raphson（牛顿－拉普森）迭代转换方法搜索满足力平衡方程的平衡路径，从而控制弧长渐进增长和方程的最终收敛。图11-3中的对话框为非线性分析类型【NLSTATIC 106】中的弧长法主要默认参数。

提示

NX Nastran结构非线性分析提供了表11-1所示的解算类型，但是在计算具体工程项目时，在操作过程中针对不同的类型，其参数的设置有所区别。

图11-2　收敛准则设置　　　　　图11-3　弧长法的主要参数

11.1.4 非线性分析的步骤

不同的非线性类型，其操作步骤和参数设置有所区别。下面以一般性的接触边界条件非线性分析为例，采用 UG NX 高级仿真中的非线性解算功能，其基本的操作步骤如下。

1）构建分析用的主模型，并尽量简化几何模型。

2）构建有限元模型：主要包括确定材料属性、单元属性和划分网格。

3）构建仿真模型：主要包括设置边界约束条件、定义加载函数，确定接触条件对（源面和目标面）及其过盈量情况。

4）设置非线性求解类型、定义时间步长、设定非线性分析的主要参数。

5）求解并输出结果，一般可以显示任意载荷步的位移、应力和应变的数值，也可以绘制出随载荷变化的位移、应力曲线和相应的变形过程的动画演示。

11.2　问题描述

本实例以四油腔静压轴承的装配工艺为例，以轴瓦在压入缸套后4个封油面的切向变形为研究对象，进而确定装配压入的工艺。图11-4为静压轴承的装配主模型，铜瓦的内径为90 mm，高度为90 mm；钢套的外径为141 mm，高度为80 mm，钢套内孔和铜瓦外圆的配合锥度为1:7，轴瓦使用锡青铜（ZQSn3 - 7 - 5 - 1），钢套使用40Cr。工作时钢套不动，将轴瓦沿轴向压入10 mm，压入过程中轴瓦与钢套的摩擦因数取0.05。需要计算轴瓦在压入过程中及压入后的切向变形过程情况、最大主应力大小的变化过程，为进一步的压入装配工艺优化设计（提取约束反力）提供数据支撑，需要考虑的问题如下。

（1）封油面近油腔边切向变形的确定

在四油腔静压轴承的设计中，为了计算油膜的承载能力，需要计算其压力分布，封油面的周

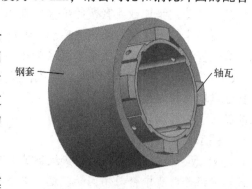

图11-4　静压轴承装配主模型

向变形对油腔的承载量有着直接的影响，尤其要考察增加的进油孔尺寸大小对封油面边缘切向变形的影响，不允许存在突变较大的切向变形情况。通过本实例非线性计算和分析，来确定装配过程中进油孔对封油面的影响。

（2）弹性轴瓦弹性变形钢套最大许用应力的确定

轴瓦使用的材料为锡青铜（ZQSn3－7－5－1），屈服强度为260 MPa，抗拉强度为1000 MPa；钢套的材料为40Cr钢，屈服强度为1178 MPa，抗拉强度极限为1240 MPa。这些材料的抗拉强度、屈服强度均为已知，一般通过设计手册和产品设计规范分别查询这两类材料在工况下的许用应力。要避免压入装配过程中出现过大的塑性变形。

（3）确定装配压入力

通过查看轴向的约束反力确定装配的初始压入力。

（4）非线性解算中的其他规定

非线性解算时间长，为了简化操作和减小计算规模，对实体模型进行3D自由网格划分，单元大小由软件自动确定即可，对计算精度影响不大。

11.3 问题分析

1）从实际工况来看，轴瓦压入钢套的装配过程是一个动态大变形与接触边界非线性的过程，但不属于高速冲击动态响应，因此可以选用NX Nastran提供的【SOL 601，129】非线性隐式计算模块。

2）根据工况可以约束钢套固定不动，设定轴瓦压向钢套的时间为1 s，轴瓦压入的轴向距离为10 mm，使用强迫位移来实现和模拟轴瓦压入的过程。

3）轴瓦在压入的过程中，封油面锥面和钢套接触是非线性的，因此可以利用【SOL 601，129】提供的【高级非线性接触】来定义两者之间的接触状况，【SOL 106】非线性静态分析中不支持【面与面的接触】。

4）兼顾计算精度和运行时间，本实例取时间增量为0.05 s，共有20个计算步长。

5）在没有特殊的要求下，本实例操作中可以默认非线性计算过程中的收敛准则、收敛公差、自动递增方案和最大迭代次数等内部设置的参数。

11.4 操作步骤

打开随书光盘part源文件所在的文件夹：Book_CD\Part\Part_CAE_Unfinish\Ch11_Non-Linear Static\Assem1_Non，调出图11-4所示的静压轴承装配主模型。

（1）创建有限元模型

1）依次单击【开始】和【高级仿真】按钮，在【仿真导航器】窗口分级树中，右击【Assem1_Non】节点，从弹出的快捷菜单中选择【新建FEM】命令，弹出【新建部件文件】对话框。在【新文件名】下面的【名称】选项中将【fem1.fem】修改为【Assem1_Non_fem1.fem】，单击▣按钮，选择本实例高级仿真相关数据存放的【文件夹】，单击【确定】按钮。

2）弹出【新建FEM】对话框，【求解器】和【分析类型】中各个选项及其参数保留默认设置，单击【确定】按钮，直接进入创建有限元模型环境，如图 11-5 所示。

3）单击工具栏中的【材料属性】 ![按钮，弹出【指派材料】对话框，在图形窗口单击选中轴瓦模型，选择【新建材料】的【创建】 ![命令，如图 11-6 所示，弹出【各向同性材料】对话框，如图 11-7 所示。在【名称】中输入【ZQSn3-7-5-1】，在【属性】的【质量密度（RHO）】中输入【8.852e-6】，【单位】默认为【kg/mm^3】，在【弹性常数】的【杨氏模量（E）】中输入【103400】，【单位】选择【N/mm^2（MPa）】，在【泊松比（NU）】中输入【0.34】；单击【强度】选项卡，在【屈服强度】中输入【260】，【单位】选择【N/mm^2（MPa）】，在【极限抗拉强度】中输入【1000】，【单位】选择【N/mm^2（MPa）】，如图 11-8 所示，单击【确定】按钮，完成轴瓦材料的创建，选择刚才创建好的材料，单击【应用】按钮。

图 11-5 【新建 FEM】对话框

图 11-6 【指派材料】对话框

图 11-7 创建轴瓦材料 1

图 11-8 创建轴瓦材料 2

按照上述的方法，在图形窗口单击选中钢套模型，选择【新建材料】的【创建】命令，弹出【各向同性材料】对话框，在【名称】中输入【40Cr】，在【属性】的【质量密度（RHO）】中输入【7.85e-6】，【单位】默认为【kg/mm^3】，在【弹性常数】的【杨氏模量（E）】中输入【193000】，【单位】选择【N/mm^2(MPa)】，在【泊松比（NU）】中输入【0.284】；单击【强度】选项卡，在【屈服强度】中输入【1178】，【单位】选择【N/mm^2(MPa)】，在【极限抗拉强度】中输入【1240】，【单位】选择【N/mm^2(MPa)】，单击【确定】按钮，完成钢套材料的创建，选择刚才创建好的材料，单击【确定】按钮。

4）单击工具栏中的【物理属性】按钮，弹出创建【物理属性表管理器】对话框，默认【类型】为【PSOLID】，【名称】为【PSOLID1】，单击【创建】按钮，弹出【PSOLID】对话框，如图11-9所示。在【名称】中输入【PSOLID1-gangtao】，在【材料】中选取定义好的【40Cr】，在【CORDM】中选择【圆柱坐标系】，选择钢套一端的外圆边建立圆柱坐标系，单击【确定】按钮并返回【物理属性表管理器】对话框。继续创建轴瓦的物理属性，默认【类型】为【PSOLID】，【名称】为【PSOLID2】，单击【创建】按钮，弹出【PSOLID】对话框，在【名称】中输入【PSOLID2-zhouwa】，在【材料】中选取已经创建好的【ZQSn3-7-5-1】材料，在【CORDM】中选择【圆柱坐标系】，选择钢套一端的外圆边建立圆柱坐标系，单击【确定】按钮并返回【物理属性表管理器】对话框，如图11-10所示。单击【关闭】按钮，退出模型物理属性的设置。

图11-9 创建钢套物理属性

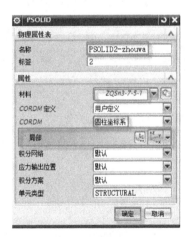

图11-10 创建轴瓦物理属性

5）单击工具栏中的【网格收集器】按钮，弹出【网格收集器】对话框，默认【单元族】为【3D】，【收集器类型】为【实体】，在【物理属性】的【实体属性】选项中选取上述操作已经设置好的【PSOLID1-gangtao】，默认【名称】为【Solid(1)】，单击【应用】按钮，如图11-11所示；再次在该【网格收集器】对话框的【实体属性】中选取【PSOLID2-zhouwa】，默认【名称】为【Solid(2)】，单击【确定】按钮，如图11-12所示，完成实体单元类型和属性的设置。

6）单击工具栏中的【3D四面体网格】按钮，弹出【3D四面体网格】对话框，默认【单元属性】类型为【CTETRA(10)】，在【目标收集器】下面的【网格收集器】中切换为

【PSOLID1－gangtao】，在图形窗口单击选中钢套模型，单击【单元大小】右侧的【自动单元大小】按钮，文本框内数值为【37.5】，将其修改为【6.5】，单击【应用】按钮，可完成对钢套模型进行网格划分，如图11-13所示。

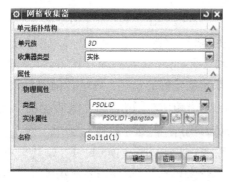 

图 11-11 创建钢套网格收集器   图 11-12 创建轴瓦网格收集器

7）在图形窗口单击选中轴瓦模型，默认【单元属性】类型为【CTETRA（10）】四面体10节点，在【目标收集器】下面的【网格收集器】切换为【PSOLID2－zhouwa】，单击【单元大小】右侧的【自动单元大小】按钮，文本框内变为【9.63】，输入单元尺寸大小为【6.5】，单击【确定】按钮，完成对轴瓦模型进行网格划分，如图11-14所示，划分好的网格模型如图11-15所示。为观察方便，可以编辑其中一个几何体有限元模型的显示颜色。

 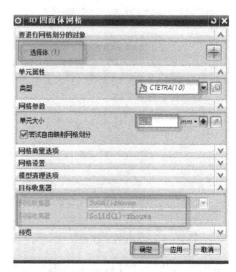

图 11-13 钢套网格划分   图 11-14 轴瓦网格划分

8）单击工具栏中的【单元质量】按钮，在下拉菜单中选择【单元质量】命令，弹出【单元质量】对话框，在【选择对象】中选择图形窗口中的钢套与轴瓦网格模型，单击【检查单元】按钮，如图11-16所示，在弹出的【信息】对话框中显示【0个失败单元，2个警告单元】，说明上述自动划分网格成功基本上是合格的。

提示

可以在【单元质量】对话框【检查选项】选项卡中进行选择和设定，具体可以参考前面的章节，本章不再赘述。

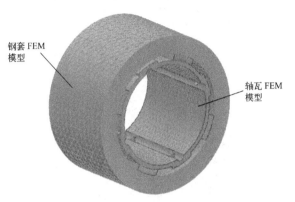

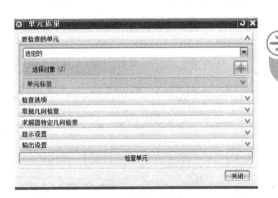

图 11-15　划分好的静压轴承网格模型 　　　图 11-16　钢套轴瓦单元质量检查

（2）创建仿真模型

1）右击【仿真导航器】窗口分级树的【Assem1_Non _fem1. fem】节点，从弹出的快捷菜单中选择【新建仿真】命令，弹出【新建部件文件】对话框，将【名称】修改为【Assem1_Non _sim1. sim】，单击【确定】按钮；弹出【新建仿真】对话框，所有的选项保留默认设置，单击【确定】按钮。

2）弹出【解算方案】对话框，在【名称】中默认为【Solution 1】，【解算方案类型】选取为【SOL 601, 106 Advanced Nonlinear Statics】，如图 11-17 所示，单击【确定】按钮。同时注意到【仿真导航器】窗口分级树中，新增了相关的数据节点。

图 11-17　【解算方案】对话框

3）单击工具栏中的【约束类型】按钮右侧的下拉按钮，选择弹出的【固定约束】命令，弹出【Fixed(2)】对话框，在图形窗口中选中钢套模型的两个端面作为【选择对象】，其他选项保留默认设置，如图11-18所示，单击【确定】按钮，完成对钢套约束条件的设定操作，完成的钢套固定约束效果如图11-19所示。

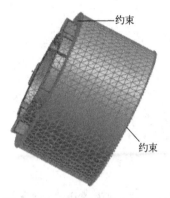

图11-18 【Fixed(2)】对话框　　　图11-19　钢套固定约束效果图

4）单击工具栏中的【约束类型】按钮右侧的下拉按钮，选择弹出的【强迫位移约束】命令，弹出【强迫位移约束】对话框。【类型】选择【组件】，【名称】默认为【enforced（1）】，在图形窗口中单击选中轴瓦网格模型的上端面作为【选择对象】，在【方向】的【位移CSYS】中切换为【圆柱坐标系】，在图形窗口选中轴瓦网格上端面的圆周棱边，在该模型上自动创建一个圆柱局部坐标系，如图11-20所示。

5）单击【强迫位移约束】对话框【自由度】子项【DOF3】右侧的下拉按钮，切换为【场】，如图11-21所示。在下拉菜单中选择【表构造器】选项，弹出【表格场】对话框，在【名称】中输入【DOF3_Plug10】，在【域】的【独立】中选择【时间】作为独立变量，在【数据点】的输入行中分别输入【0，0】，【1，-10】并单击确定按钮，如图11-22所示，其他选项参数保留默认设置，单击【确定】按钮，返回到【强迫位移约束】对话框。【比例因子】默认为【1】，也可以单击【XY绘图】按钮查看该加载函数，其他的【DOF】均设置为0，如图11-23所示，单击【确定】按钮，完成强迫位移约束的设置。

图11-20　【强迫位移约束】对话框1　　　图11-21　【强迫位移约束】对话框2

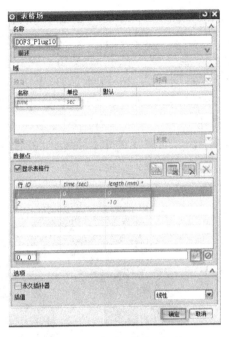

图 11-22 【表格场】对话框 　　　　图 11-23 强迫位移约束施加效果图

（3）定义高级非线性接触

1）单击工具栏上【仿真对象模型】 按钮，选择弹出的【面对面接触】 图标，弹出【面对面接触】对话框，如图 11-24 所示。【类型】默认为【自动配对】，在【创建自动面对】中单击【创建面对】 按钮，弹出图 11-25 所示的对话框。

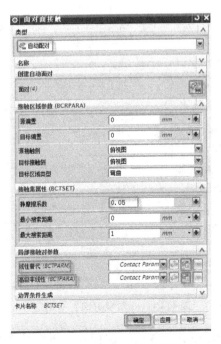

图 11-24 面与面接触设置对话框 　　　图 11-25 【Create Automatic Face Pairs】对话框

2) 在窗口中选中所有的有限元模型，默认设置参数，单击【确定】按钮，共找到 4 个面对。在对话框中的【静摩擦系数】窗口中输入【0.05】，单击【局部接触对参数】下【线性替代（BCTPARM）】右侧的【创建模型对象】按钮，弹出【Contact Parameters – Linear Pair Overrides2】对话框，如图 11 – 26 所示。在【法向罚因子（PENN）】中输入【1】，在【切向罚因子（PENT）】输入【0.1】，单击【高级非线性（BCTPARA）】右侧的【创建模型对象】按钮，建议保留所有内部参数的默认设置，单击【确定】按钮，返回【面对面接触】对话框，单击【确定】按钮，设置接触条件后的模型如图 11-27 所示。

图 11-26 【Contact Parameters – Linear Pair Overrides2】对话框

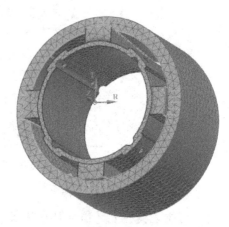

图 11-27 高级非线性接触设置效果图

（4）定义时间步

在【仿真导航器】窗口分级树中右击【Solution 1】节点，从弹出的快捷菜单中选择【编辑】命令，弹出【解算方案】对话框，如图 11-28 所示，单击【解算方案】下面的【工况控制】选项卡，【时间步定义】默认为【单个间隔】，单击【时间步间隔】右侧的【创建模型对象】按钮，弹出【Time Step1】对话框，如图 11-29 所示，在【时间步数】中输入【20】，【时间增量】中输入【0.05】，注意两者的乘积即为轴瓦强制位移作用时间 1 s，单击【确定】按钮，返回【解算方案】对话框。

（5）定义解算参数

1）右击【solution1】节点，从弹出的快

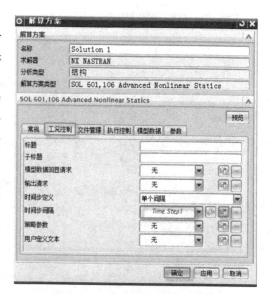

图 11-28 【解算方案】对话框

捷菜单中选择【编辑】命令，弹出【解算方案】对话框，选取【工况控制】下的【策略参数】选项，单击【策略参数】右侧的【创建模型对象】按钮，弹出【Strategy

Parameters1】对话框。在默认的【分析控制】选项卡中，切换【自动增量 Scheme（AUTO）】的选项为【Not used】，其他参数均为默认值，如图 11-30 所示，单击【确定】按钮，返回【解算方案】对话框。

提示：

【自动增量】中提供了 3 种方式：【ATS】是指自动时间步长控制方案；【LDC】是指载荷位移控制方案；【TLA】是指总载荷应用方案。各种方式提供的参数设置值各不相同。

图 11-29 【Time Step1】对话框

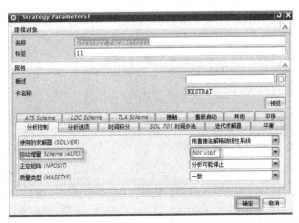

图 11-30 【Strategy Parameters1】对话框

2）单击【解算方案】对话框下面的【参数】选项卡，勾选【大位移】复选框，如图 11-31 所示，单击【确定】按钮，完成上述解算方案的设置任务。

（6）求解

在【仿真导航器】窗口分级树中右击【Solution 1】节点，从弹出的快捷菜单中选择【求解】命令，弹出【求解】对话框，单击【确定】按钮。先弹出【模型检查】对话框和【作业监视器】对话框，再弹出【解算监视器】对话框。在该对话框中出现【解算方案信息】、【非线性历史记录】和【载荷步收敛】3 个选项卡。其中，【非线性历史记录】的信息窗口记录加载时间步的过程，如图 11-32 所示，【载荷步收敛】窗口记录解算迭代及其收敛过程，如图 11-33 所示，计算时间约 50 min，计算到 16 步的时候就已经收敛了。等到解算作业完成，关闭各个信息窗口。

提示：

本实例模型规模不大，解算时间不长，如果计算本实例的时间过长，建议检查上述的解算参数设置是否合理，特别要检查【自动增量】收敛方式有无设置好。

如果计算中出现不能收敛的现象，首先要检查所构建的有限元模型是否与实际情况相吻合，单元类型、边界条件和加载方式是否合理；如果这些操作合理，建议采用减小加载步长、采用线性搜索、调整收敛准则、切换自动增量模式和增加单步最大迭代次数等方法来保证模型计算的收敛性。

（7）后处理及其动画演示

在【仿真导航器】窗口中的分级树中，双击【结果】节点，进入【后处理导航器】窗口，如图 11-34 所示，在【Solution 1】节点下面出现了各个解算成功的【非线性步长】节点，共 16 个，可以展开每个子节点，查看各自节点 - 单元的位移和应力情况。

图11-31 勾选【大位移】复选框

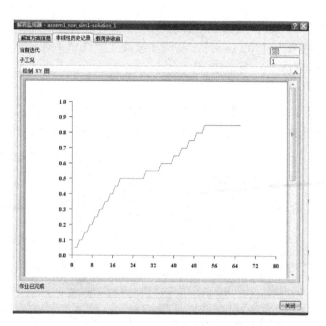

图11-32 方案求解的非线性历史记录

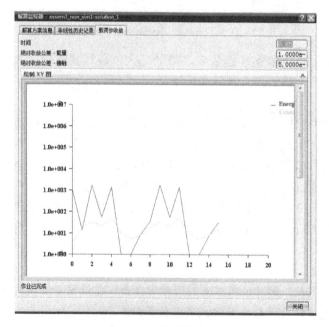

图11-33 载荷步收敛对话框

图11-34 各个非线性步长节点

1) 展开【Solution 1】→展开【非线性步长16, 8.000e-001】→【位移-节点的】→【Z】节点, 双击【Z】节点, 出现16步计算后的Z向位移, 单击工具栏上的【动画】 ![]按钮, 弹出图11-35所示的【动画】对话框, 单击【播放】 ![]按钮, 出现轴瓦沿Z向压入钢套的演示过程, 单击【捕捉动画GIF】 ![]按钮, 可以将该动画录制下来, 完成后单击【停止】 ![]按钮。

2) 将【动画】的【结果】选项切换为【迭代】, 出现图11-36所示的对话框, 默认

【开始迭代】和【结束迭代】选项，单击【播放】▶按钮，即可演示出整个压入过程中轴瓦的位移变化情况，并观察到轴瓦的变形情况。

图11-35 【动画】对话框

图11-36 迭代【动画】对话框

3）在【后处理导航器】树状列表窗口中展开【Post View 1】节点，如图11-37所示，在【3D单元】节点下抑制【3d_mesh(2)】，在图形窗口中仅剩下轴瓦模型，单击【播放】▶按钮，即可演示出弹性筒夹单独的变形及应力变化情况。

4）在【后处理导航器】窗口中展开【非线性步长16，8.000e-001】节点，展开【非线性应力-单元节点】，双击【Von Mises】节点，在窗口中出现了轴瓦的应力云图，如图11-38所示。可以查询出最大应力值和最小应力值及其所在部位，从图中看出轴瓦大端的端部处部分单元节点的应力已经远远超出已经其屈服极限，发生屈服变形。

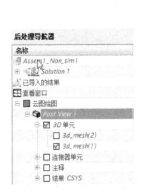

图11-37 抑制单元节点显示结果

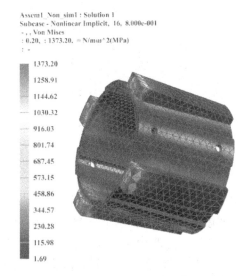

图11-38 步长为16的轴瓦应力云图

5）依照步骤3）中所述的方法，展开【Post View 1】→【3D Elements】节点，抑制【3d_mesh（1）】，在图形窗口中仅显示钢套模型，展开【非线性步长16，8.000e-001】→

【非线性应力 - 单元节点】，双击【Von Mises】节点，在窗口中出现了钢套的应力云图，如图 11-39 所示。可以查询出最大和最小应力值及其所在部位，从图中看出钢套靠近轴瓦大端的端部处部分单元节点的应力较大，但还没有超出其屈服极限。

提示

上述模型为圆柱体形状，在构建位移约束时又采用了【圆柱坐标系】，因此在进行后处理时，右击【Post View】节点，从弹出的快捷菜单中选择【编辑】命令，进入【后处理视图】后单击【结果】按钮，弹出【光顺绘图】对话框，将【坐标系】切换为【柱工作坐标系】，单位为【mm】。

考虑轴瓦压入时的切向变形位移是本实例非线性分析最为重要的考察指标，下面介绍创建路径和图表，绘制路径上关键节点位移随步长（时间）变化曲线的基本方法。

6）在【后处理导航器】窗口中展开【Post View 1】节点，右击从弹出的快捷菜单中选择【新建路径】命令，如图 11-40 所示，将【名称】修改为【Path 1】，在图形窗口中选择接触锥面靠近油孔的一条边，如图 11-41 所示，单击【确定】按钮，完成路径的创建。在后处理导航器窗口中，新增了【Path 1】路径节点，如图 11-42 所示。

图 11-39　步长为 16 的钢套应力云图　　　　图 11-40　【路径】对话框

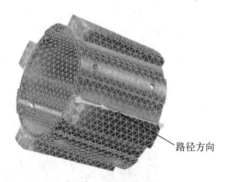

图 11-41　创建路径示意图　　　　图 11-42　新增加的后处理路径节点

7）创建在步长 16 状态下的轴瓦上所抽取路径的应力情况：展开【非线性步长 16，8.000e - 001】→【非线性应力 - 单元节点】节点，双击【Von Mises】子节点，展开【Post View 1】，在【3D 单元】节点下抑制【3d_mesh(2)】，在图形窗口中仅显示轴瓦模型，如图 11-38 所示。右键单击【Post View 1】，从弹出的快捷菜单中选择【新建图表】命令，弹出图 11-43 所示的【图表】对话框。默认所有选项参数，单击【确定】按钮，即可出现图 11-45 所示的该路径节点应力随时间（步长）变化的曲线。可以看到，在靠近轴瓦锥面大端处出现较大的应力，其他处应力均在较小的范围之内，此处较大值产生的原因可能是和钢套的接触，也可能是由靠近锥面断面直角处网格奇异造成的，可以对其细化网格或倒圆角后再进行计算、分析和判别。

8）创建在步长 16 状态下的轴瓦上所抽取路径的位移情况：展开【非线性步长 16，8.000e−001】→【位移−节点的】→【Z】节点，双击【Z】节点，展开【Post View 1】，在【3D 单元】节点下抑制【3d_mesh(2)】，在图形窗口中仅显示轴瓦模型，如图 11-38 所示，右键单击【Post View 2】，从弹出的快捷菜单中选择【新建图表】 △ 命令，弹出图 11-44 所示的【图表】对话框，所有选项参数保留默认设置，单击【确定】按钮，即可出现图 11-46 所示的该路径节点位移随时间（步长）变化的曲线，可以看到在靠近轴瓦锥面大端处出现较大的突变，在对应油孔处位移会发生小的突变，说明油孔对路径 1 上节点的位移也有影响，在设计静压轴承时需要考虑油孔的位置及大小对其性能的影响。

提示

可以利用工具栏上上编辑图标的命令编辑图 11-45 和图 11-46，具体可以参考前面的章节，在此不多赘述。

图 11-43　【图表】对话框−非线性应力

图 11-44　【图表】对话框−位移

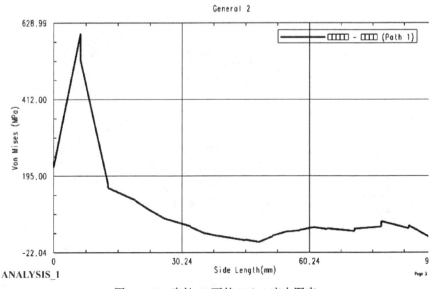

图 11-45　步长 16 下的 Path 1 应力图表

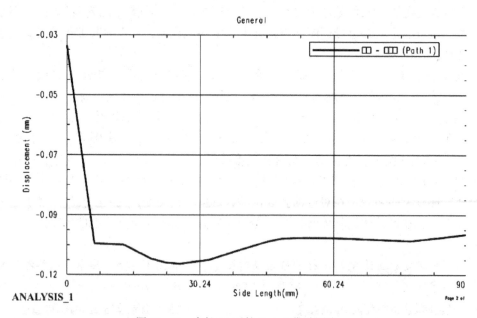

图 11-46 步长 16 下的 Path 1 位移图表

9）展开【非线性步长 16，8.000e-001】节点→【非线性应力-单元节点】，双击【反作用力】节点，展开【Post View 1】，在【3D单元】节点下抑制【3d_mesh(1)】，在图形窗口中仅显示钢套模型，图 11-47 为钢套的约束反作用力，如果要实现将轴瓦以 8mm 的强制位移压入的化，可以采用 1.11E+0004 的力来实现。

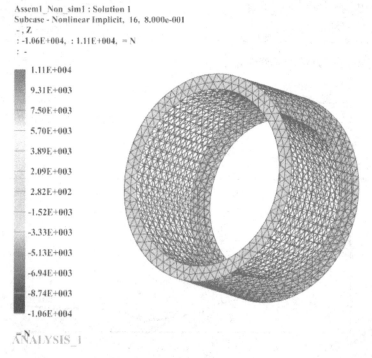

图 11-47 钢套的反作用力

　　10）如果完成了以上分析结果的查看任务，可以单击工具栏中的【返回到模型】按钮，退出【后处理导航器】窗口。

　　上述实例各个模型文件、输出结果和变形过程的动画请参考随书光盘 Book_CD\Part \ Part_CAE_Finish\ 11_NonLinear Static \文件夹中的相关文件，操作过程的演示请参考随书光盘视频文件 Book_CD\AVI\ 11_NonLinear Static. AVI。

11.5　本章小结

　　NX Nastran 结构分析可以解决工程中的很多因几何非线性（比如塑性变形、接触、热套和薄壳屈曲等）或者材料非线性（蠕变、超弹性材料等）而产生大变形的问题，非线性计算过程要比线性结构计算要复杂得多，不同的非线性问题需要有对应的计算方法和参数设置，关键需要构建能切合实际的非线性仿真模型。本实例是一个典型的非线性接触及大变形案例，在上述计算和分析的基础上，可以得到如下的结论和进一步拓展的仿真和计算的内容。

　　1）通过查看封油面（轴瓦与钢套的接触面）棱边的变形，可以得知设计的静压轴承油孔的分布和大小对静压轴承的性能有影响，读者可以进行有无油孔及油孔大小尺寸改变的方案分析对比，进而得出油孔对静压轴承性能的影响数据。

　　2）通过对计算结果的分析，得知轴瓦装配时最适合的装配位移为 8mm，需要的装配力可以由钢套的约束作用发力计算得到。分析时大端面出现的应力超大的现象，可以根据实际情况判断是否是网格奇异引起的应力集中，如不是，则需要在设计时加以注意和改善。

　　3）在创建非线性分析的有限元模型时，注意使用网格划分的技巧，做到疏密得当，过多的网格单元数会造成计算时间超长甚至出现不能解算的情况，读者在进行非线性分析时需要注意。

　　4）在装配体非线性有限元分析时，需要注意使用的高级接触参数及定义非线性参数的一些技巧，如使用加载函数、定义分析步长及策略等，具体可以参考 NX 帮助文档中高级非线性分析部分，参考该文档还能掌握各个参数的含义及使用场合，在此不多赘述。

　　5）注意将分析的结果和实际的经验与测试数据进行对比和校核，当出现分析结果与实际情况不一致的情况，特别是出现数量级的误差时，一定要严格检查有限元模型的正确性、边界与载荷的施加、非线性参数的设置等，尽量保证有限元分析数据的准确性和可靠性。

第12章　结构热传递分析实例精讲
——LED 灯具热分析

本章内容简介

本实例利用 UG NX 高级仿真结构热分析中的【SOL 153 Steady State Nonlinear Heat Transfer（稳态非线性热传递）】模块，介绍了应用 NX 的热仿真对 LED 灯具进行结构热传递分析的操作流程和操作要点，包括创建热分析模型、加载及约束的设置、热分析常用参数的选取方法及热传递分析的应用技巧和使用场合。

12.1　基础知识

热现象普遍存在于日常的生产、生活之中，有时候我们要利用热，有时候我们要避免热。热分析用于计算一个系统或部件的温度分布和其他热物理现象，如热量的获得或损失、热梯度、热流密度等，通常一个给定的系统或部件必须接受设计，直到能承受某些设计要求为止。热分析在工程上有着广泛的应用，如机械加工（铸造、焊接、冷热切削加工、冷热处理等）、航空和汽车领域（内燃机、冷却系统、制动系统等）、电子装置（电子组件、换热器、管路系统）等。在产品设计中，热仿真的出现改变了传统的设计流程，图 12-1 是应用热仿真产品的设计流程。

以 LED 行业的热分析应用为例，热分析可以计算 LED 照明产品的温度分布及热冲击应力，可以选择和验证散热材料的热学性能得到相关热学参数如热阻，还可以对散热仿真进行组合论证以及设计散热结构或对现有的散热结果进行优化设计，热分析与热测试不可分离，相互支撑，相互验证，一起进行产品的热管理和指导产品的热设计。

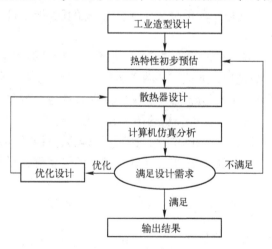

图 12-1　应用热仿真产品的设计流程

下面介绍一些热分析的常用术语及基础知识。

1）热传递分析：当物体间存在温度差时，自然发生的热传递现象。热传递分析就是为了计算温度差引起的热能传递。

2）线性热传递分析：材料参数和边界条件不随温度变化的热传递分析。

3）非线性热传递分析：材料参数和边界条件随温度的变化而发生变化的热传递分析。

4）稳态热传递分析：物体在某一段时间内，流入的热量和流出的热量相等或物体的温度不再随时间的变化而变化，我们称之为稳态热传递。稳态热传递分析考察物体达到热平衡状态下的温度分布情况，忽略了时间因素的影响。

5）瞬态热传递分析：物体的温度与边界条件随时间的变化而变化。

6）热传递的 3 种方式：热传导、热对流、热辐射。

- 热传导：物体（部件）相互接触时，热量通过分子或电子振动的方式从高温区域传递到低温区域。当物体内部没有温度差时，将不发生热传导分析。热传导的傅立叶计算公式如下：

$$q = -K_{nn}\frac{\mathrm{d}T}{\mathrm{d}n} \tag{12-1}$$

其中：

q 为 n 方向上单位面积的热流量；

K_{nn} 为材料在 n 方向上的导热率；

T 为温度；

$\mathrm{d}T/\mathrm{d}n$ 为在 n 方向上的温度梯度。

- 热对流：热量通过流体（液体或气体）的流动由高温部位流向低温部位的现象。对流主要分为自然对流与强迫对流两种情况。自然对流是在流体的密度发生变化产生浮力的情况下发生，目前对于 LED 产品散热设计来说，绝大多数的产品都采用自然对流的散热方式。而强迫对流是一种人工对流方式，像水泵一样强迫流体流过固体的表面将热量带走，目前在解决大功率、集成度高、散热难的问题上常采用强迫对流的方式进行散热设计。

对流的计算可以使用牛顿法则进行计算：

$$Q = H_{\mathrm{f}}(T_{\mathrm{s}} - T_{\mathrm{B}}) \tag{12-2}$$

其中：

Q 为固体表面与流体间单位面积的换热流量；

H_{f} 为对流换热系数；

T_{s} 为固体表面温度；

T_{B} 流体的温度。

- 热辐射：物体间不通过介质，以电磁波的形式传递热能量，称为热辐射。热辐射的热量计算可以使用斯蒂芬 – 波尔兹曼（Stefan – Boltzmann）进行计算：

$$Q = \sigma \varepsilon A_i F_{ij}(T_i^4 - T_j^4) \tag{12-3}$$

其中：

Q 为从 i 表面到 j 表面辐射的热量；

σ 为 Stefan – Boltzmann 常数，$5.67\mathrm{e}-8$；

ε 为辐射系数（辐射率）；

A_i 为表面 i 的面积；

F_{ij} 为从表面 i 到表面 j 的形状因子；

T_i 为表面 i 的绝对温度；

T_j 为表面 j 绝对温度。

稳态分析时不需要使用初始温度，但是在瞬态热分析时必须定义初始温度。与静态结构分析相比，指定温度与结构分析中的约束概念相似，热生成率与结构分析中的自重概念相似，热流与结构分析中的压力概念相似。

NX 热分析是 NX Nastran 功能中的一个特色，完全集成在 NX 高级仿真环境中，热分析结果可以用作 NX Nastran 解算器中热应力和挠曲分析的边界条件。NX 热分析的共轭梯度解算器使用了稳定的双共轭梯度技术以及一个预设定条件的矩阵，将 Newton – Raphson 迭代方法用于非线性条件，提高了大型系统的仿真运算性能。

12.2　问题描述

LED 灯具作为新能源环保节能产品得到大力的推广和应用。在设计 LED 灯具产品时，热管理是 LED 产品设计中最重要的一个方面，散热设计是 LED 照明产品开发的关键技术之一，直接影响着 LED 照明产品的性能和品质。近些年来，热仿真技术被引用到 LED 照明产品的设计中来，广泛用于预测和论证 LED 封装、LED 照明产品散热方案可行性、优化照明产品的散热设计以及为需要进行热测试的照明产品确定最有效的测试方案等。从产品建立物理模型前就对部件和产品进行准确快速的热仿真，可以避免反复的设计改变、缩短产品开发周期、降低开发成本。

图 12-2a 为 LED 轨道射灯，图 12-2b 为轨道射灯的灯具内部结构，灯具功率为 20 W，共有 12 颗 LED 灯珠排布在铝基板（基体 AL2014）上，灯珠的光热转化率为 80%（行业内热仿真计算的默认转化率），使用压铸铝 ALDC12 材料进行散热器设计，散热器进行电泳表面处理，辐射率为 0.5。不考虑灯具电源的热影响及导热胶、导热硅脂，测试的环境温度为 28.5℃，要求散热器设计的温度在 65℃ 以下，结温在 90℃ 以下。如果散热不好，找出散热器设计的薄弱部位，并进行改进和优化设计，仿真结果与实测数据进行对比，以指导实测，LED 轨道射灯的各部件材料如表 12-1、表 12-2 和表 12-3 所示。

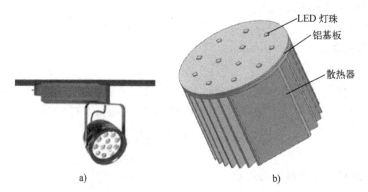

图 12-2　射灯实物模型及简化模型

a）LED 轨道的实物图　b）LED 轨道射灯内部结构图

表 12-1　LED 灯珠材料性能参数

材　　　料	密度/(kg/m³)	弹性模量/GPa	泊　松　比	热传导系数/W·(m²·℃)⁻¹	比热/mm²·(s²·K)⁻¹
Cooper	8940	110	0.34	401	384.8

表12-2　铝基板材料性能参数

基体材料	密度/(kg/m³)	弹性模量/GPa	泊松比	热传导系数/W·(m²·℃)⁻¹	比热/mm²·(s²·K)⁻¹
AL2014	2800	730	0.33	导热正交各向异性 X向（平面内）：138 Z向（平面内）：138 Y向（法向）：2	434

表12-3　散热器材料性能参数

材料	密度/(kg/m³)	弹性模量/GPa	泊松比	热传导系数/W·(m²·℃)⁻¹	比热/mm²·(s²·K)⁻¹
ALDC12	2700	200	0.28	96	384.8

12.3　问题分析

由于LED灯珠的内部结构比较复杂，用LED灯珠的铜衬底作为LED灯珠的材料，仅把LED灯珠作为发热源，不考虑LED灯珠的内部发热与传热情况，属于产品级的传热问题。产品级热仿真一般将LED灯珠简化为均匀的体热源，以计算出来的温度作为LED管脚的温度，LED的结温要利用其封装热阻与功率进行计算。LED灯珠的功率一部分转化为光输出（约20%），另一部分转化为热（约80%），所以计算LED灯珠发热的体功率时，计算公式为：

$$LED发热体功率 = LED功率×80\%/LED灯珠的体积 \tag{12-4}$$

计算结温时，用LED灯珠的功率×热阻＋铝基板的温度，即可得出LED灯具的结温。

铝基板结构基本上由电路层、绝缘层和基体3部分组成，导热性能在同一个平面内是均匀相同的，由于结构为铺层结构，且每层结构的导热性能相差很大，铝基板在法向导热性能呈现较大差异（和平面内导热系数相差数百倍）。根据行业内现有的水平来看，铝基板的法向导热系数一般只有2，所以要使用正交各向异性材料来模拟铝基板的导热性能；同时，如果考虑导热胶及导热硅脂的影响，也可以使用正交异向材料来模拟。如果使用各向同性材料会导致基板及灯具的温度偏高很多，与实际情况不符。

本例中首先演算自然对流与辐射散热的方式，看产品性能是否满足要求；若不满足要求，再考虑其他的散热方式。

12.4　操作步骤

新建一个项目，打开随书光盘part源文件所在的文件夹，导入Book_CD\Part\Part_CAE_Unfinish\Ch12_LED\SpotLight.prt模型，调出图12-2所示的LED灯具主模型。

（1）创建有限元模型

1）单击【开始】按钮，在【应用所有模块】中找到【高级仿真】命令，在【仿真导航器】窗口分级树中右击【SpotLight.prt】节点，从弹出的菜单中选择【新建FEM和仿真】命令，弹出【新建FEM和仿真】对话框，如图12-3所示，【求解器】默认为【NX NAS-TRAN】，在【分析类型】选项中选择【热】，单击【确定】按钮。

2）弹出【解算方案】对话框，如图12-4所示。【名称】默认为【Solution 1】，【分析类型】选取【热】，【解算方案类型】选取【SOL 153 Steady State Nonlinear Heat Transfer】，其他选项保留默认设置，单击【确定】按钮。

3）几何体简化

展开仿真导航器窗口分级树中的各个节点，右击【SpotLight_fem1_i.prt】从弹出的快捷菜单中选择【设为显示部件】 命令，将理想化模型设为显示部件，进行几何模型的简化处理。右击模型【SpotLight_fem1_i.prt】，从弹出的快捷菜单中选择【提升】命令，弹出【提升体】对话框，如图12-5所示，在图形窗口中选择射灯的14个部件对模型进行提升。

图12-3 【新建FEM和仿真】对话框

图12-4 【解算方案】对话框

提示

若将理想体模型作为显示部件操作，有时会弹出一个【Idealized Part Warning】提示，这是进行几何体简化的提示，要求在进行几何简化前将WAVE连接的几何特征去除，勾选【不再显示此消息】复选框，单击【OK】按钮即可。

单击图形窗口右侧的【装配导航器】 按钮，对【SpotLight】装配体模型进行编辑，取消勾选【HEAT_30】之外的其他13个部件前面的复选框，作为不显示部件，如图12-6所示。可以看到在【HEAT_30】散热器上表面有2个连接铝基板的螺栓孔，螺栓孔的存在会使散热器的网格划分变得困难，但是对于本例传热分析没有大的影响，所以把2个螺纹孔删掉。单击工具栏中的【理想化几何体】 按钮，选择【移除几何特征】 命令，如图12-7所示，单击 按钮选择散热器上表面的2个螺栓孔内表面共4个表面，如图12-6所示，单击 按钮，完成2个螺丝孔的删除，单击 按钮关掉【移除几何特征】命令，简化后的散热器如图12-8所示。显示全部的部件，返回到【SpotLight_fem1_i.prt】模型。将射灯所有部件全部显示后，右击【SpotLight_fem1_i.prt】，从弹出的菜单中选择【显示FEM】 命令，选择【SpotLight_fem1.fem】，返回到FEM模型。

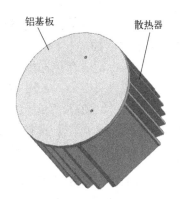

铝基板　　　　　　散热器

图 12-5 【提升体】对话框　　　　图 12-6 待简化的散热器几何体

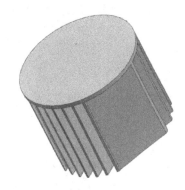

图 12-7 "移除体特征"命令　　　　图 12-8 简化后的散热器几何体

4）创建模型部件材料

单击工具栏中的【指派材料】按钮右侧的下拉按钮，选择【指派材料】命令，进入【指派材料】对话框。

a）创建 LED 灯珠材料：在图形窗口中选择 12 颗 LED 灯珠实体作为【选择体】，在【材料列表】的【库材料】中选择【Copper_C10100】，单击【确定】按钮，如图 12-9 所示。

b）创建铝基板材料：单击【指派材料】按钮，进入【指派材料】对话框，如图 12-10 所示，在图形窗口中选择中间的铝基板实体作为【选择体】，在【新建材料】的

图 12-9 灯珠材料创建对话框　　　　图 12-10 铝基板材料创建对话框

【类型】中选择【各向异性】，单击【创建】按钮，创建铝基板的材料。在【各向异性材料】对话框中将【名称－描述】命名为【Aluminum Substrate】，在【属性】的【质量密度（RHO）】中输入【2.35e－6】，单位选择【kg/mm^3】；单击【热】选项卡，在【比热（CP）】中输入【900】，单位选择【J/kg·K】；在【导热系数（Kij）】中第一行和第三行中输入【0.138】，第二行中输入【0.002】，如图12－11所示，三个参数分别代表了沿铝基板平面内的 X、Y、Z 方向的传导系数，【单位】选择【W/mm－C】，单击【确定】按钮，选择【本地材料】中显示出刚创建好的正交异性材料，单击【确定】按钮，完成对铝基板材料的指派。

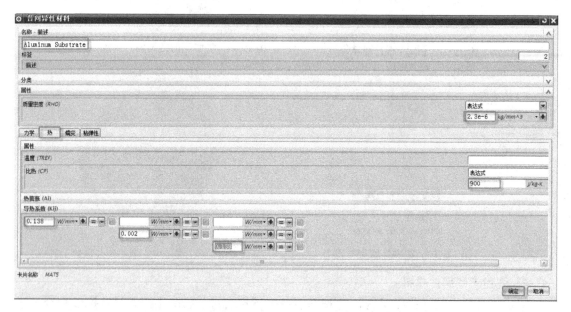

图12-11　铝基板材料各向正交材料导热系数的设定

　　c）创建散热器材料：单击【指派材料】按钮，进入【指派材料】对话框，如图12-12所示。在图形窗口中选择下面的散热器实体作为【选择体】，在【新建材料】的【类型】中选择【各向同性】，单击【创建】按钮，创建散热器的材料。在【各向同性材料】对话框中将【名称－描述】命名为【AlDC12】，材料属性为压铸铝，在【属性】的【质量密度（RHO）】中输入【2.7e－6】，单位选择【kg/mm^3】；单击【热/电】选项卡，在【比热（CP）】中输入【90】，单位选择【J/kg·K】；在【导热系数（Kij）】中输入【0.096】，单位选择【W/mm－C】，单击【确定】按钮，如图12-13所示，完成射灯三种材料的定义和分配。

　　5）设置物理属性参数

　　单击工具栏中的【物理属性】按钮，弹出【物理属性表管理器】对话框，如图12-14所示。在【类型】中选取【PSOLID】，名称默认为【PSOLID1】，单击【创建】按钮。弹出【PSOLID】对话框，在【材料】选项中选取上述操作设置的【Copper_C10100】子项，其他选项均为默认，如图12-15所示，单击【确定】按钮；按照此方法，分别建立铝基板及散热器的物理属性，具体设置如图12-16和图12-17所示，关闭【物理属性表管理器】对话框。

图 12-12 创建和指派铝基板材料

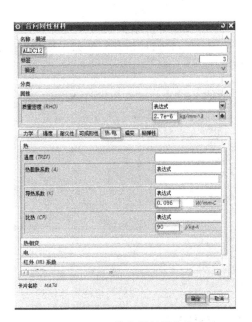

图 12-13 散热器材料参数

图 12-14 【物理属性表管理器】对话框

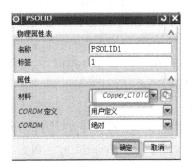

图 12-15 LED 灯珠物理属性的创建

图 12-16 铝基板物理属性的创建

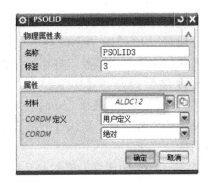

图 12-17 散热器物理属性的创建

6）建立网格收集器

单击工具栏中的【网格收集器】 按钮，弹出【网格收集器】对话框，如图 12-18 所示。默认【单元拓扑结构】选项的内容，在【物理属性】的【实体属性】子项中选取上述设置的【PSOLID1】，【网格收集器】的【名称】默认为【Solid(1)】，单击【应用】按钮，完成 LED 灯珠的网格收集器设置；以此方法，在【实体属性】中分别选择【PSOLID2】、【PSOLID3】，完成铝基板及散热器的网格收集器设置，铝基板网格收集器的创建如图 12-19 所示。

图 12-18　LED 灯珠的网格收集器创建　　　　图 12-19　铝基板的网格收集器创建

7）划分单元网格

a）LED 灯珠网格的建立：单击工具栏中的【3D 四面体网格】按钮右侧的下拉按钮，选择【3D 扫掠网格】命令，出现图 12-20 所示的对话框；在【要进行网格划分的对象】中选择 12 颗 LED 灯珠的上表面，【单元属性】中【类型】选择【CHEXA(8)】，在【源单元大小】中输入【1】，单位选择【mm】，勾选【尝试自由映射网格划分】和【目标收集器】下的【自动创建】复选框，默认【网格收集器】为【Solid(1)】，单击【应用】按钮，进行映射划分网格。

b）铝基板的网格的建立：单击工具栏中的【3D 四面体网格】按钮右侧的下拉按钮，选择【3D 扫掠网格】命令，出现图 12-21a 所示的对话框；在【要进行网格划分的对象】中选择铝基板与灯珠接触的上表面，【单元属性】中【类型】选择【CHEXA(8)】，在【源单元大小】中输入【1】，单位选择【mm】，勾选【尝试自由映射网格划分】和【目标收集器】下的【自动创建】复选框，默认【网格收集器】为【Solid(2)】，单击【应用】按钮，进行映射划分网格。

图 12-20　LED 灯珠的网格划分设置

c）散热器网格的建立：单击工具栏中的【3D 四面体网格】按钮，弹出【3D 四面体网格】对话框，如图 12-21b 所示。在窗口中选择散热器模型，在【单元属性】的【类型】中选择【CTETRA(10)】，单击【网格参数】中【单元大小】选项右侧的【自动单元大小】按钮，文本框内出现【5.5】，手动将其修改为【3】，在【目标收集器】中选择为【Solid(3)】，其他选项按照系统默认，单击【确定】按钮，划分好的 LED 灯具结构的网格如图 12-22所示。

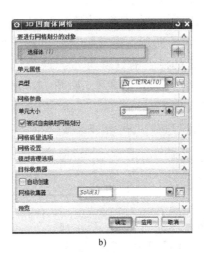

a)　　　　　　　　　　　b)

图 12-21　铝基板和散热器的网格划分设置

a）铝基板的网格划分设置　b）散热器的网格划分设置

（2）模型检查和修改参数

单击工具栏中的【单元】 按钮，弹出【单元质量】对话框，如图 12-23 所示，单击【检查单元】按钮。在弹出的【信息】对话框中查看相关信息，提示【0 个失败单元，14127 个警告单元】，系统默认【雅可比零点 < = 0.1】，即提示为警告单元，查看警告单元的最小雅可比值为 0.005 66，不为零或负值，认为可以使用，关闭信息对话框。新增加的有限元模型有关的节点和特征如图 12-24 所示。

（3）施加载荷和约束

右击【仿真导航器】窗口分级树下的【SpotLight_fem1.fem】，从弹出的快捷菜单中选择【显示仿真】

图 12-22　LED 灯具 3D 网格划分结果

命令，进一步选择【SpotLight_sim1.sim】选项，进入仿真环境中定义热边界和载荷。

图 12-23　【单元质量】对话框

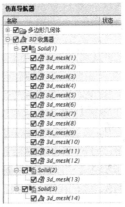

图 12-24　新增加的节点

1) 设置 LED 灯珠的发热功率

单击【载荷类型】按钮右侧的下拉按钮，选择【发热率】命令，进入【发热率】对话框，如图 12-25 所示，在【类型】中默认为【有控制点的体积热】，【名称】默认为【Heat(1)】，将工具栏上的【类型过滤器】选为【多边形体】，在图形窗口中选择 12 颗 LED 灯珠模型作为【选择对象】，如图 12-26 所示，在【幅值】下的【QVOL】中输入【0.192】，单位选择【W/mm^3】，单击【确定】按钮，完成 LED 灯珠发热功率参数的设置。

图 12-25　LED 灯珠发热功率设置 1

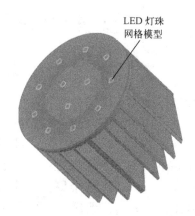

LED 灯珠网格模型

图 12-26　LED 灯珠发热功率设置 2

2) 设置对流条件

窗口单击【约束类型】按钮右侧的下拉按钮，选择【对流】命令，进行散热器对流散热条件的定义操作。弹出【对流】对话框，如图 12-27 所示，【名称】默认为【Conv(1)】。将视图调整为【俯视图】，将散热器几何体调整为【仅显示】，将工具栏上的【类型过滤器】选为【多边形面】，在图形窗口中选择散热器除与铝基板接触外的所有表面作为【模型对象】中的【选择对象】，如图 12-28 所示。【属性】中设置【环境温度】为【28.5】，单位为【C】，在【对流系数】中输入【3.5e-6】，单位选择【W/mm^2-C】，单击【确定】按钮，完成散热器对流条件的加载设置。注意在【仿真导航器】窗口分级树中，出现了相应的【Conv(1)】节点。

3) 设置辐射条件

单击【载荷类型】按钮右侧的下拉按钮，选择【辐射】命令，弹出【辐射】对话框，进行散热器的辐射条件设置，如图 12-29 所示。【名称】默

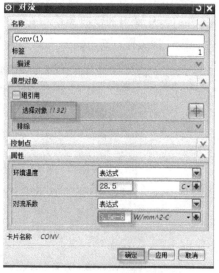

图 12-27　散热器对流条件设置 1

认为【Radiation(1)】,选择散热器除与铝基板接触的表面外的所有表面作为【模型对象】的【选择对象】,在【属性】中的【辐射视角系数】中输入【1】,在【ABSORP】中输入吸收率为【0.5】,在【EMIS】中输入反射率【0.5】,在【温度】中输入环境温度【28.5】,单位为【C】,单击【确定】按钮,完成辐射条件的设置。

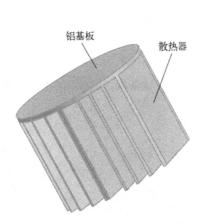

图12-28 散热器对流条件设置2

图12-29 散热器辐射条件设置

提示

在进行模型的【发热率】及其【对流系数】的设置时,一定要注意后面单位的正确选择,否则会对计算的结果造成很大的影响。另外,当不知道模型上【载荷】的确切值时,不施加载荷系统也可以进行计算。

可以在【仿真导航器】窗口分级树中右击【发热】、【对流】、【辐射】等创建的节点,从弹出的快捷菜单中选择【编辑显示】命令,弹出【边界条件显示】对话框,将【颜色】选项切换为想要的颜色,单击【确定】按钮,这样便于区分该对流与辐射等热载符号。加载好热边界与载荷条件的 LED 灯具最终效果图如图 12-30 所示。

另外,【SOL 153 Steady State Nonlinear Heat Transfer】模块提供的载荷有 3 类:【热通量】、【辐射】和【发热率】,其中我们使用了【辐射】与【发热率】载荷,【热通量】载荷定义传递到有限元模型一个单位面积的热量;在【约束类型】中可以定义温

图12-30 LED 灯具综合加载效果图

度作为【热约束】，它们各自的定义参数及使用方法请查看官方提供的帮助文件。

（4）建立 LED 灯具部件的接触关系

在窗口中选择【仿真对象类型】 → 【面对面粘合】 命令，弹出图 12-31 所示的对话框，创建曲面接触的仿真对象。【类型】默认为【自动配对】，单击【创建自动面对】下【面对】右侧的 按钮，弹出图 12-32 所示的对话框。在【面对搜索子集】下面的【面】中选择整个 LED 灯具的几何体，默认其他的选项设置，可以单击【预览】按钮，查看接触的部件关系，确认无误后单击【确定】按钮，返回到图 12-31 所示的对话框。单击【确定】按钮，完成 LED 灯具装配模型中零件与零件的接触关系和有关参数的定义。

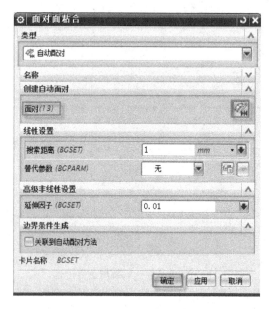

图 12-31　LED 灯具面与面接触设置

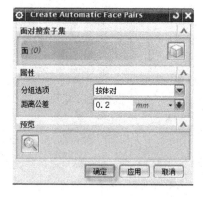

图 12-32　创建自动搜索面对

（5）计算求解

在【仿真导航器】窗口分级树中右击【Solution 1】节点，从弹出的快捷菜单中选择【求解】命令，弹出【求解】对话框，单击【确定】按钮，等待【模型检查】完成。等待【分析作业监视器】出现【作业已完成】的提示信息，如图 12-33 所示。在【仿真导航器】窗口分级树中出现【结果】节点后，关闭所有信息窗口，就完成了对 LED 灯具热分析的解算，进入计算结果后处理模式的环境。

（6）结果分析

1）双击【结果】节点后进入【后处理导航器】窗口，解算后的数据父节点及其展开的子节点如图 12-34 所示。父节点包括【温度–节点的】、【温度梯度–单元的】、【热通量–单元的】和【总热通量–单元的】，每个父节点又包括各个标量或者矢量方向节点。

2）查看 LED 灯具整体、铝基板及散热器部件的温度分布情况

a）LED 灯具整体温度：单击【温度–节点的】节点，打开后双击【标量】，出现图 12-35 所示的 LED 灯具节点的温度云图。单击工具栏上的【新建注释】 A 按钮，可以打开和关闭显示 N 个最小值和最大值结果的控制窗口，【名称】默认为【Annotation(1)】，也

图 12-33　分析作业监视器　　　　　　　　图 12-34　分析结果节点

可以根据标注的需要改成【Max】或【Min】，在【附着类型】中选择【N个最大值结果】，在【选择】的【N＝】中输入所关心的 N 个数值，这里输入【1】，单击【应用】按钮；在【附着类型】中选择【N个最小值结果】，在【选择】的【N＝】中输入所关心的 N 个数值，这里输入【1】，单击【确定】按钮，单击【标记拖动】 ⊡ 按钮允许重定位最小值和最大值结果显示值的位置。也可以通过【后处理导航器】中的【云图绘图】中进行注释标注，选择【Post View 1】，勾选【注释】下面的【Minimum】和【Maximum】复选框，可以显示 1 个最大值及最小值。最终显示 LED 灯具整体温度节点分析结果如图 12-35 所示。

　　b）LED 灯具铝基板温度：单击【Post View】节点，在【3D 单元】中选择铝基板所对应的 3D 单元显示，单击【温度－节点的】节点，打开后双击【标量】，出现图 12-36 所示 LED 灯具铝基板节点的温度云图，单击窗口上的【标识结果】 ⊡ 按钮，出现图 12-37 所示的窗口，单击选取 LED 灯珠与铝基板的接触部位，查询接触部位的节点温度；也可以通过【注释】命令来标注铝基板的温度最大值及最小值。

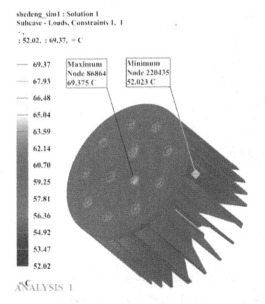

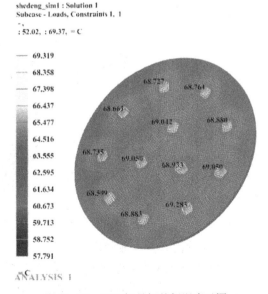

图 12-35　LED 灯具温度云图　　　　　　　图 12-36　LED 灯具铝基板温度云图

提示

可以通过隐藏其他不相关3D单元的形式来显示铝基板及散热器，可以根据3D单元描述中的单元数量及材料、属性等特性来确定铝基板及散热器的3D单元。

c）LED灯具散热器温度：单击【Post View】节点，在【3D单元】中选择散热器所对应的3D单元显示，通过【注释】命令来标注散热器的温度最大值及最小值，散热器的温度分布情况如图12-38所示。单击【温度－节点的】节点，打开后双击【标量】，出现图12-39所示LED灯具散热器节点的温度云图，单击窗口上的【标识结果】 按钮，单击选取散热器的散热翅片部位，查询接触部位的节点温度，如图12-40所示。

图12-37　标识铝基板的温度

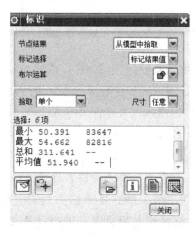

图12-38　标识散热器的温度

图12-39　LED灯具散热器温度云图

3）创建路径并生成图表

为了考察模型上的温度随散热器翅片长度变化的规律，可以沿着散热器热量传导的方向生成一个路径，将其各节点的温度反馈在图表上。右击【Post View】节点，从弹出的快捷菜单中选择【新建路径】 命令，弹出【路径】对话框，如图12-41所示。【名称】默认为【路径

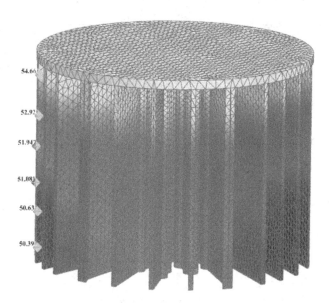

图 12-40　LED 灯具散热器翅片外围的温度

1】，在【拾取】选项中将【节点】切换为【边缘上的节点】，选择图 12-42 所示的模型上的边界线，单击【确定】按钮。可以发现在【后处理导航器】窗口出现了【路径 1】。显然，可以按照这样的操作，根据数值显示的要求，可以建立模型上其他边界路径的【路径】节点。

图 12-41　新建路径对话框

图 12-42　路径的选取

　　右击【Post View】节点，从弹出的快捷菜单中选择【新建图表】⑤命令，弹出【图表】对话框，如图 12-43 所示。【图表类型】中的【名称】默认为【温度 - 节点的（路径 1）】，其他选项均为默认设置，单击【确定】按钮，即可出现图 12-44 所示的沿路径上分布节点温度随路径长度的变化规律。可以看出，沿着热量传递的方向，温度呈现下降的趋势，散热器翅片两端的温度相差近 6°；另外，在【仿真导航器】窗口分级树中增加了相应的【图表】节点，只要双击该节点即可在图形窗口出现如图 12-44 所示的图表。右击【图表】，从弹出的快捷菜单中选择【编辑】命令，出现图 12-45 所示的对话

图 12-43　【图表】对话框

框，可以对 12-44 所示的图表进行编辑，在【创建步骤】中选择中间的【XY 轴定义】 ![icon]，在【横坐标】对应的【数据类型】中选择【位移】，【单位】选择【mm】；在【纵坐标】对应的【数据类型】中选择【温度】，单位选择【C】，单击【确定】按钮。

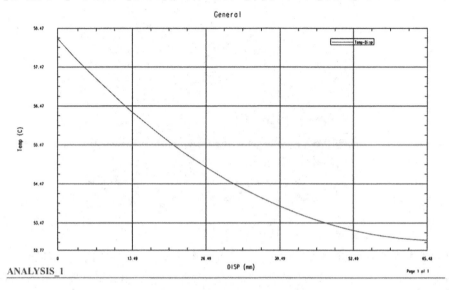

图 12-44　新建的 Temp – Disp 图表

4）单击【温度梯度 – 单元的】节点，可查看【X】、【Y】、【Z】方向和【幅值】总体的基本温度梯度，双击【Y】节点。图 12-46 为模型 Y 向温度梯度云图，也就是 LED 灯具温度沿温度传导到散热器方向的梯度，通过判断是否有温度梯度出现集中现象，为优化散热传热结构提供设计方向。

图 12-45　【XY 函数编辑器】对话框

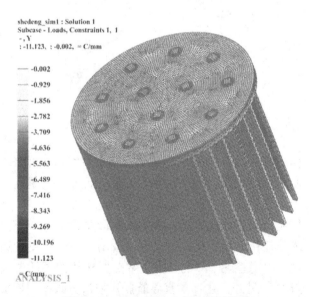

图 12-46　LED 灯具 Y 向的温度梯度

按照上述的方法，可以查看铝基板及散热器关心方向的温度梯度情况，以查看温度是否能顺畅地传递。图 12-47 为铝基板 Y 向的温度梯度情况，图 12-48 为散热器 Y 向的温度梯度情况。

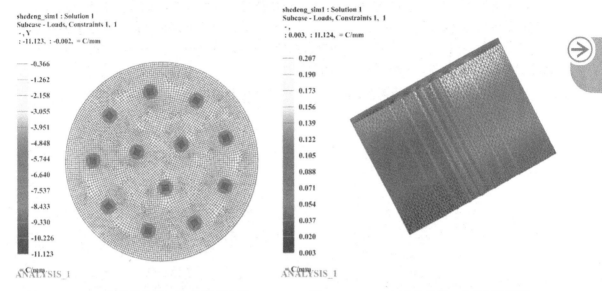

图 12-47   LED 灯具铝基板 Y 向的温度梯度   图 12-48   LED 灯具散热器 Y 向的温度梯度

5）单击【热通量－单元的】节点，可查看【X】、【Y】、【Z】方向和【幅值】总体的基本热通量，双击【Y】节点得到模型 Y 向的热通量云图，也就是 LED 灯具传热方向的热通量。双击【幅值】，最终显示的 LED 灯具热通量云图结果如图 12-49 所示。

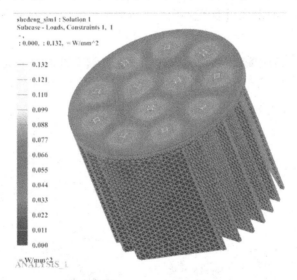

图 12-49   LED 灯具综合热通量显示

提示

【热通量】反映了传递到模型的一个单位面积的热量大小，其正值表示能量移动到指定表面上，单位为负值表示能量移出该表面。操作时注意：使用 NX/MSC Nastran 解算器类型时，【热通量】作为载荷，可以应用于模型的面上；使用 ANSYS 或者 ABAQUS 解算器类型时，【热通量】作为载荷，可以应用于模型的面或者边上。

6）后处理视图显示设置

为了进一步清楚地观察模型整体温度的分布情况，右击【Post View】节点，从弹出的快捷菜单中选择【编辑】对话框，弹出【后处理视图】对话框，将【颜色显示】选项切换为【等值线】，单击【确定】按钮，设置方法如图12-50和图12-51所示。当然，还可以通过【动画】命令清楚地观察到温度的分布状况。

图 12-50　颜色显示－等值线

图 12-51　后处理的文本字体设置

后处理视图的显示设置还可以通过窗口【首选项】中的【可视化首选项】来进行设置，可以选择【视图/屏幕】，通过【显示视图三重轴】复选框来显示或隐藏视图左下角的坐标轴，如图12-52所示；可以在【颜色/字体】选项卡中定义文本字体的【字型】及【大小】，如图12-53所示。

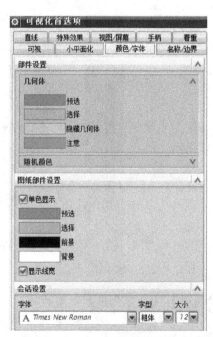

图 12-52　颜色显示－等值线　　　　图 12-53　后处理的文本字体设置

还可以设置后处理所使用的坐标系：右击【Post View】节点，从弹出的快捷菜单中选择【编辑】命令，弹出【平滑绘图】对话框，如图 12-54 所示，可以选择【坐标系】为【绝对直角坐标系】或【绝对圆柱坐标系】及其他合适的输出坐标系。

还可以对后处理的零部件进行颜色的显示编辑等后处理操作，具体操作不再赘述。

7）单击工具栏中的【返回到模型】 按钮，退出【后处理】显示模式，完成此次计算任务的操作。

限于篇幅，模型上其他部位节点/单元上的结果及其显示方法不再赘述。上述实例模型源文件和相应输出结果请参考随书光盘 Book_CD\Part Part_CAE_Finish\\Ch12_LED\文件夹中的相关文件，操作过程的演示请参考视频文件 Book_CD\AVI\Ch12_ LED. AVI。

8）可以使用不同的网格划分方法来验证网格划分对计算精度的影响，对 LED 灯珠及铝基板不采用几何压印的方式，直接使用【3D 扫掠网格】生成网格，如图 12-55 所示。为方便比较，划分的单元尺寸大小与本文上述相同，使用的热载荷及边界条件与上述内容一致，重新进行计算。

图 12-54　后处理的坐标系的选择

图 12-55　对比用的 LED 灯具仿真模型

分析后得到的 LED 灯具整体温度分布情况如图 12-56 所示，铝基板的温度分布情况如图 12-57 所示，散热器的温度分布如图 12-58 所示。通过与前面分析节点温度结果的对比，可以看出新网格计算与共节点网格整体趋势基本一致，最高温度数值相差 5℃。从有限元计算的角度来说，共节点网格划分更有利于热量的传递，使计算的结果更趋于准确。

提示

在【SOL 153 Steady State Nonlinear Heat Transfer】热分析模块中，温度是作为一种约束参与计算的，在【SETATIC101 - 单约束】静力学分析模块中，温度则是作为一种热载荷类型参与计算的，其实它们的本质是一致的。另外，采用 NLSTATIC 106、NX Nastran ADVNL 601、106 或 MSC Nastran NLSTATIC 106 等解算器时，定义的温度载荷还能更新温度相关的材料属性。

9）分析计算的结果与实验数据的对比

根据 GB7000. 11 - 1999.12 规定的实验测试方法，测试的环境温度为 28.5℃，对所分析的 LED 灯具进行实验测定，检测的部位主要为铝基板及散热器，利用 NX 仿真分析与实验测定数据的对比如表 12-4 所示。

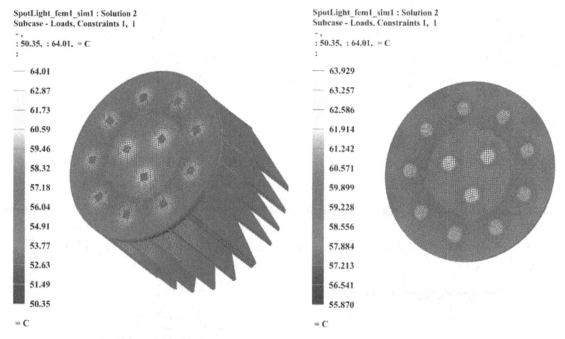

图 12-56　对比用的 LED 灯具整体温度
分布情况

图 12-57　对比用的 LED 灯具铝基板
温度分布情况

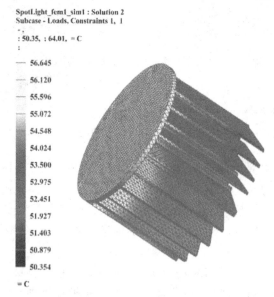

图 12-58　对比用的 LED 灯具散热器温度分布情况

表 12-4　仿真分析结果与实验测定数据的对比

部件/测定位置	实验测定结果/℃	NX 热仿真分析结果/℃	误差（%）
铝基板	70.8	69.32	2.09%
散热器	50.5	52.02	3.01%

　　从表中对比数据可以看出，仿真分析虽然不能和实际测定数据完全一致，但仿真的误差可以控制在5%的范围之内，可以满足工程实际的分析需要。

12.5　本章小结

　　本实例介绍了 NX 结构热分析在 LED 灯具照明热设计中的应用，读者通过学习本实例可以理解发热率、对流及辐射的含义及工程作用，并掌握其在工程中的使用方法。读者可以根据实际的项目问题和使用情况，按照本实例的操作方法对一般的热传递问题进行分析和模拟。在进行结构热传递分析时，通常要注意下面几点。

　　1）在创建有限元模型时，可根据分析的目的适当简化几何模型，把不影响热传递的小尺寸的几何特征如小倒角、小圆孔删除，以方便划分网格。在网格划分时，可以采用必要的网格划分方法及技术，如共节点技术、网格处理等方法，确保所划分网格的质量，只有建立的有限元模型足够精确，才能得出精确的计算。

　　2）材料的定义和设置至关重要，对于拿不准的材料，需要去查找相关的技术资料，甚至是问询相关的供应商或依靠实验方法获取。对于热传递分析，材料的相关热属性要确保准确，输入相关参数时要注意所使用的单位是否合适。

　　3）对于热分析的边界与载荷的理解非常重要，除了要了解上述内容的概念定义，还要在实际的设计及实验中领会。在分析仿真中，边界与条件的加载直接影响计算的结果是否准确，所以要求读者要深入实际设计与制造，对产品的设计及应用情况了如指掌，在解决工程实际热结构问题时，可以按照实际情况施加约束和载荷，条件越能模拟实际，计算得到的结果就越正确。

　　4）对于一般结构的热传递问题，NX 结构热仿真都可以完成，因此可以作为粗略评价设计方案、改善设计结构的有效方法。但涉及对流空气的流动及强制对流散热的模拟时，建议读者使用 NX Nastran 分析中热–流耦合或者其他耦合算法进行计算。

　　5）NX 提供的热流解算功能非常强大，它还包括【耦合热流】、【轴对称热】、【映射热流】和【轴对称映射】等多种热分析解算功能，在航空（飞行器及其子系统、天线设计、航空加热等）、汽车（引擎盖冷却、引擎散热、离合器和变速器冷却、燃油系统和对邮箱的热效应、加热、通风和内部空气控制等）、电子装置（电子围场、风扇性能、复杂的电子组件、散热器和热泵、计算机硬件以及外围设备等）和加工制造（用于生产电视显像管的高精度炉、化学浴槽和涂层等流化过程、HVAC 和建筑设计等）等行业有着广泛的应用。

第13章 结构热应力分析实例精讲 ——电路板热应力分析

本章内容简介

本实例利用 UG NX 高级仿真结构热分析中的【SOL 153 Steady State Nonlinear Heat Transfer】解算方案，首先介绍了电路板热传递分析的操作流程及操作要点，然后利用高级仿真结构静力分析中的【SOL 101 Linear Statics – Global Constraints】解算方案，以前面得到的分析结果作为静力分析的载荷，进行热应力分析。

13.1 基础知识

在 12 章中介绍了热传递分析的一些基本知识，在本章实例中将用到 12 章中使用的发热率、对流和辐射，除此之外，本章还将在热载荷中使用热通量，并在热约束中将以温度作为约束条件。

热通量是一个矢量，具有方向性，也称热流密度，其大小等于单位时间内沿着某方向在单位面积流过的热量，方向为沿等温面由高温指向低温方向。正值表示热量进入这个区域，负值表示热能移出这个区域。

热约束是应用在几何体或节点上的恒定温度，可以通过选择非空间恒温类型使用表达式或字段的方式来定义几何体或有限元实体的温度幅值，还可以使用空间分布方法定义边界条件幅值在模型上的分布方式；若使用温度－空间类型可将温度幅值定义为空间场。

当一个结构加热或冷却时，会发生膨胀或收缩，如果结构各部分之间膨胀和收缩程度不同，或结构的膨胀、收缩受到限制，就会产生（热）应力。当节点的温度已知时，可以将热载荷直接加载到所定义的节点上，在进行结构应力分析时可以将所求的节点温度作为载荷施加在结构应力分析中。

许多实际工程问题中，温度的作用都会使结构产生过大的热应力，因而产生破坏性效果，如电子芯片的传热与热应力失效问题、陶瓷和薄膜中的热应力、钢结构制造工艺中的焊接残余应力问题等，因此研究由温度引起的热应力分析有着重要的实际工程及学术意义。

13.2 问题描述

图 13-1 为电路板的三维模型，在很多电子产品中都可以见到。PCB 板上布满了发热元件与导线，简化掉导线后对大功率的电路板进行热分析，要考虑热传递及重力对电路板结构的综合作用。板的材料为 PCB，其他元件为 SiC，材料性能参数如表 13-1 所示，传热分析

的载荷与约束条件如图 13-1 所示，电路板对外界的对流系数（膜系数）为 1e-005 W/（mm² · ℃），空气环境温度为 40℃，先研究电路板的稳态温度分布情况；电路板的 8 个螺钉孔在结构静力分析中是固定的，需要考虑重力与温度的耦合作用，如图 13-2 所示，需要解算电路板的应力分布状态。

表 13-1　所使用材料的性能参数

材料	密度/(kg/mm³)	弹性模量/(N·mm⁻²)(MPa)	泊松比	热传导系数/W·(m²·℃)⁻¹	比热/J·(kg·K)⁻¹	热膨胀系数/℃⁻¹
PCB	1.68e-006	113000	0.42	0.000556	800	4.42e-007
SiC	7.8e-006	210000	0.3	0.05	500	1.1e-005

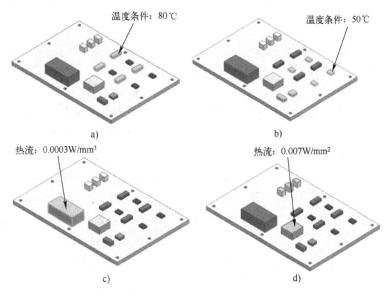

图 13-1　电路板的三维模型及热约束载荷

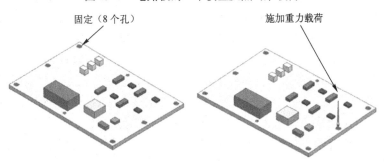

图 13-2　电路板的结构约束与重力载荷

13.3　问题分析

首先要进行电路板的稳态热传递分析，约束与载荷如图 13-1 所示，温度热约束与发热载荷施加在元件体上，热通量（热流）约束施加在体的上表面；对流条件施加在整个电路板与空气接触的部位，不考虑辐射的影响；将热分析得到的温度结果作为子工况解算的温度预载，同时考虑重力的影响，约束电路板的 8 个螺钉孔，进行结构静力分析，得到电路板的应力及变形情况。

NX 中的材料库提供的材料比较有限，因此需要自己创建所需要的材料，并赋给相应的几何部件，材料具体信息如表 13-1 所示。

提示

在进行热应力分析时必须在分析模型产生热应力的方向施加约束，否则没有应力产生。材料属性中的热膨胀系数是热应力分析工况所必需的，否则无法进行计算。

13.4　操作步骤

打开随书光盘 part 源文件 Book_CD \ Part \ Part_CAE_Unfinish \ Ch13_Thermal Stress \ Board. prt，调出图 13-2 所示的主模型。

(1) 创建有限元模型

1) 依次单击【开始】和【高级仿真】按钮，在【仿真导航器】窗口的分级树中右击【Board. prt】节点，从弹出的菜单中选择【新建 FEM】命令，弹出【新建部件文件】对话框，在【新文件名】下面的【名称】选项中将【fem1. fem】修改为【Board_fem 1. fem】，通过单击 ▣ 按钮，选择本实例高级仿真相关数据存放的【文件夹】，单击【确定】按钮。

2) 弹出【编辑 FEM】对话框，【求解器】默认为【NX NASTRAN】，在【分析类型】选项中选择【热】，如图 13-3 所示，单击【确定】按钮，进入创建有限元模型的环境。

3) 新建 PCB 与 SiC 材料：单击工具栏中的【材料属性】 🗐 按钮右侧的下拉按钮，弹出【指派材料】对话框，如图 13-4 所示。在图形窗口的【选择体】中选中电路板的板实体模型，在【材料列表】中选择【本地材料】 🗐 选项，单击【新建材料】按钮，【类型】中选择【各向同性】。单击【创建】 🗐 按钮，弹出【各向同性材料】对话框，如图 13-5 所示，在【名称-描述】中输入【PCB】，在【属性】的【质量密度（RHO）】输入【1.68e-6】，【单位】选择【kg/mm^3】，单击【力学】选项卡，在展开的【杨氏模量（E）】中输入【113000】，【单位】选择【N/mm^2（MPa）】，在【泊松比（NU）】中输入【0.42】；单击【属性】中的【热/电】选项卡，在【热】的【温度（TREF）】中输入【20】，【单位】为【C】，在【热膨胀系数（A）】中输入【4.42e-7】，单位选择【1/C】，在【导热系数（K）】中输入【0.00056】，【单位】为【W/mm-C】，在【比热（CP）】中输入【800】，【单位】为【J/kg-K】，如图 13-6 所示，单击【确定】按钮，完成 PCB 材料的创建。返回到图 13-4 所示的【指派材料】对话框中，单击【应用】按钮，完成 PCB 材料的赋予。

在【选择体】中选中电路板上 15 个发热元件实体模型，在【材料列表】中选择【本地材料】 🗐 选项，单击【新建材料】按钮，【类型】中选择【各向同性】，单击【创建】 🗐 按钮，弹出【各向同性材料】对话框，如图 13-7 所示。在【名称-描述】中输入【SiC】，在【属性】的【质量密度（RHO）】中输入【7.8e-6】，【单位】选择【kg/mm^3】，单击【力学】选项卡，在展开的【杨氏模量（E）】中输入【210000】，【单位】选择【N/mm^2（MPa）】，在【泊松比（NU）】中输入【0.3】；单击【热/电】选项卡，在【热】的参考【温度（TREF）】中输入【20】，【单位】为【C】，在【热膨胀系数（A）】中输入【1.1e-5】，单位选择【1/C】，在【导热系数（K）】中输入【0.05】，【单位】为【W/mm-C】，在【比热（CP）】中输入【500】，【单位】为【J/kg-K】，如图 13-8 所示，单击【确定】按钮，完成 PCB 材料的创建。返回到图 13-4 所示的【指派材料】对话框中，单击【确定】按钮，完成 15 个部件 SiC 材料的赋予。

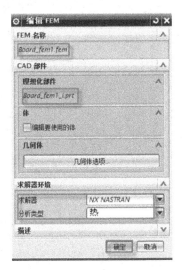

图 13-3 【编辑 FEM】对话框

图 13-4 【指派材料】对话框

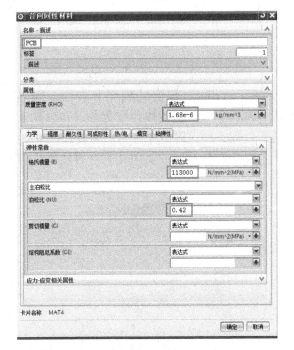

图 13-5 定义 PCB 材料的力学性能

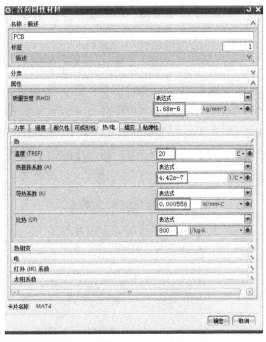

图 13-6 定义 PCB 材料的热学性能

提示

在输入 PCB 与 SiC 材料的参数时，要注意选择正确的单位，否则会使计算结果出现很大的误差。PCB 板分为纤维层、金属层及镀膜层，故导热系数要比 SiC 小很多；SiC 材料是很多电子产品发热元件的基底材料，本例中用它来代替整个发热元件的材料进行整体温度分析，如考察单个发热元件的传热分析，则需要分层建立其相应的材料。可以看出，不同材料的力学和热学性能是不同的，甚至有很大的差异。

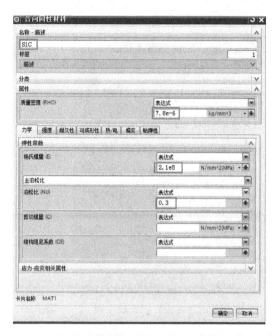

图 13-7 定义 SiC 材料的力学性能

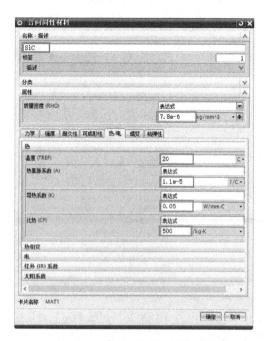

图 13-8 定义 SiC 材料的热学性

4）创建物理属性

单击工具栏中的【物理属性】按钮，弹出【物理属性表管理器】对话框，在【类型】中选取【PSOLID】，【名称】中输入【PSOLID1_PCB】，单击【创建】按钮，弹出【PSOLID】对话框，如图 13-9 所示。在【材料】选项中选取上述操作设置的【PCB】子项，其他选项均为默认设置，单击【确定】按钮；以此方法，建立【名称】为【PSOLID2_SiC】、【材料】为【SiC】的 SiC 的物理属性，单击【确定】按钮，关闭【物理属性表】管理器对话框，如图 13-10 所示，完成设置。

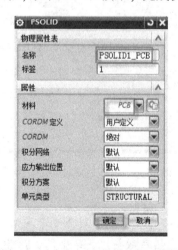

图 13-9 定义 PCB 材料的物理属性

图 13-10 定义 SiC 材料的物理属性

5）创建网格收集器

单击工具栏中的【网格收集器】按钮，弹出【网格收集器】对话框，【单元拓扑结构】下的选项保留默认设置，【物理属性】的【类型】默认为【PSOLID】，在【实体属性】子项中选取上述设置的【PSOLID1_PCB】，将【名称】修改为【Solid_PCB】，单击【应用】按钮，如图 13-11 所示；以此方法，建立【实体属性】为【PSOLID2_SiC】、【名称】为【Solid_SiC】的网格收集器，如图 13-12 所示，单击【确定】按钮，完成网格收集器的设置。

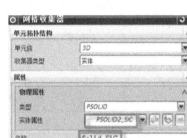

图 13-11　定义 PCB 材料的网格收集器　　　　图 13-12　定义 SiC 材料的网格收集器

6）网格划分

a）单击工具栏中的【3D 四面体网格】按钮右侧的下拉按钮，在下拉菜单中选择【3D 扫掠网格】命令，出现图 13-13 所示的对话框。【类型】默认为【多体自动判断目标】，在【要进行网格划分的对象】中选择电路板 PCB 板的上表面作为【选择源面】，如图 13-14所示，在【单元属性】的【类型】中选择【CHEXA（8）】，在【源网格参数】中【源单元大小】选项右侧的文本框内输入【2】，【单位】为【mm】，在【目标收集器】中取消勾选【自动创建】复选框，选择【网格收集器】为【Solid_PCB】，其他选项按照系统默认，单击【应用】按钮。

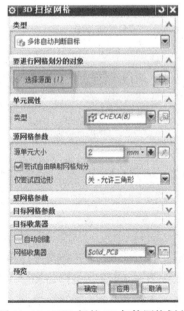
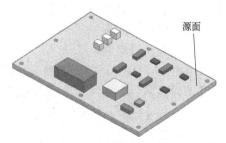

图 13-13　PCB 板的 3D 扫掠网格划分　　　　图 13-14　3D 扫掠网格划分对象-PCB 板

b）在【要进行网格划分的对象】的窗口中选择电路板 15 个元件的上表面作为【选择源面】，如图 13-15 所示，在【单元属性】的【类型】中选择【CHEXA(8)】，在【源网格参数】中【源单元大小】选项右侧的文本框内输入【2】，【单位】为【mm】，在【目标收集器】中取消勾选【自动创建】复选框，选择网格收集器为【Solid_SiC】，其他选项按照系统默认，单击【确定】按钮，如图 13-16 所示。

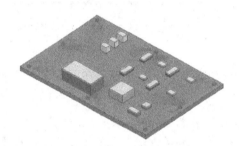

图 13-15　3D 扫掠网格划分对象 - 15 个元件　　　图 13-16　15 个元件的 3D 扫掠网格划分

c）网格划分的结果如图 13-17 所示，可以在【仿真导航器】窗口分级树中查看相关节点和信息，还可以根据需要进一步修改单元的大小。

（2）模型检查和修改参数

单击工具栏中的【单元质量】按钮，弹出【单元质量】对话框，在【要检查的单元】中默认【选定的】，选择划分好的 16 个网格单元实体作为【选择对象】，在【输出设置】的【报告】中选择【失败】，将失败的网格以信息的形式显示出来，单击【检查单元】按钮，如图 13-18 所示。在弹出的【信息】对话框中没有出现失败单元，关闭该【信息】对话框。

图 13-17　电路板的 FEM 模型及网格划分结果

（3）创建仿真模型

1）右击【仿真导航器】窗口分级树的【Board_fem 1. fem】节点，从弹出的快捷菜单中选择【新建仿真】命令，弹出【新建部件文件】对话框，在【名称】中修改为【Board_sim 1. sim】，单击【确定】按钮，弹出【新建仿真】对话框，所有的选项均保留默认设置，单击【确定】按钮。

2）弹出【解算方案】对话框，【名称】默认为【Solution 1】，【分析类型】选取【热】，

【解算方案类型】选取【SOL 153 Steady State Nonlinear Heat Transfer】，单击【确定】按钮，同时注意到【仿真导航器】窗口的分级树中，新增了相关的节点，如图13-19所示。

图13-18　电路板的网格单元质量检查　　　　图13-19　新增加的仿真节点

（4）定义仿真对象的接触关系

1）单击窗口上的【仿真对象类型】按钮，弹出图13-20所示的【Face Gluing(1)】对话框，创建曲面接触的仿真对象。【类型】默认为【手工】，【名称】默认为【Face Gluing(1)】，在【源区域】中单击【创建区域】的按钮，出现图13-21所示的对话框，选择PCB板与元件的接触表面作为【选择对象】，【名称】默认为【Regtion1】，单击【确定】按钮。

图13-20　定义仿真对象的接触关系　　　　图13-21　源区域的选择

2）同样，在【目标区域】中单击【创建区域】的 ![按钮]按钮，出现图13-22所示的【Region2】对话框，选择与PCB板接触的15个元件的底面作为【选择对象】，【名称】默认为【Regtion2】，单击【确定】按钮；默认其他选项参数，单击【确定】按钮，完成仿真模型部件间接触关系的定义，如图13-23所示。

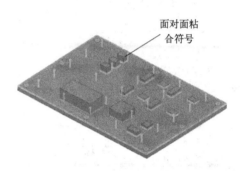

面对面粘合符号

图13-22　目标区域的选择　　　　　图13-23　定义好的仿真对象接触关系

（5）施加载荷和约束

1）施加温度热约束：单击工具栏中的【约束类型】![按钮]按钮，选择弹出的【热约束】![命令]命令，弹出【热约束】对话框，如图13-24所示，进行元件的温度定义操作。在【类型】中选择【恒温】，【名称】默认为【Temp(1)】，选择图13-1所示的4个元件实体作为【模型对象】的【选择对象】，【温度】文本框中输入【80】，单位为【C】，单击【应用】按钮，效果如图13-25所示。

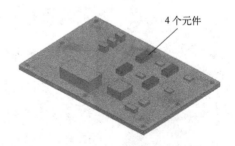

4个元件

图13-24　热约束-温度80℃定义　　　　　图13-25　热约束-温度80℃效果图

选择图 13-1b 黄色高亮显示的 6 个元件实体作为【模型对象】的【选择对象】，【名称】默认为【Temp(2)】，在【温度】文本框中输入【50】，单位为【C】，单击【确定】按钮，如图 13-26 所示，完成温度载荷的加载设置，效果如图 13-27 所示。注意在【仿真导航器】窗口分级树中出现了相应的【Temp(1)】和【Temp(2)】节点。

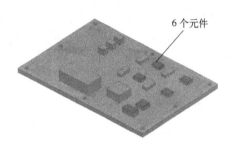

图 13-26 热约束 - 温度 50℃定义 　　　图 13-27 热约束 - 温度 50℃效果图

2）修改温度热约束显示颜色：可以在【仿真导航器】窗口分级树中右击【Temp(1)】和【Temp(2)】节点，从弹出的快捷菜单中选择【编辑显示】命令，弹出【边界条件显示】对话框，将【颜色】选项切换为【红色】，单击【确定】按钮，这样便于区分该温度约束符号和后续对流约束符号。

3）施加对流热约束：在【约束类型】窗口中单击【对流】 按钮，弹出【Conv(1)】对话框，如图 13-28 所示，进行电路板对外对流约束定义操作。【名称】默认为【Con(1)】，选择图 13-1 所示的与空气接触的 80 个表面作为【模型对象】的【选择对象】，设置对话框【属性】选项的【环境温度】为【40】，单位为【C】，【对流系数】为【1e-5】，单位为【W/mm^2 - C】，单击【确定】按钮。电路板对流约束设置效果如图 13-29 所示，注意在【仿真导航器】窗口分级树中新增的相关节点。

提示

在进行模型的【对流约束】及其【对流系数】的设置时，一定要注意后面单位的正确选择，否则会对计算的结果造成很大的影响。

4）施加热通量载荷：单击【载荷类型】 按钮右侧的下拉按钮，选择【热通量】 命令，弹出【热通量】对话框，如图 13-30 所示。【类型】默认为【统一单元】，【名称】默认为【Flux(1)】，选择图 13-1 所示的 4 个施加热流载荷的表面作为【模型对象】的【选择对象】，在【幅值】的【Q0 - 热通量】中输入【0.007】，【单位】选择【W/mm^2】，单击【确定】按钮。电路板热通量载荷的效果，如图 13-31 所示。

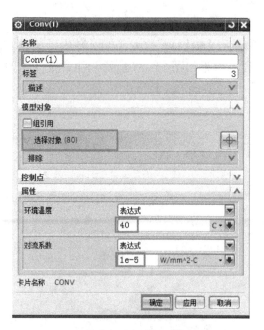

图13-28 电路板对流约束设置

图13-29 电路板对流约束设置效果图

图13-30 电路板热通量载荷设置

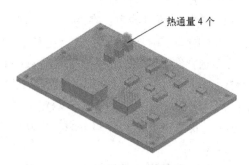

图13-31 电路板热通量载荷设置效果图

5）施加发热率载荷：单击【载荷类型】 按钮右侧的下拉按钮，选择【发热率】 命令，弹出图13-32所示的【发热率】对话框。【类型】默认为【有控制点的体积热】，【名称】默认为【Heat(1)】，选择图13-1所示的发热元件，在【幅值】的【QVOL】中输入【0.0003】，【单位】为【W/mm^3】，单击【确定】按钮，完成电路板的元件发热设置，如图13-33所示。

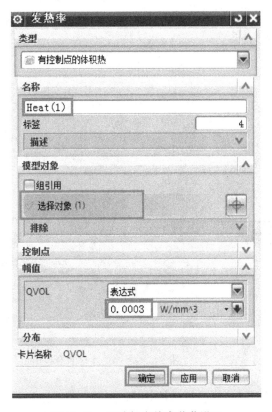

图 13-32 电路板发热率载荷设置

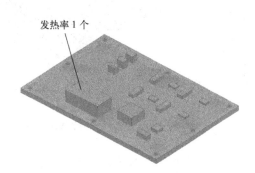

图 13-33 电路板发热率载荷设置效果图

(6) 计算求解：在【仿真导航器】窗口分级树中右击【Solution 1】节点，从弹出的快捷菜单中选择【求解】命令，弹出【求解】对话框，单击【确定】按钮，等待【模型检查】完成。等待【分析作业监视器】出现【作业已完成】的提示信息，在【仿真导航器】窗口分级树中出现【结果】节点后，关闭所有信息窗口，完成对电路板施加温度和对流约束热分析的解算。

(7) 结果分析

1) 双击【结果】节点后进入【后处理导航器】窗口，解算后的节点及其展开的子节点如图 13-34 所示，父节点包括【温度 - 节点的】、【温度梯度 - 单元的】、【热通量 - 单元的】和【总热通量 - 单元的】。

2) 展开【温度 - 节点的】节点，双击【标量】节点，出现图 13-35 所示的电路板节点温度云图。单击【云图绘图】中的【Post View 1】，勾选【注释】复选框，将出现【Maximum】与【Minimum】两个注释，也可以单击工具栏上的【新建注释】 A 按钮，会弹出图 13-36 所示的【注释】对话框，即可创建【N 个最小结果值】或【N 个最大结果值】。单击【拖动注释】 A 按钮，允许重定位最小值和最大值结果显示值的位置。

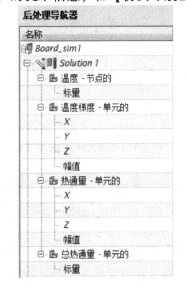

图 13-34 【后处理导航器】窗口节点

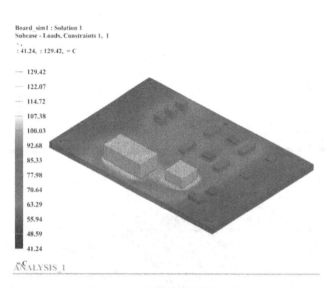

Board_sim1 : Solution 1
Subcase - Loads, Constraints 1, 1
: 41.24, : 129.42, = C

— 129.42
— 122.07
— 114.72
— 107.38
— 100.03
— 92.68
— 85.33
— 77.98
— 70.64
— 63.29
— 55.94
— 48.59
— 41.24
= C
ANALYSIS_1

图 13-35　电路板节点温度云图

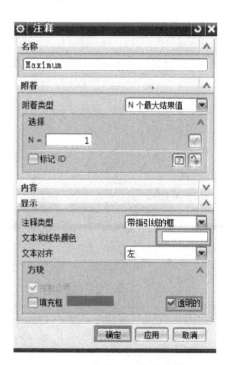

图 13-36　编辑注释的命令窗口

3）如果要进一步了解和查看电路板的温度梯度、热通量等传热情况，可以参照 12 章所述的内容和方法进行查看，本例中不多做论述。得到了电路板的温度分布结果后，就可以建立结构静力分析解算方案，进行热应力的计算。

单击工具栏中的【返回仿真】　按钮，退出【后处理】显示模式，完成此次计算任务的操作。

（8）结构静力分析，求解热应力及重力的耦合应力场

1）新建解算方案：建立用于解决热应力和重力载荷耦合的结构静力算法，在【仿真导航器】窗口分级树中，右击【Board_sim 1.sim】节点，从弹出的快捷菜单中选择【新建解算方案】命令，弹出【解算方案】对话框。在【分析类型】中选择【结构】，在【解算方案类型】中选择【SOL 101 Linear Statics – Global Constraints】，如图 13-37 所示，其他选项及其参数保留默认设置，单击【确定】按钮，在【仿真导航器】窗口分级树中新增的相应节点如图 13-38 所示。

2）定义结构约束条件：在工具栏中选

图 13-37　【解算方案】对话框

择【约束类型】🖳→【固定约束】◪命令，弹出【Fixed(1)】对话框，如图 13-39 所示。
【名称】默认为【Fixed(1)】，在图形窗口中选择图 13-2 所示的 8 个电路板螺钉孔作为【模型对象】的【选择对象】，单击【确定】按钮，约束效果如图 13-40 所示。

图 13-38　新增解算方案及其节点

图 13-39　【Fixed(1)】对话框

3）施加重力载荷：单击工具栏中【载荷类型】⬚按钮右侧的下拉按钮，选择【重力】
💠命令，弹出【Gravity(1)】对话框，如图 13-41 所示。【名称】默认为【Graity(1)】，默认【幅值】中【加速度】的值为【9810】，单位为【mm/sec^2】，在【方向】下【指定矢量】的下拉列表中选择【-ZC】，单击【确定】按钮，效果如图 13-42 所示。

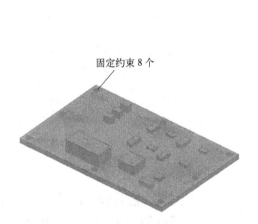

图 13-40　施加固定约束效果图

图 13-41　重力载荷定义

提示

在施加重力载荷时，一定要仔细确认重力的方向，程序中默认重力的方向是沿【-ZC】方向，但要考虑是否与几何模型所使用的坐标系一致，如不一致，要调整为一致的坐标系。

4) 创建仿真模型部件间的接触关系：将热分析中创建好的【仿真对象容器】节点中的【Face Gluing(1)】拖曳到【Solution 2】节点中的【仿真对象】里，如图 13-43 所示，完成仿真对象部件接触关系的定义。

(9) 进行结构静力学的求解

1) 温度预载的添加：展开【仿真导航器】窗口分级树中的【Solution 2】节点，右击【Subcase – Static Loads 1】进行子工况设置，如图 13-44 所示。在【温度预载】的【预载荷类型】中选择【NASTRAN 温度】，在【NASTRAN – 预载结果文件】中选择前面算好的热分析计算结果，单击【确定】按钮，完成温度预载的施加，将前面热分析得到的温度结果作为温度载荷施加进来。

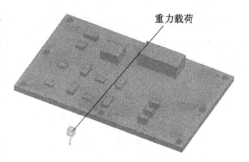

图 13-42　重力载荷施加效果

2) 解算：右击，从弹出的快捷菜单中选择【求解】命令，弹出【求解】对话框，稍等完成作业后关闭各个信息窗口。双击【结果】后进入【后处理导航器】窗口，在【后处理导航器】窗口中出现相应的数据节点，如图 13-45 所示，进行计算结果的查看。

图 13-43　仿真对象部件接触关系定义

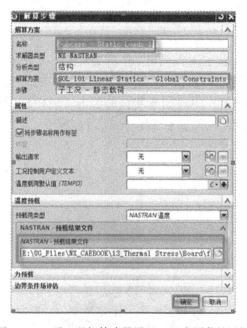

图 13-44　子工况解算步骤设置 – 温度预载的添加

(10) 静力分析结果后处理

1) 查看电路板整体的变形情况：在【后处理导航器】列表窗口的分级树中，依次展开【Solution 2】和其子节点【位移 – 节点的】，可以通过【PostView 4】的【3D 单元】勾选所要显示的部件，来查看所关心部件的变形及应力大小及其分布情况，如图 13-46 所示。

双击【位移 – 节点的】中【幅值】节点，在图形窗口可以看到电路板整体的变形位移云图，如图 13-47 所示，可以观察到最大变形和最小变形所在的部位，其中电路板上体发热元件的最大变形已经超过 0.06 mm。

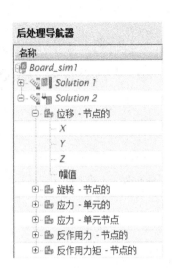
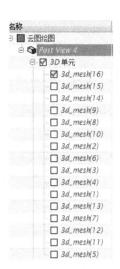

图 13-45 【后处理导航器】窗口中新增的节点　　图 13-46　后处理中单独显示 PCB 板

　　2）调整变形比例系数：从图 13-47 所示的云图看，显示和实际视觉效果相差太大，因为系统默认的变形比例为模型的 10%，故显示的变形结果有些夸张。右击对应的【Post View】节点，从弹出的快捷菜单中选择【设置变形】 命令，弹出【变形】对话框，如图 13-48 所示。将【比例】选项内的数值由【10】改为【1】，如图 13-49 所示。单击两次【确定】按钮，图形窗口出现的模型整体的位移云图如图 13-50 所示，和调整变形比例前的云图进行比较，调整后的显示效果显然更加符合实际情况。

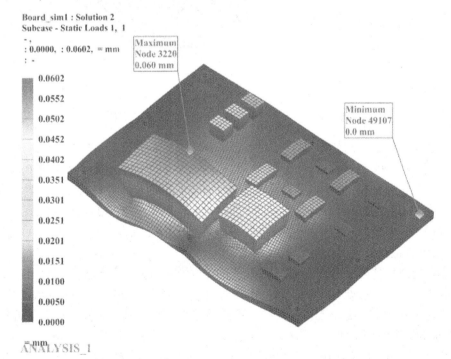

图 13-47　未调整变形比例前的电路板总体变形云图

提示

还可以将【比例】的显示模式由【％模型】切换为【绝对】，这对于大变形显示有用。

图13-48　设置前的【变形】对话框　　　　图13-49　设置后的【变形】对话框

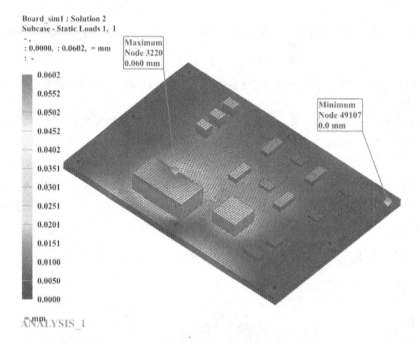

图13-50　调整变形比例后电路板径向位移云图

3）查看电路板Z向的变形情况：按照上述的操作，双击【Z】节点，在图形窗口出现了电路板沿着Z向的变形位移云图，如图13-51所示，其中最大变形已经接近0.06mm，说明电路板的Z向变形成了总体模型变形的主体，在总体变形中贡献最大。

4）查看PCB板整体的变形情况：按照图13-46的方法，将PCB板单独显示，双击【位移-节点的】的子节点【幅值】，查看PCB板的变形情况，如图13-52所示，以此方法可以查看任意元件的变形情况。

5）查看电路板整体的冯氏应力情况：展开【应力-单元的】节点，双击出现的【Von Mises】子节点，可以查看电路板的Von Mises应力分布情况，如图13-53所示。其中，Von Mises最大应力达到了262.84MPa，在产品设计时需要引起足够的重视，检查是否超出设计规范所要求的应力许用范围。

6）查看PCB板的Von Mises应力情况：按照图13-46的方法，将PCB板单独显示，展开【应变-基本的】节点，双击出现的【Von Mises】子节点，可以查看PCB板的应力分布状况，如图13-54所示。

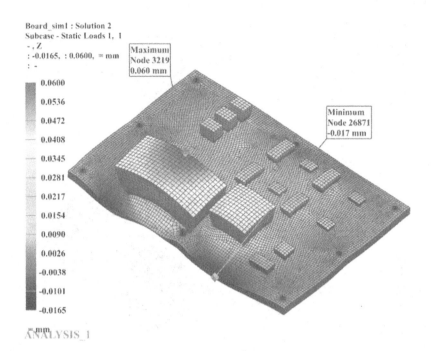

图 13-51　电路板 Z 向变形位移云图

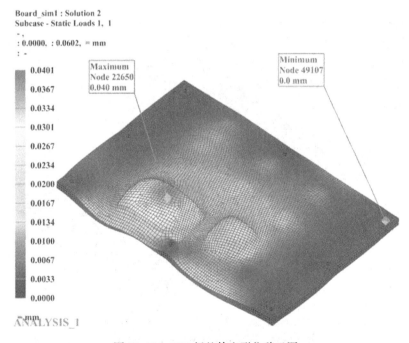

图 13-52　PCB 板整体变形位移云图

7）单击工具栏中的【返回到模型】 按钮，退出【后处理】显示模式，完成此次热－固耦合计算任务的操作。

上述实例模型源文件和相应输出结果请参考随书光盘 Book_CD\Part Part_CAE_Finish\Ch13_Thermal Stress 文件夹中的相关文件, 操作过程的演示请参考视频文件 Book_CD\AVI\Ch13_Board. AVI。

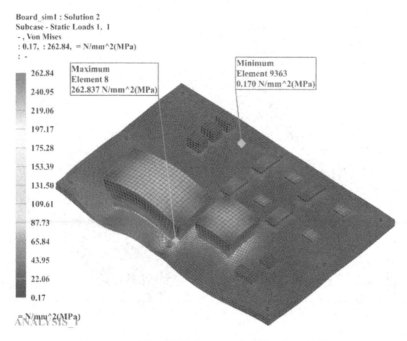

图 13-53　电路板整体的 Von Mises 应力分布情况

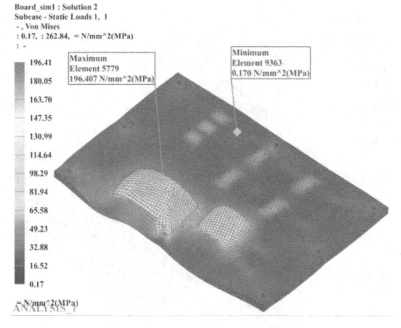

图 13-54　PCB 板 Von Mises 应力分布云图

13.5　本章小结

本章实例介绍了 NX 结构热应力的分析及其温度载荷与其他结构载荷耦合作用时的处理方法和一般步骤，读者通过学习本实例可以解决因热传递问题导致的热应力问题。在解决实际工程问题时，要多分析和总结，通常要注意下面几点：

1）解算的步骤通常是先进行热传递分析，无论是使用 NX Nastran 的热还是 NX 热/流，基本的思路都是将热传递分析得到温度结果，作为静力分析的温度载荷条件施加给仿真对象模型。

2）实际工程中遇到的热传递及热应力问题是极其复杂的，有些条件是随着时间和温度发生变化的，解决这些问题的前提，是要熟练掌握基本的热传递分析和线性静力分析方法。基于先简后难的原则，可以先拿一个简单的模型和工况进行试算一下，得到的分析结果与预期结果一致后，再进行深入和复杂的分析工作。

3）在进行热传递分析与热应力分析时，材料的热参数要确保输入准确，否则会给计算带来较大的误差。读者在进行这方面的工作时，一定要细心分析和计算，并且很有必要结合热力学实验仪器进行测试，这样才能完美解决工程实际的热问题。

第14章 复合材料结构分析实例精讲
——风电叶片分析

本章内容简介

本实例利用 UG NX 高级仿真中的静力学【SOL 101 Linear Statics–Global Constraints】解算模块，以风电叶片模型为分析对象，构建了叶片蒙皮及主梁的层合板属性，在此基础上分析了受风压及重力、离心力作用下的静强度，利用层合板的后处理方式查看了复合材料风电叶片的分析结果，利用【SOL 103 Real Eigenvalues】模态解算方案计算并查看叶片模型的前3阶固有频率和振型。可以为计算使用复合材料的结构静力、动力分析提供参考依据。

14.1 基础知识

14.1.1 层合板复合材料概述

复合材料指的是由多种材料按比例混合构成的工程材料。经典的层合板理论认为复合材料是由层片层或铺层按照特定规则叠加而成的，每个铺层都具有各自的属性。层合板由这些单个铺层叠加在一起，各铺层材料都有多方位的主材料方向，薄板通过一层薄薄的粘结材料（可视为零厚度）粘在一起。

如图 14-1 所示，每个层片或铺层都可视为一组单向纤维。利用纤维可按特定方向定向的功能，可改变复合材料的机械属性使之与加载环境相适应。铺层的主材料方向是平行的，并且它们与纤维方向垂直。主材料方向就是："纵向"或"方向1"，对应于纤维方向；"横向"或"方向2"，对应于与纤维方向垂直的方向。在定义层合板属性前需要定义材料所使用的坐标系，图 14-2 显示了具有3个层片的层合板的层合板坐标系，以及顶部层片的层片坐标系 X 和 Y 轴与材料方向坐标系相对应，也称为层合板坐标系，Z 轴垂直于该层合板，1 和 2 轴与层片坐标系相对应。

图 14-3 显示了3个交叉层片层合板的分解图。这三种配置的 n–层合板（n = 1、2、3、4）都与所示坐标系的 Z 轴垂直，并且各铺层所附带的1轴和2轴指示了主材料轴的方向。各铺层的主材料轴的方向按是否使用词 cross–ply（交叉层

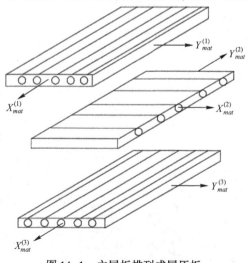

图 14-1 主层板排列成层压板

片）描述配置来进行变换。坐标轴 *XY* 平面定义在薄板的几何中间平面。层片通常都是按矩阵将纤维粘合而成的。如果层片为条状，则所有的纤维都按相同的方向定向。布质层片的纤维是双向编制而成的。很多不同的材料都可用作纤维或矩阵，常用的纤维有石墨、玻璃、硼、金刚砂和钨。矩阵的示例包括环氧化物和铝。

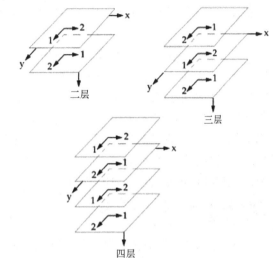

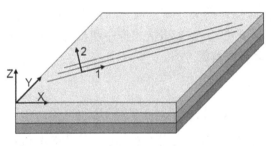

图 14-2　层合板坐标系示意图　　　　图 14-3　层合板各交叉层示意图

层片材料是层合板特定的对象，它为层片指派材料的属性，可以创建组合纤维和基于 NX 材料属性的纤维强化层片材料。层片使用指定的纤维强化类型来计算其等效的刚度和强度属性，核心层片材料可对夹层的横向剪切核心失效进行建模，NX 使用核心层片材料中的值计算核心层片的核心剪切失效指数、核心强度比率和核心安全裕度得到的核心结果将替换层合板结果（高级后处理报告中的平面内层片结果），其中，失效指标是 13 方向和 23 方向的输出。核心层片材料与标准 NX 材料不同我们通常使用 NX 材料创建层片材料，并可在层合板建模器、铺层建模器和层合板层片材料管理器中管理层片材料。

层合板层片可以引用各向同性和正交各向异性的 NX 材料，以及使用层片材料对象创建的纤维强化的和核心层片材料。

有关复合材料力学理论和分析方法请参考有关专业书籍，本书编写宗旨在于提高软件运用水平和操作能力，理论方面的内容不再赘述。

14.1.2　复合材料层合板的建立方法和失效准则

在 NX Nastran 中可使用 PSHELL、PCOMP、PCOMPS 三种方法建立复合层合板的模型，PSHELL 和 PCOMP 方法基于经典层合板理论，使用 PSHELL 和 PCOMP 方法可建立具有板和壳单元（如 CQUAD4、CQUAD8、CTRIA3 和 CTRIA6 单元）的层合板模型。PCOMPS 方法用于为包含 CHEXA 和 CPENTA 体单元的层合板建模，与其他两种方法不同，PCOMPS 方法并非基于经典层合板理论，对于建立层间正则应力很重要的厚层合板的模型而言，此方法非常有用。在这 3 种方法中，根据用户提供的单个铺层的厚度定义、材料属性和这些属性的相对方向，此软件将自动计算这些矩阵。一旦软件开始计算弹性模量的矩阵，分析便可开始进行。

关于失效理论的选择，有以下几种情况：使用 PCOMP 方法时，可以使用 Hill 理论、

Hoffman、sai – Wu 及最大应变理论；使用 PCOMPS 方法时，除可以使用上述所列的 4 种理论外，还可以使用最大应力理论及最大横向剪切应力理论。对于 PCOMP 方法，失效理论将作用于每个层片的中平面；对于 PCOMPS 方法，失效理论将作用于每个请求应力输出的位置。因此，对于 PCOMPS 方法，可以在每个层片的顶部、中间和底部计算潜在失效。NX Nastran 为单独的层合板提供 4 种常用的失效面定义：Hill 理论、Hoffman 理论、Tsai – Wu 理论和最大应变理论。

在后处理导航器中显示模型的结果时，可以查看壳单元合应力，体单元力，层片应变、应力和失效指数，以及胶合失效指数、层片和胶合强度比。NX 可在层片坐标系中显示层片结果。在后处理过程中，层片结果的坐标系信息显示为坐标系：原生，这表明结果抽取自不包含变换的求解器结果文件。通过高级层合板后处理报告元解算方案，可以使用汇总来快速标识关键区域，在所有层片上为多个载荷工况包络层片结果（层片应力和应变、层片和胶合失效指数、层片和胶合安全裕度、层片和胶合强度比），以表格格式排序和过滤结果，使用修改的层合板定义重新计算层片结果，而不启动新的解算方案。

14.1.3 复合材料层合板分析工作流程

采用 UG NX 高级仿真对产品结构进行复合材料分析，可以遵循定义层合板、创建层合板材料和层片材料、验证层合板、创建网格、定义材料方向、拉伸全局铺层、应用载荷边界条件、解算层合板模型、对求解器解算后的结果、进行后处理查看和评价结果的工作流程。

14.2 问题描述

复合材料以其比重小，强度高，结构多样，越来越多地被航空飞机、汽车及风电行业所使用。随着煤、石油、天然气等传统化石能源耗尽时间表的日益临近，风能的开发和利用越来越得到人们的重视，已成为能源领域最具商业推广前景的项目之一，目前在国内外发展迅速。复合材料在风力发电中的应用主要是转子叶片、机舱罩和整流罩的制造。采用复合材料叶片主要有以下优点：①轻质高强，刚度好。复合材料的性能具有可设计性，可根据叶片受力特点设计强度与刚度，从而减轻叶片重量；②复合材料缺口敏感性低，内阻尼大，抗震性能好，疲劳强度高。叶片设计寿命按 20 年计，则其要经受 108 周次以上的疲劳交变，因此材料的疲劳性能好。③耐气候性好。风力机安装在户外，近年来又大力发展海上风电场，要受到酸、碱、水汽等各种气候环境的影响，复合材料叶片可满足使用要求；④维护方便。复合材料叶片除了每隔若干年在叶片表面进行涂漆等工作外，一般不需要大的维修。

风力发电机叶片是一个复合材料制成的薄壳结构，一般由根部、外壳和加强筋或梁 3 部分组成，复合材料在整个风电叶片中的重量一般占到 90% 以上。叶片结构主要由蒙皮和主梁构成，如图 14-4 所示。风电复合材料叶片在设计时，需要进行静强度、疲劳强度及寿命的动力学分析，以保证风电叶片在使用寿命周期中安全可靠地运行。国际上有很多规范和标准对设计的载荷作了详细的规定，最常使用的是 IEC61400 – 1 标准和 GL 标准。常见的载荷有空气动力载荷、重力载荷、惯性载荷（离心力），还包括高温和结冰载荷等其他载荷。

图 14-4 和图 14-5 分别为实际生活中的风电系统和国内某企业制造的风电叶片的实际模型，使用玻璃钢增强环氧树脂复合材料，蒙皮的层合板层数为 3 层，每层厚度为 4 mm，

铺层角度为（45/0/ – 45）；肋梁的层合板层数为 5 层，每层厚度为 4 mm，铺层角度为（0/45/90/ –45/0）。材料的基本力学性能如表 14–1 所示，叶片表面承受的风压为 0.1 MPa，转速为 14 r/min，考虑重力的作用，计算叶片的静强度及层合板的失效指数，并考虑前 3 阶固有约束频率。

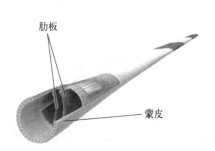

图 14–4 实际运行的风电系统　　　　　　图 14–5 风电叶片结构示意图

表 14–1 玻璃钢增强环氧树脂复合材料基本参数

密度 r/(kg/m³)	展向模量 E1/GPa	径向模量 E2/GPa	剪切模量 G12/GPa	泊松比
1800	38.6	8.27	4.14	0.2

14.3 问题分析

1）复合材料层合板的建立是本实例中整个分析的关键，材料参数的获取是难点，可以参考其他复合材料手册。在本实例中，层合板材料可以使用正交各向异性材料来模拟，既可以在材料库中建立后使用，也可以在设置层合板时创建玻璃钢增强环氧树脂材料。

2）建立两个工况：第一个为静力分析工况，主要用来分析风电叶片在承受风压、重力及离心转速载荷作用下的强度及失效情况；第二个工况为模态分析，主要用来分析风电叶片在安装后工作状态下的前 3 阶固有频率，考虑振动的振型情况。

3）在进行复合材料结构分析计算时，选取常用的 Hill 失效理论。

4）可以利用第 3 章所述的内容，建立 3 种多子工况分析，然后对各子工况进行组合分析。在本实例中，简化分析流程，只分析承受离心力作用下的失效情况，其他的几种载荷读者可以自行分析。

14.4 操作步骤

打开随书光盘 part 源文件 Book_CD\Part\Part_CAE_Unfinish\Ch14_Composite Material\wind turbine blade.prt，打开图 14–6 所示的风电叶片三维模型。本实例先通过静力学【SOL 101 Linear Statics – Global Constraints】解算模块计算出模型的位移、应力和应变响应值，再进行前 3 阶固有频率的模态分析。

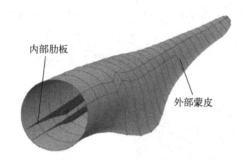

内部肋板

外部蒙皮

图 14-6　风电叶片三维模型

14.4.1　结构静力学分析操作步骤

（1）创建有限元模型

1）依次单击【开始】和【高级仿真】按钮，在【仿真导航器】窗口的分级树中，右击【wind turbine blade. prt】节点，从弹出的菜单中选择【新建 FEM 和仿真】命令，弹出【新建 FEM 和仿真】对话框，如图 14-7 所示。在【文件名】中默认为【wind turbine blade_fem1. fem】和【wind turbine blade_sim1. sim】，【求解器】和【分析类型】保留默认设置，单击【确定】按钮。

2）弹出【解算方案】对话框，【解算方案类型】默认为【SOL 101 Linear Statics – Global Constraints】，单击【确定】按钮，进入创建有限元模型的环境，注意在【仿真导航器】窗口的分级树中，出现了相关的数据节点。

3）单击工具栏中的【材料属性】 按钮，弹出【指派材料】对话框，如图 14-8 所示。在图形窗口选中模型的全部 85 个部件，在【材料列表】中选择【本地材料】，在【新建材料】下的【类型】中选择【正交各向异性】，单击【创建】 按钮，弹出图 14-9 所示的对话框。在【名称】中输入【Com_1】，在【质量密度（RHO）】中输入【1.8e-6】，【单位】为【kg/mm^3】，在【杨氏模量（E1）】中输入【38.6E3】，在【杨氏模量（E2）】中输入【8.27E3】，在【杨氏模量（E3）】中输入【8.27E3】，【单位】均为【N/mm^3】。在【泊松比】下面的第一项中输入【0.26】，后两项输入【0.2】，在【剪切模量】下的 3 个子项中均输入【4.14E3】，【单位】为【N/mm^3】。

图 14-7　【新建 FEM 和仿真】对话框　　　　图 14-8　【指派材料】对话框

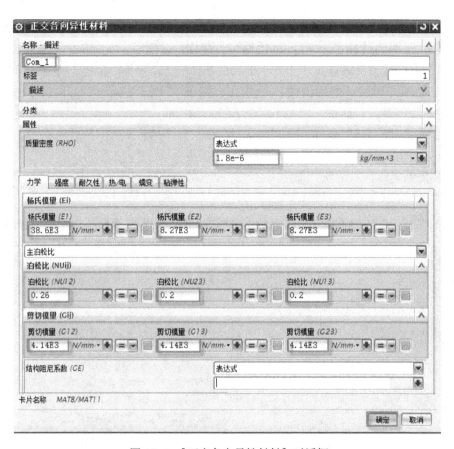

图14-9 【正交各向异性材料】对话框

单击图14-10所示的【强度】选项卡，在【Tsai-Wu相互作用系数（F12）】中输入【-6.154E-12】，【单位】为【mm^4/N^2】；在【应力极限】的【拉伸（ST1）】中输入【2000.3】，【拉伸（ST2）】中输入【34.5】，【拉伸（ST3）】中输入【6.9】，【单位】均为【N/mm^2】；在【压缩SC1】中输入【738】，【压缩SC2】中输入【129.7】，【压缩SC3】中输入【6.9】，【单位】均为【N/mm^2】；在【剪切（SS12）】中输入【80】，【单位】为

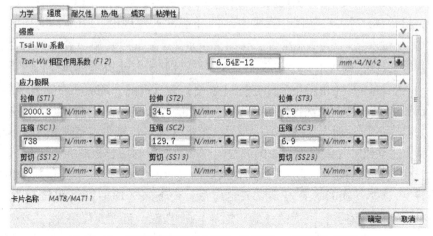

图14-10 【正交各向异性材料】对话框-【强度】选项卡

【N/mm^2】，单击【确定】按钮，完成正交各向异性材料的定义。返回到【指派材料】对话框中，单击【确定】按钮退出【材料属性】。

4）单击工具栏中的【物理属性】 按钮，弹出【物理属性表管理器】对话框，如图14-11所示。在【类型】中选取【层合板】，默认名称为【Laminate1】，单击【创建】按钮，弹出图14-12所示的【层合板创建器】对话框，创建风电叶片蒙皮的层合板属性。

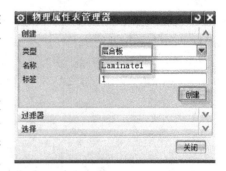

图14-11 【物理属性表管理器】对话框

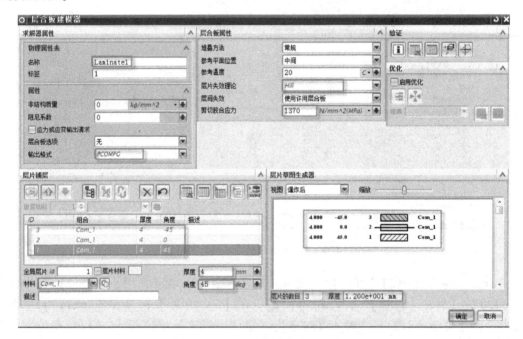

图14-12 叶片蒙皮层合板创建

a）如图14-12所示，将【物理属性表】中的【名称】默认为【Laminate1】，【输出格式】默认为【PCOMPG】，在【层合板属性】的【层片失效理论】中选择【Hill】，在【剪切胶合应力】中输入【1370】，【单位】为【N/mm^2（MPa）】；单击【层片铺层】下面的【新建层片】 按钮，输入第一层的层片参数如下：【材料】选择【Com_1】，【厚度】输入【4】，【单位】为【mm】，【角度】为【45】，【单位】为【deg】；随后在右侧的【层片草图生成器】中出现相应的视图，依次再输入第二层、第三层的层片参数，材料均为【Com_1】，【厚度】为【4】，【角度】分别为【0】和【-45】，单击【确定】按钮，完成蒙皮层合板的设置。

b）按照上述创建叶片蒙皮层合板的方法创建叶片肋梁的层合板属性，如图14-13所示，【名称】默认为【Laminate2】，【输出格式】默认为【PCOMPG】，在【层合板属性】的【层片失效理论】中选择【Hill】，在【剪切胶合应力】中输入【1370】，【单位】为【N/mm^2（MPa）】；单击【层片铺层】下面的【新建层片】 按钮，创建5层层片，【材料】均选择【Com_1】，【厚度】输入【4】，【单位】为【mm】，【角度】分别为【0】、【45】、【90】、

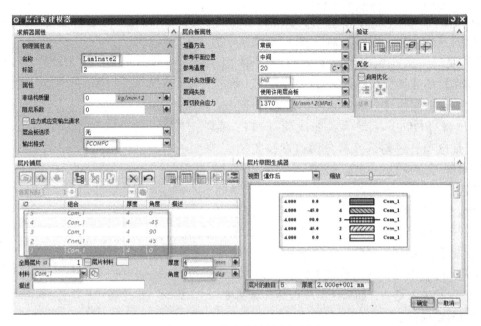

图 14-13 叶片肋梁层合板创建

图 14-14 设置好的层合板物理属性

【-45】和【0】，【单位】为【deg】，随之在右侧的【层片草图生成器】中出现相应的视图，单击【确定】按钮，完成肋梁层合板的设置，返回至如图 14-14 所示层合板【物理属性表管理器】对话框。

5）单击工具栏中的【网格收集器】 按钮，弹出【网格收集器】对话框，如图 14-15 所示。在【单元族】中选取【2D】，在【收集器类型】中选取【Thin-Shell】，在【物理属性】的【类型】中选择【层合板】，在【壳属性】中选择已经创建好的【Laminate1】，【名称】默认为【ThinShell(1)】，单击【应用】按钮，完成叶片蒙皮网格收集器的设置；按照同样方法创建叶片肋梁的网格收集器，其设置如图 14-16 所示，单击【确定】按钮。

图 14-15 【网格收集器】对话框　　　　图 14-16 创建叶片肋梁的网格收集器

6）单击工具栏中的【2D 网格】 按钮右侧的下拉按钮，弹出【2D 网格】对话框，如图 14-17 所示。在窗口中选择风电叶片蒙皮的 48 个曲面，【单元属性】的【类型】默认为【CQUAD4】，单击【单元大小】右侧的【自动单元大小】 按钮，对话框中出现【119】，手动将其修改为【25】，在【网格质量选项】中勾选【拆分四边形】复选框，在【模型清理选项】中勾选【匹配边】和【合并边】复选框，【目标收集器】中取消勾选【自动创建】复选框，在【网格收集器】中选择上述设置好的【ThinShell(1)】，其他选项按照系统默认，单击【应用】按钮，完成叶片蒙皮 2D 网格的划分。单击【2D_mesh(1)】节点，可以看到单元总数为 24 987 个。由于形状较为复杂，如果还需要提高计算精度，建议使用网格控件。

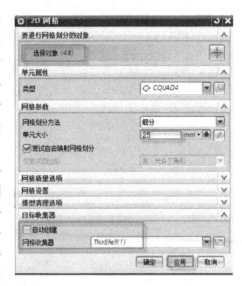

图 14-17　创建叶片蒙皮的网格模型

按照上述的方法，创建风电叶片肋梁的网格模型，在窗口中选择肋梁的 37 个部件模型，网格划分设置的参数如图 14-18 所示，基本与蒙皮网格划分设置参数一致。在【网格收集器】选择上述设置好的【ThinShell(2)】，其他选项按照系统默认，单击【确定】按钮，完成叶片网格的划分；肋梁板 2D 网格的划分，单击【2D_mesh(2)】节点，可以看到单元总数为 8872 个，划分好的叶片有限元网格模型如图 14-19 所示。

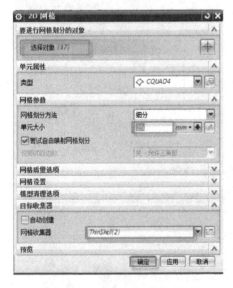

图 14-18　创建叶片肋梁的网格模型

肋板网格

蒙皮网格

图 14-19　划分好的风电叶片有限元网格模型

7）单击工具栏中的【单元质量】 按钮，弹出【单元质量】对话框，如图 14-20 所示。在窗口中选择划分好的网格模型作为【选择对象】，单击【检查单元】按钮，在窗口顶端弹出的【信息】对话框中出现【83 个失败单元，973 个警告单元】，发现失败和警告单元多在叶片的边缘，不影响模型的使用。

（2）创建仿真模型

1）建立肋梁与蒙皮的接触关系：在工具栏中单击【仿真对象类型】按钮，选择弹出的【边到面粘合】命令，弹出【边到面粘合】对话框，如图14-21所示。【名称】默认为【Edge Gluing(1)】，单击【源区域】下【边区域】右侧的【创建区域】按钮，弹出图14-22所示的对话框。在图形窗口中选择图14-23所示的肋梁2条曲线作为【选择对象】，默认其他选项参数，单击【确定】按钮。单击【目标区域】下【曲面区域】右侧的【创建区域】按钮，弹出图14-24所示的对话框，在图形窗口中选择图14-25所示的曲线对应的曲面作为【选择对象】，其他选项参数按系统默认，单击【确定】按钮。返回到【边到面粘合】对话框中，单击【应用】按钮，完成此肋梁与蒙皮曲面的粘合设置。

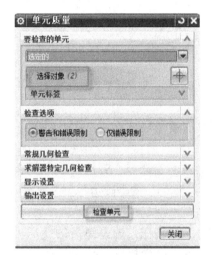

图14-20 【单元质量】对话框

图14-21 【边到面粘合】对话框

图14-22 创建边区域

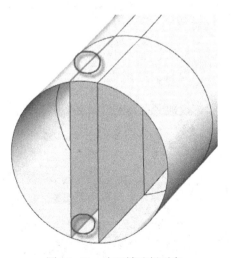

图14-23 边区域选择对象

按照此方法，建立其他肋梁与蒙皮的边与面的粘合，共37对，完成肋梁与蒙皮的粘合设置。

图 14-24 创建曲面区域

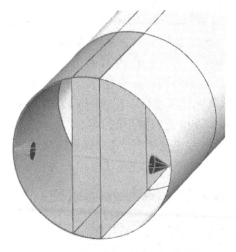

图 14-25 曲面区域选择对象

提示

　　可以将创建好的边与面连接的部件在图形窗口中隐藏（快捷键为〈Ctrl＋B〉），以方便选择定义其他未定义粘合的肋梁和蒙皮的模型部件。

　　2）在工具栏中选择【约束类型】 ——→【固定约束】 命令，弹出【固定约束】对话框，如图 14-26 所示。在图形窗口选择叶片模型安装一侧的 2 条半圆边与 2 条支撑梁边，单击【确定】按钮，完成模型边界约束条件的定义操作。

　　3）单击工具栏中的【载荷类型】 按钮右侧的下拉按钮，选择弹出的【压力】 命令，弹出【压力】对话框，如图 14-27 所示。在图形窗口中选择风电叶片蒙皮的 48 个部件作为【选择对象】，在【幅值】的【压力】中输入【0.1】，【单位】为【N/mm^2(MPa)】，其他选项参数默认系统设置，单击【确定】按钮，完成风电叶片承受风载压力载荷的定义操作，同时注意在【仿真导航器】窗口的分级树中增加了相应节点。

图 14-26 【固定约束】对话框

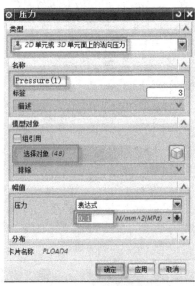

图 14-27 【压力】对话框

4）单击工具栏中的【载荷类型】按钮右侧的下拉按钮，选择弹出的【离心】命令，弹出【离心】对话框，如图14-28所示。在【方向】的【指定矢量】中选择【XC】轴，选择【0，0，0】原点作为【指定点】，在【角速度】文本框内输入【14】，单位切换为【rev/min】，单击【确定】按钮，完成模型离心力载荷的定义操作，同时注意在【仿真导航器】窗口分级树中增加的相应节点。

5）单击工具栏中的【载荷类型】按钮右侧的下拉按钮，选择弹出的【重力】命令，弹出【重力】对话框，如图14-29所示。在【方向】的【指定矢量】中选择【XC】轴，其他选项参数均保留系统默认设置，单击【确定】按钮，完成模型离心力载荷的定义操作，同时注意在【仿真导航器】窗口的分级树中增加的相应节点。

图14-28 【离心】对话框　　　图14-29 【重力】对话框

提示

由于几何模型创建时的参考坐标系与有限元模型使用的坐标系未必相同，所以在施加离心力、重力载荷时要注意坐标系是否正确。

（3）求解及其解算参数的设置

1）在【仿真导航器】窗口分级树中右击【Solution 1】节点，从弹出的快捷菜单中选择【模型设置检查】命令，弹出【模型设置检查】对话框，报出材料设置中的20个警告，这是因为在材料设置时这些选项缺省了，系统会提供一些默认设置。其他设置没有任何提示的错误或警告，说明模型可以进行解算。

2）右击【Solution 1】节点，从弹出的快捷菜单中选择【求解】命令，弹出【求解】对话框，单击【确定】按钮系统开始求解，稍等完成分析作业，如图14-30所示，然后关闭各个信息窗口，双击出现的【结果】节点，进入后处理分析环境，如图14-31所示。

图 14-30　分析作业监视器　　　　图 14-31　后处理节点

3）在【后处理导航器】窗口展开【Solution 1】下的【位移－节点的】，双击【幅值】节点，弹出图 14-32 所示的变形结果图像，右击【Post View 1】，勾选【注释】节点下面的【Maximum】和【Minumum】复选框，可以单击工具栏上的【拖动注释】按钮进行拖动，发现最大变形为 52mm，最大变形处出现在叶片的尾端，符合悬臂梁的力学计算结果趋势。

4）展开【Solution 1】下的【层片失效指数－单元的】，出现层片 1 到层片 5 单元的失效指数节点，双击【层片 1】下的【标量】节点，可以通过分别勾选【Post View 1】下的【2d_mesh（1）】和【2d_mesh（2）】复选框查看叶片蒙皮和肋梁的层片 1 单元失效指数，如图 14-33 和图 14-34 所示。单击【Post View 1】，勾选【注释】节点下面的【Maximum】和【Minumum】复选框，可以发现叶片蒙皮与蒙皮层片 1 单元失效指数最大值均出现在相近的部位，其中蒙皮最大失效指数为 0.318，肋梁最大失效指数为 0.014。对比可以得知，对于层片 1 来说，蒙皮要比肋梁容易失效。按照上述方法，查看层片 2 至层片 5 的失效指数，图 14-35 为叶片蒙皮层片 2 的单元失效指数。随着层数的增加，层片 3 最容易失效，读者可自行完成，在此不再赘述。

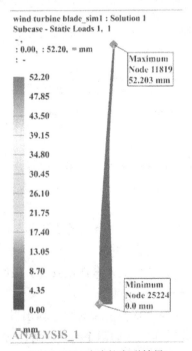

图 14-32　叶片的变形结果

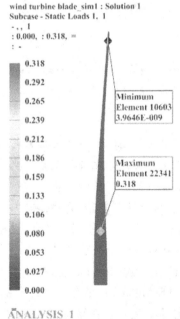

图 14-33　叶片蒙皮层片 1 的失效指数结果

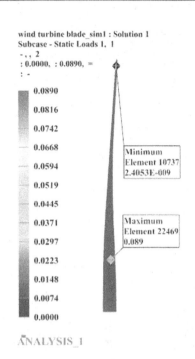

图 14-34　叶片肋梁层片 1 的失效指数结果　　图 14-35　叶片蒙皮层片 2 的失效指数结果

5）按照步骤4）的方法查看【胶合失效指数－单元的】，图 14-36 和图 14-37 分别为叶片蒙皮层片 1 和肋梁层片 1 的胶合失效指数。读者可自行查看其他层片的胶合失效指数，在此不再累述。

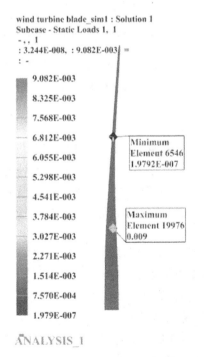

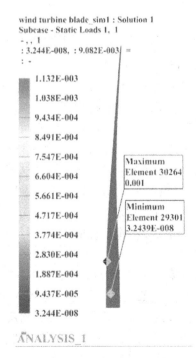

图 14-36　叶片蒙皮层片 1 的胶合失效
指数结果

图 14-37　叶片肋梁层片 1 的胶合失效
指数结果

6）按照步骤 4）的方法进行查看【层片应力 – 单元的】，双击【层片 1】下面的【Von Mises】，查看叶片蒙皮及肋梁的应力强度情况，通过分别勾选【Post View 1】下的【2d_mesh（1）】和【2d_mesh（2）】复选框查看叶片蒙皮和肋梁的层片 1 单元应力情况，如图 14-38 和图 14-39 所示。

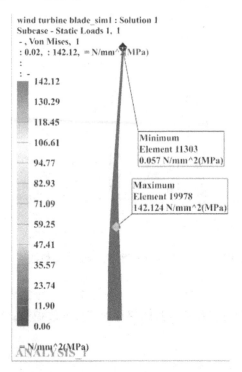 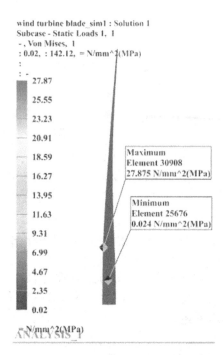

图 14-38　叶片蒙皮层片 1 的 Von Mises 应力结果　　　图 14-39　叶片肋梁层片 1 的 Von Mises 应力结果

7）双击【层片 1】下面的【最大剪切】，查看叶片蒙皮及肋梁的最大剪切强度情况，通过分别勾选【Post View 1】下的【2d_mesh（1）】和【2d_mesh（2）】复选框查看叶片蒙皮和肋梁的层片 1 最大剪切应力情况，如图 14-40 和图 14-41 所示。

对于其他层片应力结果，读者可自行查看，在此不再赘述。

8）读者还可以通过在工具栏上选择【插入】→【层合板】命令，进行层合板后处理结果的处理，如图 14-42 所示。可以选择【高级后处理报告】命令生成【高级后处理报告】、【电子表格报告】、【图形后处理报告】、【快速报告】等报告形式，也可以选择【查看层合板】命令，查看指定单元的层合板分析结果情况。图 14-43 为单元 26036 层合板分析结果情况，读者可以根据自己的需要进行查看，在此不再赘述。

提示

在选择【高级后处理报告】命令生成【高级后处理报告】、【电子表格报告】、【图形后处理报告】、【快速报告】等报告形式时，要注意这些报告的标题都不支持中文，需要设置为英文，当提示生成报告无效时，需要检查分析的结果是否有效。

9）单击工具栏中的【返回到模型】 按钮，退出【后处理导航器】窗口，完成此次计算任务的操作，下面对复合材料叶片层合板结构进行约束模态分析。

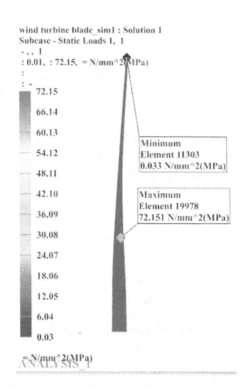

图 14-40 叶片蒙皮层片 1 的最大剪切应力结果

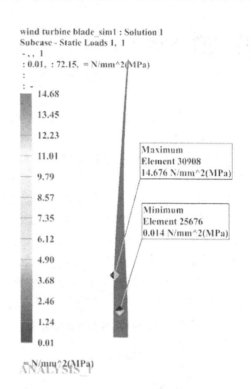

图 14-41 叶片肋梁层片 1 的最大剪切应力结果

图 14-42 工具栏中的层合板结果查看命令

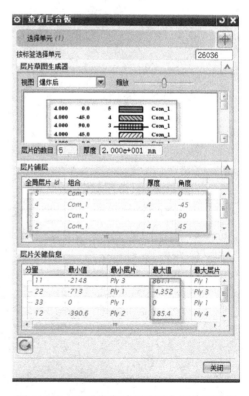

图 14-43 查看指定单元的层合板分析结果

14.4.2 求解约束模态分析工况

下面创建风电叶片在约束状态下的前三阶模态情况，再查看复合材料风电叶片的振动模态情况。

（1）创建复合材料风电叶片约束模态分析解算方案

1）在【仿真导航器】窗口分级树中右击【wind turbine blade_sim1. sim】节点，从弹出的快捷菜单中选择【新建解算方案】命令，弹出【解算方案】对话框，如图14-44所示。默认【解算方案类型】为【SOL 103 Real Eigenvalues】，单击【确定】按钮，注意到仿真导航器窗口的分级树中出现了相应的数据节点。

2）在弹出的【解算步骤】对话框中，如图14-45所示，单击【Lanczos 数据】右侧的【编辑】按钮，弹出图14-46所示的【Real Eigenvalue – Lanczos 1】对话框，在【所需模态数】中输入【3】，单击【确定】按钮，完成求解特征值参数的设置。

3）在【仿真导航器】窗口分级树中，将【载荷容器】及【仿真对象】下的所有节点拖曳至激活的【Solution 2】节点中，使之处于被激活的状态，如图14-47所示。

图14-44 【解算方案】对话框

图14-45 【解算步骤】对话框

图14-46 【Real Eigenvalue – Lanczos 1】对话框

图14-47 拖曳节点

4）右击【Solution 2】节点，从弹出的快捷菜单中选择【求解】 命令，弹出【求解】对话框，单击【确定】按钮，系统开始求解，稍等完成分析作业，如图 14-48 所示，然后关闭各个信息窗口，双击出现的【结果】节点，进入后处理分析环境，如图 14-49 所示。

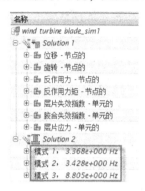

图 14-48　分析作业监视器　　　　图 14-49　进入后处理分析环境

5）从解算结果中可以得出，复合材料风电叶片在工作状态下的前 3 阶固有频谱分别为 3.36 Hz、3.43 Hz、8.81 Hz，可以分别单击各自模态下的【位移 - 节点的】来查看前 3 阶固有频率下的相应振型。第一阶频率为 3.36 Hz，第三阶频率为 8.81 Hz，所对应的振型分别如图 14-50 和图 14-51 所示，分别表现为叶片尾部受到激励后，在空间所产生的偏摆运动。

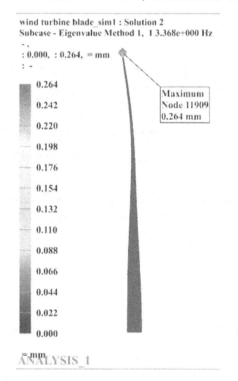

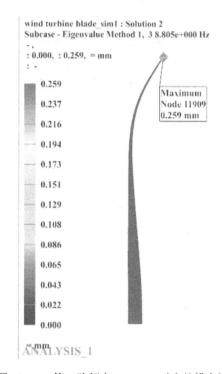

图 14-50　第一阶频率 3.368 Hz 对应的模态振型　　　图 14-51　第三阶频率 8.805 Hz 对应的模态振型

6）单击工具栏中的【播放】 按钮和【动画】 按钮，可以查看叶片在受约束状态下前 3 阶模态振动的位移变形演示过程。在【动画】选项中切换为【迭代】，单击【播放】

按钮，即可清楚地观察到第1阶到第4阶模态振型的动态转换过程，单击【停止】 按钮，退出动画演示。

提示

动画是观看和分析模态振型的最好方法，通过动画可以从立体上判断各阶固有频率下振型的形态（拉伸、弯曲和扭转及其组合等）、结构最为薄弱的区域和所在部位。当然，读者也可以通过模态分析查看层合板在共振时的相关分析结果，在此不再赘述。

7）单击工具栏中【保存】 按钮，保存相关的分析数据，并单击【返回到模型】 按钮，退出【后处理】显示模式，完成此次计算任务的操作。

上述实例模型源文件和相应输出结果请参考随书光盘 Book_CD\Part\Part_CAE_finish\Ch 14_Composite Material 文件夹中的相关文件，操作过程的演示请参考视频文件 Book_CD\AVI\Ch 14_Composite Material. AVI。

14.5 本章小结

本实例以风电叶片模型为对象，在创建叶片蒙皮和肋梁层合板的接触上进行了承受重力、离心力和风压载荷下的静力分析，得到了相应的位移、强度及层合板失效指标；又求解了约束模态下前3阶模态，查看了相应的振型，为进行相应的复合材料结构分析提供了依据。针对此案例总结如下。

1）本实例所使用的载荷均进行了简化，在进行实际工程项目的分析时，具体的载荷可以参照相关的设计标准进行设计演算。

2）如果需要考察该复合材料叶片在承受各个载荷情况下的作用效果，可以参照第3章所述的内容，建立多子工况分析，然后对各个子工况进行组合，这样就可以得到各个载荷与载荷组合状态下的风电叶片的失效情况。

3）进行复合材料结构分析的难点是获取准确的复合材料参数建立层合板或层合体模型。根据实际设计的需要变化铺层的角度和厚度来获取和验证不同的性能参数，在此基础上再进行必要的物理试验，可以有效地降低设计和生产成本。

4）在进行复合材料结构的分析时，一些工艺参数的输入（如胶合应力、参考温度等）最好能与实际使用的情况相吻合，这样既可以从实际的试验和生产经验中获取参数，其分析的结果也便于利用实际的经验进行评判和校核。

参 考 文 献

[1] 洪如瑾. UG NX4 高级仿真培训教程 [M]. 北京：清华大学出版社，2007.

[2] 洪如瑾，陆海燕. NX CAE 高级仿真流程 [M]. 北京：电子工业出版社，2012.

[3] 沈春根，王贵成，王树林. UG NX7.0 有限元分析入门与实例精讲 [M]. 北京：机械工业出版社，2010.

[4] 吕洋波，胡仁喜，吕小波. UG NX7.0 动力学与有限元分析从入门到精通 [M]. 北京：机械工业出版社，2010.

[5] 朱崇高，谢福俊. UG NX CAE 基础与实例应用 [M]. 北京：清华大学出版社，2010.

[6] 黄海，王娟. NX CAE 高级仿真求解 [M]. 北京：电子工业出版社，2012.

[7] 张峰. NX Nastran 基础分析指南 [M]. 北京：清华大学出版社，2005.

[8] 耿鲁怡，徐六飞. UG 结构分析培训教程 [M]. 北京：清华大学出版社，2005.

[9] 隋允康，杜家政，彭细荣. MSC.Nastran 有限元动力分析与优化设计实用教程 [M]. 北京：科学出版社，2004.

[10] 廖日东. I-DEAS 实例教程-有限元分析 [M]. 北京：北京理工大学出版社，2003.

[11] 马爱军，周传月，王旭. Patran 和 Nastran 有限元分析专业教程 [M]. 北京：清华大学出版社，2005.

[12] 郭乙木，万力，黄丹. 有限元法与 MSC.Nastran 软件的工程应用 [M]. 北京：机械工业出版社，2005.

[13] 张胜兰，郑冬黎，李楚琳. 基于 HyperWorks 的结构优化设计技术 [M]. 北京：机械工业出版社，2007.

[14] 王呼佳，陈洪军. ANSYS 工程分析进阶实例 [M]. 北京：中国水利水电出版社，2006.

[15] 罗旭，赵明宇. Femap&NX Nastran 基础及高级应用 [M]. 北京：清华大学出版社，2009.